U0353537

重建幸福力

你需要知道的安全感密码

周伯荣 著

SPM 南方传媒 | 花城出版社

中国·广州

图书在版编目（CIP）数据

重建幸福力：你需要知道的安全感密码 / 周伯荣著
. — 广州：花城出版社，2021.6（2023.3重印）
ISBN 978-7-5360-9341-6

Ⅰ. ①重… Ⅱ. ①周… Ⅲ. ①安全心理学－普及读物
Ⅳ. ①X911-45

中国版本图书馆CIP数据核字(2021)第101473号

出 版 人：张　懿
策划编辑：林宋瑜
责任编辑：林　菁　揭莉琳　梁宝星
技术编辑：凌春梅
封面设计：DarkSlayer

书　　名	重建幸福力：你需要知道的安全感密码
	CHONGJIAN XINGFULI : NI XUYAO ZHIDAO DE ANQUANGAN MIMA
出版发行	花城出版社
	（广州市环市东路水荫路 11 号）
经　　销	全国新华书店
印　　刷	佛山市迎高彩印有限公司
	（佛山市顺德区陈村镇广隆工业区兴业七路 9 号）
开　　本	880 毫米 ×1230 毫米　32 开
印　　张	11　2 插页
字　　数	205,000 字
版　　次	2021 年 6 月第 1 版　2023 年 3 月第 3 次印刷
定　　价	58.80 元

如发现印装质量问题，请直接与印刷厂联系调换。
购书热线：020-37604658　37602954
花城出版社网站：http : //www.fcph.com.cn

往外张望的人在做梦，向内审视的人才是清醒的。

——荣格

序 言

阅读前辈周伯荣医生的《重建幸福力——你需要知道的安全感密码》，对我而言是一次学习的机会。作者作为精神科医生，却对心理治疗情有独钟，并且多年来始终坚持服务患者，这让我感到非常亲切。

在书中，周医生其实提供了一种有关心理障碍的元理论，也就是把一切心理障碍或心理问题的根源追溯到安全感上来。这是对马斯洛需求层次理论的某种深化，因为人所需要的安全其实是很多个层面的，一个外在适应良好的人，可能内在存在着不安的根源，而这些不安的根源，会带来一些情绪上的困扰，继而影响一个人的幸福水平。

在此基础上，作者融于字里行间的两个创造性尤其值得称道。

第一，创造性地使用红黄蓝情感人格理论，解构了依恋理论，同时也解构了精神分析大师霍尼的理论。这样的做法，避开了艰深的术语和冗长的说教，非常形象且易懂。

不仅如此，书中也指出了通往更深刻的安全感的途径，也就是情感独立的能力。这其实与本人所提倡的自在心理学有异曲同工之处。自在，就是独处的时候并未失去世界，在世界之中的时候，也没有失去自己——这种不自失，就包含了情感独立的要素。

第二，创造性地提出幸福七层次论，这部分非常具有临床的指导性。因为我们大多数的来访者对于自己幸福与否，其实也是漠然的：从某些方面来看，好像是幸福的，从某些体验来讲，却又没那么幸福。所以，把幸福进行分层剖析，继而在一个纲领的指导下查漏补缺，的确是很好的指导。

获得安全感，追求幸福，这是一种积极的取向，作者将之贯穿全书。一位精神科医生这么多年面对人的精神心理痛苦，而仍然能持有这样积极的取向，这让我感觉到非常欢喜。

前辈嘱咐作序，恭敬不如从命。在此分享一些自己的读后感，祝大家开卷有益。

张沛超　哲学博士

中国心理学会临床心理注册系统　注册督导师

中国心理卫生协会精神分析专业委员会　委员

广东省心理学会　理事

著有心理学畅销书《过好一个你说了不算的人生》

《我的内在无穷大》

前　言

　　安全感是当今社会中个体心理健康的最重要人格体现。全球多数国家、多数人口已经基本消灭贫困，"衣食住行"等物质需求基本满足，"安全感"就成为大家追求的目标，财产安全、环境安全、生命安全成为生活的焦点。2020年，在新冠病毒疫情下，生命的安全需求显得尤为重要。疫情期间，无论富裕的发达国家还是较为贫穷的发展中国家，都出现个体的焦虑或集体无意识的恐慌等不安全感。可见，满足了物质需求，安全感并不一定就会拥有。

　　马斯洛"需求五层次论"①所提出的人类第一层次需求"衣食住行"之前，似乎遗忘了生命的诞生和胎儿未出生前"被爱的幸福"。人的诞生，需要父母爱的结合，在胎儿期被母亲爱的抚摸和血液的滋养都是"被爱的体验"。"被爱的幸福"好比地面之上楼房（需求）的地基，应该是第一层次物质需求的基底层。

---

①　［美］马斯洛著，许金声等译：《人类动机的理论》（ *A Theory of Human Motivation Psychological Review* ），中国人民大学出版社，2007年4月版。（马斯洛在1943年发表）

若按照马斯洛需求五层次理论，在生活中追求和索取，得不到就会沮丧、痛苦，得到满足后即刻就会有更多的欲望，那么压力应运而生，持久幸福难以获得。其实，把马斯洛关于"人的动机"是"需求的满足"修正为"幸福的体验"——从被爱的体验开始，体验当下的积极生活和幸福，体验不到就暂停脚步，专注当下的活动，直到幸福来到，再向前迈进——这是更合乎人性的、更让心理健康的生活方式。

本书因此提出"幸福七层次论"，意在突破马斯洛的"需求五层次论"，将重心放在阐述人们体验不同层次幸福的感受。其中，"安全感的幸福"属于第三层次，也是最为核心的层次，包含着可以实操的生活智慧。

安全感可以带来幸福吗？答案是肯定的。幸福的概念已有大量书籍进行了阐述。然而，人们往往知道幸福的概念，却在现实中难以体验幸福。

幸福不是"享乐和一时欣快"，不等于"知足常乐和快乐"[①]，幸福就像《阳光总在风雨后》的歌词寓意，需要直面困难、战胜困难，需要接纳自身痛苦。雨后的阳光折射出透明的七色彩虹，体验阳光，展示自己的美就是幸福。当你拥有阳光人格，你就成为幸福本身，且能让自己和周围的人都感受到幸福。当你用心体验安全感，展示阳光人格，"安全感的幸福"

① ［美］泰勒·本-沙哈尔著：《幸福的方法：哈佛大学最受欢迎的幸福课》（*Happier:Learn the secrets to Daily Joy and Lasting Fulfillment*），中信出版社，2013年1月版。

就会来到。

观察人类历史上拥有积极人格的伟人，我们可以发现，代表阳光的积极情感人格体现主要为"勇敢—独立—平和"。心理学家艾斯沃斯的婴儿依恋特征分为反抗（矛盾）型、安全（依恋）型、回避型三种情感类型。在成长中，人们如果没有获得安全依恋体验和挫折训练，而是经历了较多的对抗矛盾情感、不安全的依恋和回避痛苦情感，就会表现好强（红色）、依赖（黄色）、回避（蓝色）三种情感特征的各种组合，形成六种不安全感情感人格，为了形象表达，又称红黄蓝不安全感人格。不安全感情感人格存在相互不相容性，就如同颜料的三基色，相互不能融合，面对压力，容易产生情感矛盾和不良情绪体验，是自身痛苦的起源。

如何在原生家庭和社会环境成长中，分析自身的红黄蓝不安全感人格特征，观察自身红黄蓝情感人格的变化，逐步获得情感独立性，找到向着阳光人格（安全感人格）转化的动力和方向，这是本书的核心论述点。

相对应人类的三个终极问题"我是谁""我从哪里来""我到哪里去"，安全感同样存在三个问题——"安全感是什么""安全感从哪里来""安全感带来什么"。

不同心理学派大师对"安全感"的定义，各有利弊，有的甚至会导致错误的安全感理念。当今社会很多人把自身外在的物质、社会地位、他人的情感、自己外貌等当成自己安全感的必要条件，然而这些安全条件带来的安全感极其有限，甚至降低我们原有的安全感。

真实的安全感主要是来自内在的人格，是人从胚胎发育开始，在原生家庭爱的抚育、在社会环境中学习、在失败挫折中历练、在亲密关系的磨合中不断获取的。越是具有安全感者，获得社会认可和社会成就常常越大；社会中越是有成就且淡泊名利者，越是具有安全感。

人一生中的安全感，是静态和动态的结合，是可以不断提高的。一般来讲，按照胚胎发育至暮年的生命周期，人们在各个年龄阶段，安全感获得的形式、条件以及需要培养的能力都有不同的特征。在重大创伤或者应激相关性事件下，安全感会下降，甚至会被破坏。在应激事件后，多数人可以恢复到应激事件前的安全感水平，部分人出现持续恐慌和焦虑，需要重新培养安全感。少数人在经历生死场景和情感离别的洗礼后，会更加懂得珍惜当下，直面生死，随之提升安全感。

情感人格的独立性包括四个级别，高层次情感独立能力决定低层次情感体验和表达能力，相互促进和融合，是安全感形成的核心条件。

在心理治疗中，临床心理医生协助来访者看到自己安全感不足的状况，分析原生家庭和成长历程的创伤，分析存在的红黄蓝不安全感人格特征，并根据不同年龄阶段的特征，分析来访者安全感缺失或者不足的原因，根据个体实际状况，选择性进行行为训练、认知改变、情绪独立能力建立、不自主念头捕捉、既往经验的清除和放下、原生家庭的情感梳理和重构，修正红黄蓝不安全感人格特征。多数来访者因此能够获得建立安全感的能力，并在体验生活中逐步获得"安全感的幸福"。但是，当你的不安全感人格恶化或极端到病入膏肓的程度，当你作为成人的情感独立能力完全丧失，通常必须先通过系统足量足疗程的药物控制精神混乱状态，改善大脑内神经递质的基本次序，才可能配合系统的心理治疗。因为人的灵魂、心理、意识是无形和抽象的，自我疗愈就如给自己开刀手术一般，难度大风险高，需要高超技能、坚定信念、无我的心。

本书内容来自我长期的临床心理治疗案例，其中论证人类基底层的体验是"被爱的幸福"，可谓创新性改编马斯洛需求层次论为"幸福七层次论"；而红黄蓝情感不安全感人格理论和情感独立四个层次理论，相信也能够有效帮助大众认知自己的情感人格特征和情感独立能力，自我疗愈心灵，提升心理健康素质，因为它们在实际临床心理治疗工作中，帮助了很多慢性失眠症、惊恐障碍、抑郁症、焦虑症、强迫症、双相情感障碍的来访者，逐步走出自己内心的纠结、痛苦和泥泞的人生。所以希望这本书能够成为家庭共读的心理自助读本，一家人能够静下心来，共同阅读将会有更加不同的体验。本书也可协助心理治疗师分析来访者的心理特征，坚信不安全感人格在爱的帮助和滋润下，是可改变的，阳光人格是可以展示的，安全感的幸福是可以持久体验的。

　　人生就应该尽可能用心体验幸福，让自己成为幸福，让他人感受到你就是幸福。

目 录

第一章

什么是安全感

Chapter1

第一节　大众认知中的安全感误区

人类文明发展，导致我们生活形式为群居。有群居就有竞争，就会有社会生存资源的争夺。人类的战争、体育竞赛、考名牌大学、追求名权利都是此类行为的外在表现。由此看来，人类"生的本能"驱使人们如此竞争行为，就是为了获得安全感，似乎很有道理。如战争可以使得获胜方感受到一时的安全感，但是，为了预防被战败，预防他人的复仇，需要不断地提防，整日活在不安全感中。

现代和平社会，人们常常错误地把以下"安全"条件追求作为安全感的来源：1. 名权利；2. 有人爱，有人保护；3. 个人智商高、情商高；4. 没有生活创伤，没有死亡；5. 天生长得美或帅；6. 身体素质好等。这些安全条件带来的安全感较为有限，未必能够获得安全感体验，甚至过度追求会降低我们原有的安全感。

一、认为名权利可以提供安全感

有人说，当你培养了储蓄的快感，"变有钱"不是"乱花钱"，你的储蓄（包括固定资产、投资、流动性资金或者保险），它让你可以"干得不开心可以说走就走"，它可以让你对心爱的人表示关心和表达爱，让你抵御不可知的健康风险。培养自己的储蓄能力和投资能力，财商和情商一样重要，部分安全感就会被获得。工作中遇到焦虑不安和恐慌的患者，问他为何恐慌，回答说"因为没有钱"，认为有钱了什么事情都好办。有钱可以雇人保护你，买足够多的物质武装自己，似乎安全感可以增加。但这其实是高度依赖他人或者用钱买来的"外在的安全感"，自己内心的安全感依然匮乏，而且得不到提升。有个来访者半认真半开玩笑说，我有足够的钱，可以请最好的心理治疗师天天和我聊天咨询，肯定可以获得安全感。我的回答是，当你获得内心安全感时，起决定作用的条件不是金钱，而是你已改变了自己的不安全感人格。如果能够自察自省，改变不安全感人格，你顺理成章就可以获得安全感的幸福，钱只是非必要条件。没有基本生活的物质条件，安全感就难以获得；不断地过度追求钱财，恰是内在自卑、不安全感的体现。

权力可以换取名利，可以给他人带来压迫，在让自己自以为是时，可能会给社会和自身带来灾难和毁灭。权力是文明社会竞争的不良产物，也是必经过程。拥有权力就有相对应的自由权和控制权，权力越大，拥有的自由权和控制权越大。但是，权力往往是掌控他人自由和影响社会创造性的主要阻力，往往使大众存在不安全感。权力似乎就是通过损害他人的安全感，来填补自己原本空虚的不安全感。这如同古代宫廷中的残酷争斗，拥有一定权力时，可以获得一时的安全感，但是，不安全感很快就会产生——担心更高权力者的压制，担心自己权力的丧失，担心被压迫者的反抗，担心不能获得更多的权力。这么多的担心，哪里会拥有安全感？在困难面前，在生死场景下，仅拥有权力者常常被激发的是自私、懦弱和逃避行为，这就是极其不安全感的表现。如果拥有权力者能够应用自己的自由权和影响力，传播正能量，成就他人，同时成就自己，使得周围人的安全感共同得到提升，那么，权力就可以体现出安全感。此时，安全感被提升的核心来源为拥有权力者的内在人格。

名誉是最受人们追求的梦想，常常成为实现自我的标签。按照马斯洛需求论，高层次自我实现获得者，就应该具有较高的安全感。在社会群体中，视金钱如粪土者有，能够真正做到完全淡泊名誉者极少。初心是鉴别追求名誉者是否具有安全感的试金石。那些追求自己热爱的事业，抱着为社会为他人创造价值为先、为自己获取名誉在后者，持续抱有此初心者具有较高的安全感。那些巧取豪夺、弄虚作假追求名誉者，是把名誉作为填补自己"不被认可"的感受，是具有极高的不安全感。那些忘了为社会、为他人创造价值为先的初心者，安全感在追求名誉中逐渐下降。

二战时期的希特勒，在原生家庭长期被父亲虐待和鄙视，内心存在极度的不安全感，从小就渴望名誉和权力，期望实现被社会认可和尊重，因而努力学习和钻营，从一介士卒腾跃成为帝国统帅。如果从成功学角度看，希特勒堪称"草鸡变凤凰"的典范，但是，他仍然感受到内在的不安全感，担心政敌推翻自己，担心聪明的犹太人不受自己统治，担心周围的国家强大起来，为此，不断侵略他国，满足自己不断膨胀的权力和名望的欲望。发动的第二次世界大战给人类带来极大的痛苦和破坏，也最终毁灭了自己。希特勒一直存在过度压抑、变态和冲突的心理障碍，外在的不可一世、飞扬跋扈并没有让他获得内心真正的安全感。

以上阐述，并不意味着要完全否定"名权利"带来安全感的价值，因为钱不只是具有购买物质、享乐和雇人的作用，权不只是代表权威的支配和控制欲，名不只是代表自我虚荣追逐。外在的名权利常常是培养和获得内在安全感期间，社会自然给予的。

对于不安全感人格较为突出者和未成年人，追求外在的名权利，获得社会认可之后，加以正确引导，是有利于提供改变不安全感人格的条件，有利于获得安全感的内在能力的。值得一提的是，对未成年人过度强调"知足常乐"，不利于"内在安全感"的逐步获得，易转化为"回避""懦弱"的不安全感人格。

名权利可以作为表达爱、慈善和施舍的工具，可以给被爱的一方带来社会性安全感。名权利可以作为自我社会价值的体现、获得被尊重和自我实现的表现形式，可以反过来促进自己安全感提升。但是，名权利并不能直接给自己带来内在的安全感，它需要内在转化为高层次需求的满足后，获得幸福的多个层次的体验，从而影响原本已经具有较好的安全感者，进行安全感再提升。原本没有基础安全感和社会人际安全感者，名权利的获得，往往使其不断满足自己的物质欲望和虚荣心，盲目追求外在的安全条件，过度追求财富、权欲和名声，导致自己道德沦丧和危害社会，最终成为真正不安全的人。在应激状态下，仅仅依靠名权利为"安全感"条件者，常表现惊慌失措、焦虑紧张、失眠。在名权利逐步丢失或被剥夺时，常表现失落、沮丧、无能，将会丧失伪装的安全感。

二、以为有人爱我、有人保护就有安全感

有人爱，有人保护，对于孩子获取安全感具有极高的价值。被爱是任何人都需要的，也是必需的，婴儿的安全感主要来自被爱。随着年龄的增长，有了自我独立意识和独立人格后，仅仅"有人爱我，有人保护"未必能够获得真实的安全感。安全感是自身人格的

体现，强调"有人爱我，有人保护"获得安全者，存在明显的主动依赖人格，把安全寄托在他人的情感和行为上，获得的只是被保护、被给予安全，缺乏内在的安全感。一旦失去依赖，受到挫折，就会表现出脆弱，产生恐慌。

冯姨是我的来访者，一直被先生宠爱，由于高度依赖先生，先生离开出去买菜半小时，她就会产生极度焦虑和害怕。另一位来访者小云，自认为和男友相互爱恋有加，高度依赖男朋友，享受着"有人爱我，有人保护"的感受，时刻希望和他在一起。但是，发出的短信，男朋友不在5分钟内回复，就会产生男朋友是否爱自己的疑问，怀疑他的情感忠诚度，内心存在极度不安全感。"我爸是李刚"的社会新闻事件，反映的就是儿子自认为有人（爸爸）保护，我谁都不怕，我违反了法律法规都不怕——看似很威风和胆大，其实是自我虚拟的外在安全保护，是自欺欺人的行为，是内心懦弱、没有安全感的典型表现。

自身内在安全感体验缺乏，就会总是产生依赖性和怀疑心，单向寻求被爱、被保护，或者产生自以为是、张扬跋扈的特征，虚拟自己内心的依靠和攻击他人，掩饰自己内在缺乏的安全感。只有同时具有积极"表达爱，给予他人保护"且自我认可"有人爱我，有人保护"的体验者，才会逐渐形成独立情感能力，获取"安全感"。

三、以为智商高、情商高则拥有安全感

俗话说，智商决定你的成绩，情商决定你的命运。那么，它们是否决定我们的"安全感"？智商高者，遇到问题，总是能够找

到科学的解决方法。情商高者，遇到问题，总是能够通过自己的人际沟通能力和情感表达解决困难。也就是说，情商智商高者，社会性安全感可以提高。但现实中，很多高智商者胆小怕事，很多高情商者躲避困难。事实上，在顺利解决困难时，我们常常得到的是成就感，而不是安全感。另一方面，智商较低者，通常情感感应性较低，情感需求较少，在拥有被爱的满足条件下，在同样威胁刺激因素下，对危险感知度较低，表现出假性"安全感"。情商低者，通常情感直接表达或者情感反应迟钝，在威胁刺激因素下，取决于他的认知模式，表现过度紧张或者假性"安全感"。

真正的安全感来自挫折商，即解决不了问题时，我们坦然接纳、勇敢面对的能力。智商情商可提供自知的较多机会和自我修正的较大可能，他们不是直接产生安全感的内在能力。安全感内在能力包括情感独立性、坚定的信念、积极思维、行动力，尤其是以抗挫折能力来表现，具体体现在自知、自控、自信、自学、不逃避、不退缩、不拖延、不扩大。[①]

四、以为没有生活创伤或者死亡就不会存在不安全感

每个人都希望人生经历平安无事。世界各地均有在盛大节日期间祈求平安，祈求长命百岁、来年好运的民间风俗。祈福不是逃避人生的灾难和创伤，不是消灭和回避个体未来必然的死亡，而是人们面对不确定的、无常的未来时心中升起的希望，是正能量的内心憧憬。若过度迷信神仙保佑，把自身安全寄托在神灵庇护之下，那

---

① ［美］保罗·史托兹（Paul Stoltz）著：《逆商》（*Adversity Quotient*），中国人民大学出版社，2019年3月版。

却是安全感丧失的表现。

人生必然存在挫折、不同程度的创伤和痛苦。因为人需要具有独立意识和独立生存空间，就需要和自然环境、社会资源、人际关系竞争，有竞争就有失败或者挫折。同时，"被爱的幸福"是我们生存需求的基础并且几乎贯穿我们一生，不被满足、没有获得"被爱的体验"或者失去曾经拥有的"被爱"均将造成我们的痛苦和不安。否定或者自欺欺人假设没有生活创伤，没有失去"被爱"，没有情感分离，没有生离死别，那是违反人生常识和逃避困难的表现，就是不安全感的体现。

敢于在生活创伤中接纳，笑对人生，那才是安全感的表现。中国春秋时期的庄子在其发妻去世时，不畏他人疑惑，鼓盆而歌，祝福夫人脱离人间苦海，表达对爱人的思念，表现出直面生死的坦荡。

五、以为长得美或帅就有安全感

无论是假设还是事实，在青春期和自我认可初期，长相如何的确起着重要作用。对于未成年人，天生长相的社会认可和自我认可，可以提供安全感的外在条件。安全感的外在条件需要和内在安全感的情感因素相结合，才能内化为安全感内在的能力。

小查是一个21岁、1.80米，身体健硕的小伙子，爱好文学和表演艺术，长相帅气，但他容易紧张，追求完美。在原生家庭早期被溺爱，物质充分满足，青春期开始和爸爸关系不良，认为爸爸一直掌控自己，不认可自己，但是物质上高度依赖父亲。未成年前，在学校目中无人，盛气凌人，是个小霸王，自认为安全感十足。考上大学，就读商学专业，却半途退学，觉得这个不是自己人生追求的方向，坚持重新报考艺校，却反复面试受挫，再次被爸爸否定，为此痛苦不堪，想到死亡又害怕死亡。每次面试艺考，总是存在焦虑和不安全感。原先高中时期自认为安全感十足的感受消失殆尽，现在认为自己徒有一副好皮囊，是个没有用的废人。

通过心理治疗，重新修复父子情感体验，强化了他的自我认知；针对他表演容易紧张，选择非表演的新的艺术方向，重唤生活学习动力，出国深造艺术制作类专业，重新获得部分"安全感"。

小然是一位32岁、容貌美丽的女子，却总是担心交往的男朋友不怀好意，只是贪图她的美貌，不是真心爱她。了解她的原生家庭成长历史，可知其存在明显的父爱缺乏、母爱不足的情感体验。表达爱的能力尚可，但是，接受爱的能力不足，总是担心被男朋友的假象欺骗。谈了6任男朋友均因为各种不安全感的原因，主动提出分手。

从案例看到，自我情感独立性较高者，方可发挥自己外貌优势，获得真实社会价值体现和自我认可，获得部分外在安全感；否则成为自我怀疑、自我抱怨和自我责怪的推手，更加容易失去安全感。

六、以为身体素质好就有安全感

身体素质好，应对力量型挑战或者疾病的威胁时，通常应激反应能力较高，相应安全感也较高。长期运动者包括长跑、健身、瑜伽、太极等，运动期间和当日，脑内多巴胺浓度均较高于非运动者，自身免疫调节能力较高，面对应激事件的安全感较高。但是，在较高压力和集体无意识环境下，身体素质已经不能作为拥有安全感的主要条件。2020年新型冠状病毒疫情期间，我的健身教练在机场高铁被反复检测体温的条件下，不自觉出现心悸胸闷、焦虑和不安的症状，这是不能自控的现象，来自基础安全感不足的本能反应。通常基础安全感较高者（来自原生家庭的母爱），不会或者不容易被诱导出恐慌和焦虑。

　　小泉，男，16岁，在学校经历了被同学欺负和疏远的不良事件。爸爸妈妈告诫他不必在意这些事情，忍忍就行了。但是，尽管此后再也没有发生被同学欺凌的事件，自己却出现害怕上学以及到了学校就焦虑不安的"不安全感"表现。自己在不规则服用抗抑郁焦虑药物情况下，症状仍然不能缓解，自行去武馆学习武术，身体素质变好，极少生病。但看到街上有人争吵或者打架，就会再次焦虑不安和害怕。

　　经过家庭人际关系治疗、认知心理治疗后，小泉重新获得爸爸妈妈的关爱，知道如何接纳自己的害怕情绪和表达自己的愤怒，在经过和爸爸的合理叛逆行为后，逐步找回自己的自信。在一次家庭外出交通危机中，他表现出爸爸妈妈都意想不到的机智和勇敢，完全退去既往胆小怕事、应激反应迟钝和僵化的表现。

可见，身体素质只能提高轻度安全感。在威胁到自己生命或者受到精神创伤后，身体素质不能起到提升"安全感"的决定性作用。

从以上大众普遍认可的安全感来源剖析，可见各个价值观在获取"安全感"上或多或少均具有一定的价值，但是这些因素不是安全感获得的必要条件，只能属于影响条件，它们的作用取决于追求的初心和成长过程对"情感独立"性的培养——"情感独立"是安全感的核心来源。

第二节　关于安全感，大师如何说

目前心理学学派较为系统阐述安全感的有医学生物心理学、精神分析学、行为主义学、社会心理学、认知心理学（包括积极心理学）、人本主义心理学。这些学派有各自的观点和方法，今天看来，各有利弊。

一、医学生物心理学派

医学生物心理学家卡尔森（诺贝尔奖得主）从化学物质和细胞组织层面分析安全感，证明安全感就是大脑分泌的多巴胺物质产生。他作为神经病学领域的教授，熟知大脑边缘叶系统、杏仁核中各种神经递质的医学生物作用。多巴胺是人类大脑细胞与生俱来的，是大脑活动的重要神经递质之一。大量科研实验研究，证实给予适度增加大脑的多巴胺递质浓度，研究动物抗厌恶刺激能力增加，习得性无助行为的发生率明显下降。著名的习得性无助实验[1]，证实在反复电击的痛苦刺激下，由于没有办法逃出关闭的笼子，笼子里面的狗就会产生无奈、沮丧和无助行为。而当打开笼子的

---

[1] ［美］马丁·塞利格曼著：《塞利格曼的幸福课》，浙江人民出版社，2012年11月版。

门，再次电击这些无助的狗，有近60%的狗仍然不会离开造成痛苦的笼子，出现习得性无助，有近20%的狗在犹豫不决中走出笼子，另外，有20%狗，在再次电击时，迅速逃离笼子。研究证实，没有获得习得性无助感的狗脑内的多巴胺浓度明显高于习得性无助感的狗，进一步论证了神经递质和抗挫折能力的相关性。当然，其他神经递质如去甲肾上腺素、5-羟色胺、内啡肽等同样协同影响机体的安全感和相应的行为，其他脑区同样存在影响安全感的体验和表达，如大脑额叶前回皮质区受伤，会出现表情幼稚、无故害怕和哭泣的表现，安全感同样出现严重损害。

那么，是否我们不断地给予自己外源性的多巴胺，就可以获得安全感？

事实证明，过度给予多巴胺类物质或者中枢兴奋剂，脑细胞容易在过高浓度多巴胺状态下产生狂躁、冲动甚至丧失理智的凶残行为。给予更加容易产生欣快感的吗啡、海洛因等毒品，刺激脑细胞自身过度分泌多巴胺，出现欣快感后的细胞衰竭，容易导致成瘾和机体安全感丧失。我自己在指导研究生细胞培养研究中，同样证实适度低浓度多巴胺可以保护脑细胞，防止铁死亡形式的发生，过低浓度没有保护作用，过高多巴胺浓度不仅不能保护神经细胞，反而可以极大损害神经细胞，导致细胞铁死亡形式发生。[1]在精神医学药物治疗中，具有多巴胺受体部分刺激作用或者通过阻断5-羟色胺2C受体间接促进脑内多巴胺分泌的药物，改善患者的抑郁症状效果较好。[2]

---

[1]　Zhou B，Liu J，Kang R，Klionsky DJ，Kroemer G，Tang D.Ferroptosis is a type of autophagy-dependent cell death.Semin Cancer Biol. 2019，14（19）30006-9.

[2]　Cipriani，etal.lancet.2018；391（10128）:1357-1366.

在医学的研究中，采用功能磁共振显像技术显示，在进行体育锻炼如长跑、太极拳、健身、冥想时，人脑的多巴胺浓度会适度增加。人们在歌唱、开心、得意忘形、社交环境中，也存在多巴胺神经递质的释放。人们在生气、愤怒、焦虑期间，肾上腺素增加的同时，多巴胺浓度同样在明显增加。多巴胺是安全感产生的物质基础，也是其他兴奋性活动或者交感神经兴奋时期的物质基础。多巴胺和安全感之间存在的不是一对一关系，而是一对多种人体感受和体验关系。换言之，多巴胺不是安全感获得的充分条件。

二、精神分析学派

精神分析创始人弗洛伊德认为，安全感来自和同性父母竞争的胜利，就是俗称与原生家庭的权威和情感竞争者叛逆。按照精神分析学的泛性理论，每个人天生就会和自己异性父母存在依赖和爱的情结，会存在和同性别父母竞争母爱或者父爱，所以，成长到存在独立意识和自我情感时，就会出现天生的叛逆行为。现在已经有很多心理学理论反对此观点，包括新精神分析理论，不主张强调过多的泛性理论。《安全感》[1]一书，主要从精神分析学角度阐述如何认识自我，结合人本主义的学说提出依恋关系、亲密关系是安全感产生的最重要来源。

对于"叛逆"在个体成长中的重要性，精神分析学[2]主要强调的是，通过竞争爱的对象而成为独立的自己，拥有完整的安全感。

重建幸福力

① 保罗G、孙向东著：《安全感》，湖南文艺出版社，2015年9月版。
② ［奥］西格蒙德·弗洛伊德：《精神分析引论》，浙江文艺出版社，2014年6月版。

但是，"叛逆"常常不被社会接受和认可，是不孝顺、不听话、有问题的青少年的代名词。个体心理学家阿德勒，强调人需要积极应对"职业问题+社交问题+两性问题"，直面三个问题，才能够获得"生存意义"的高层次感受——幸福，否则存在过度自我保护，体验的就是自身的不安全感。积极直面这三个问题，就需要具有独立的社会生存能力和亲密关系，需要通过"成功叛逆"与原生家庭分离，而不是像弗洛伊德强调的性的竞争失败后的逃离。精神分析学的"叛逆"仅仅是针对同性别父母的敌对行为和失望中的过度自我保护行为，弗洛伊德强调的"叛逆"获得的"安全"是伪装的或者不堪一击的，因为他否认了亲密关系的价值，否定了情感的持续连接对人获得安全感所起的决定作用。弗洛伊德自身的原生家庭情感就存在问题，他自身始终没有得到爸爸的认可，导致他终身没有解决好"两性亲密关系问题"，始终没有获得真正的安全感。

"成功叛逆"是我根据临床分析而提出的一个概念，有别于精神分析学的"叛逆"，较符合心理学家萨提亚提出的自我生存的"表里如一"的高自尊和卡伦·霍尼提出的"争取人格的整体性"。它鼓励每一个人，尤其是青少年向着成功叛逆的方向发展，也希望父母们敢于宽容孩子的合理叛逆行为。父母们更加需要敢于直面自己未能够经历成功叛逆的现状，敢于看清未经历"成功叛逆"的自己容易在孩子教育中出现过度管教或溺爱或冷漠的情感危害。

成功叛逆者需要在爱的环境中，获得情感的独立性、表里如一。成功叛逆是"真爱"的能力表达基础，包括爱的表达和爱的自控力，爱既不是单向的依附，也不是控制型的支配，是真情地打开自己的心扉，尊重和平等相待。它包括四个认可：1. 社会认可的叛逆行为，并且最终获得社会成功；2. 父母真心地重新认可叛逆的孩子；3. 孩子重新认可父母，宽恕自己的父母曾经带来的伤害；4. 叛逆者建立新的亲密关系，最终达到自我认可。

在人生旅途中，无论是原生家庭的亲密关系，还是与配偶之间新的亲密关系总有失去的时候，因此，需要尽早建立亲密关系（父母或配偶）之外的自我的"安全依恋对象"。在东方，多数人走向了依恋自己的孩子，强化了"家庭"作为安全岛的效应，在西方，多数人走向了依恋"耶稣"或者"上帝"等信仰内设的安全岛模式。东西方的形式各有利弊，但是，高自尊者的安全岛核心不在于形式，是自身能够全身心爱上自己身边的每一个人，终身爱着自己的工作，拥有自我的积极信念。

"成功叛逆"是每个人人生必须经过的坎儿，也是获得情感独立的关键能力，青春期没有经历"成功叛逆"，就会出现叛逆期的延后，直至完成，否则将不断延伸或者迟发出现，那么，安全感幸福自然无法真正获得。

三、行为主义学说

行为主义创始人华生[①]认为，安全感缺失是原始恐惧的泛化，安全感就是通过训练增强意志力，压制原始"死的恐惧"而获得的。行为主义认为，只要提供孩子衣服、饮食就足够了，不必关心孩子的情感；只要训练他的行为，行为会增强孩子的自制自控能力，会促进孩子的意志力，自然就有战胜恐惧的能力，从而获得安全感。

现实是否如此？看看华生自己。他和母亲关系僵化，不认可自己的母亲；坚持要求自己的妻子不要宠爱孩子，按照他的行为主

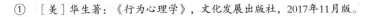
① ［美］华生著：《行为心理学》，文化发展出版社，2017年11月版。

义原则惩罚和奖励孩子，不允许建立母子过度亲密的连接。两次婚姻，生养四个孩子，三个出现严重心理疾病，甚至出现两个自杀成功的悲剧。这是对行为主义在安全感认识上本末倒置的极大反讽。没有情感哪里会有"安全感"产生？如果孩子出生就像低等单细胞动物一样，能自我通过行动和努力获得生存，那么，行为主义的观点似乎可能成立。然而，孩子毕竟不是单细胞动物。

没有被爱的孩子，就没有情感体验，就没有行动的方向和动力，没有可能被培养出坚强的意志力。在早期缺乏母爱，没有形成基础安全感，只是给予生存的食物条件下，通过训练可以获得外在的强悍但没有人性、"没有痛觉"的人。

如电影《狗咬狗》里的主角"杀手"，在没有爱，被经常殴打状况下，被长期关在铁笼子里训练杀人的技能，失去了人性。存在典型"疼痛阈值"的增加，看似不怕痛，实则是封闭了情感反应导致，存在反社会行为，体现出了过度保护自己的身体反应。他们的内心深处通过持续延伸的叛逆行为、持续的社会不认可的叛逆行为抵抗外界的威胁，保护自己的不安全感，压制自己"死的恐惧"。自从电影里女主角爱上他，他人性的黑暗才被慢慢点亮。爱，是人类最初，也是最后的光明。人的情感都是需要自然流动和交流的，只要是压制就会出现反弹或者过度爆发，直至毁灭。

只强调行为训练的价值，没有爱，也没有爱的滋养，只能获得"无情无义""冷血动物"的残忍式或者暴虐式的强大，或者直接在幼小时期夭折。在爱的滋润下，同时能够得到挫折和奖赏训练者，才能够获得安全感，表现出积极的勇敢和大无畏精神。

四、认知心理学和积极心理学

认知心理学创始人艾森克[1]认为安全感是自己选择的，只要拥有积极开放式思维就不会产生不安全感。积极心理学创始人塞利格曼[2]主张采取积极的心态和行为应对一切困难和挫折，安全的幸福感就会获得。

认知疗法（CBT）是目前医学大数据证实的治疗轻中度抑郁症一级I类的心理治疗方法，通过改变患者的认知观念或者扭曲的认知模式，让抑郁症者找到自我存在的意义和生存的动力，使他们重新获得可以感知外界"安全"的心，找到原本存在的安全感。如果结合积极心理学的指导，运用积极开放式思维和不断的行为训练，轻度抑郁患者可以弥补自己欠缺的情感，逐步完善和获得安全感。

对于重症抑郁患者，单纯认知疗法效果欠佳，因为其内心获得"安全感"的欲望，已经在挫折经历中被摧毁，产生的是对"安全感"的绝望和无望感。抑郁症有走向自我毁灭的趋势，不在乎或者不会去体验"安全感"，存在麻木性和僵尸化表现。斯巴达人是僵尸化毁灭其他民族，重症抑郁症是僵尸化毁灭自己。因为欲望和动力被掩盖，基础安全感的缺失，认知疗法较难启动重症抑郁者的被爱体验和爱的情感能力，无法获得抗挫折能力，无法激起内在的动力。

焦虑症是"不安全感"的典型表现，认知疗法和积极心理学，

① ［英］艾森克、基恩著：《认知心理学》，华东师范大学出版社，2009年7月版。
② ［美］马丁·塞利格曼著：《塞利格曼的幸福课》，浙江人民出版社，2012年11月版。

可以缓解轻中度焦虑。但是，对于重度广泛性焦虑障碍，缓解的时间通常较短，在新的压力或者危机状况下，患者会再次表现出"不安全感"。因为认知疗法不能增加获取"安全感"的核心能力，不能促进情感独立的成长。认知疗法过于强调理性层面的改善，忽略了感性层面对于安全感获得的核心价值。焦虑者理智上知道自己不应该负性思维、矛盾思维，之所以控制不住不自主的焦虑念头和思维，是因为内在的安全感没有建立。积极心理学已经在认知疗法的基础上强化亲密关系的积极行为，弥补情感不足的体验。但对于极度缺乏安全感的个体、丧失内在动力的个体，或者沉浸在痛苦和矛盾冲突里的个体，《塞利格曼的幸福课》同样承认积极心理学是无能为力的。认知疗法和积极心理学对修复轻中度"不安全感"存在价值，但是，不能从内心深层次去改变不安全感人格和情感体验。对于缺乏"安全感"者，常常起不到明显作用，如杯水车薪。

五、社会心理学派

班杜拉的社会心理学[①]认为，安全感是个体存在的人文环境和外界社会环境共同决定的。斯巴达人从小接受军事化训练，每个人战斗力超强，独立生存能力极高，个体外在安全感较强。为了维护自己的社会地位和优势民族特权，且防止出现叛乱和不安全感，斯巴达民族经常压迫和残酷烧杀其他民族的族人。斯巴达人个体相对安全感与民族"不安全感"存在矛盾，但是，在民族集体错误行为发生时，无人能够逃避种族的灭亡命运。社会心理学因此论证了在

---

① ［美］阿尔伯特·班杜拉著：《社会心理学》，中国人民大学出版社，2015年1月版。

集体无意识恐慌和不安全感的状况下，个体能量的渺小性。但是，社会心理学过度强调了外在的环境因素，忽略了社会是由每一个个体组成，每个个体安全感是来自自身个体体验，不能以社会安全感来替代。过度追求社会安全感，就会导致个人自由意识和个人安全感的实际丧失，如斯巴达人民族的毁灭。另一方面，个体过度依赖社会给予安全，不注重个体安全感建立则是十分危险的，如罗马帝国的崩溃。

2020年的新冠病毒疫情期间，因为存在自身内在安全感不足，一些政府官员担心被问责、担心失去名权利，而没有及时高度警惕并与病毒抗争。某些国家总统所伪装的外在安全感和虚假的英雄主义，最终换来人民生命大量牺牲的代价。在社会面临灾难的疫情当下，真正具有安全感的人，就会勇敢站出来，振臂一呼，对抗集体无意识恐慌和不安全感。

在乌合之众的心理模式驱使下，社会人文因素的影响非常巨大，具有过度降低或者提高群体中个人安全感的现象，严重者将会被社会洪流毁灭。在此环境下，总是有"众人皆醉我独醒"的安全感人物存在。

如果把股市比作社会，就会深刻理解股票市场（小社会）环境给个体带来的安全感总是虚无的、不可靠的，乌合之众总是受到伤害和存在不安全感的个体。真正具有安全感的人，如巴菲特、但斌等，坚持价值投资理念，坚持慈善和"爱"社会的初心，才能独善其身，并且影响股票市场的健康发展。

所以说，安全感起决定因素的是个体内在"爱"的情感独立性和促进情感独立的能力。社会人文环境是促进或者影响"安全感"的外在因素，可以内化到个体。

六、人本主义学派

人本主义创始人罗杰斯[①]认为，人类的孩子出生时，和大多数哺乳类动物一样，没有自我生存的能力，没有母亲的喂养和保护，自然就会夭折。人天生就会具有"死的恐惧"和"生的本能"，天生存在不安全感。马斯洛提出人类第一层次需求就是"活下来"，能够获得生存的衣食住行，在此基础上，才能够获得"安全感"。在胎儿、婴幼儿时期，母亲的子宫胎盘就是衣食住行的保障与象征——妈妈的子宫就是房子；羊水就是衣服，同时可以在子宫内自由活动；脐带提供源源不断的营养。低一层次的需求被满足，就会激发对高一个层次的追求；低层次的需求没有满足，就无法获得高层次的满足。

按照马斯洛理论，第二层次安全感需求，需要第一层次需求满足后才可能获得。生存物质的满足就能够获得安全感，这好像在支持华生的行为主义——只要喂养孩子，孩子就能够有安全感（放到成人世界，只要获得足够多的钱就能够产生安全感）。但事实是，很多富有的人，经常提心吊胆，害怕别人谋取自己的财产或者被绑架，存在高度的不安全感。这些显然都是相互矛盾、不完善或者错误的观点。

马斯洛的老师哈罗认为安全感取决于幼小时是否被母亲宠爱，妈妈曾经抱得够不够多、够不够紧，提示第三层次"归属感、爱的需求"被满足，可以有利于获得安全感。这种现象是在临床案例中被反复验证的真理，若一个人没有被爱拥抱和抚养，长大后一定存

---

① ［美］卡尔·罗杰斯著：《论人的成长》，世界图书出版公司，2018年12月版。

在强烈不安全感。人本主义大师罗杰斯认为安全感就是被需要与被关注的感觉，需要获取社会认可，才能获得安全感，提示安全感也是来自第四层次"被尊重的需求"被满足。

对各个心理学派理论利弊分析，可以看到各学派都有各自有价值的部分，但是都缺乏对"情感独立"性价值的分析，没有关注到亲密关系的情感是安全感的核心来源。比如几位人本主义大师的"安全感来源"的理论，马斯洛提到的第一层次需求包含着少许母爱情感，哈罗认为情感的关爱属于第三层次，罗杰斯的理论支持第四层次被尊重的情感是安全感的来源。人本主义心理学基本确定"安全感的来源"在于情感。但人本主义心理学阐述的不足，是没有清晰表明安全感是来自哪些情感，以及如何获得这些情感和培养自身内在情感的独立。人本主义心理学缺乏阐述"被爱"重要性体现在：

（1）忽略了第一层次需求的前提是需要有"基底层——被爱的满足"，被爱的体验几乎贯穿人的每个需求层次；

（2）忽略"幸福"情感是人类追求的自然和根本体验，爱情婚姻为代表的亲密关系幸福是核心价值；

（3）忽略安全感的幸福来自情感独立，情感独立主要来自良好亲密关系和挫折中的成长；

（4）没有强调抗挫折能力的培养、开放式思维训练、积极信念建立、当下的执行力在修补和提高"安全感的幸福"的价值；

（5）忽略外在社会环境因素、社会认可对"安全感的幸福"影响。

重建幸福力

第二章

什么是安全感幸福

Chapter2

第一节　作为"安全"的情感体验

安全的要求是人体保障自身生命安全、摆脱失业和丧失财产威胁、避免疾病的侵袭等方面的需要。

安全感是一种对于"安全"的情感体验，是较为持久的情绪体验。

安全感（safety feeling）：人在受到保护或摆脱危险情境时体验的情感，是维持个人与社会生存所不可缺少的心理需求。人本主义心理学家马斯洛视安全需要（安全感与稳定性）为人类第二层次基本需要。主要影响因素有自然环境、他人是否在场、个体认识水平、应付危险情境的经验及技能等。主要表现在国家安全感、人际关系安全感、职业安全感、生命与财产安全感等方面。

《安全感》一书提醒大家，安全不等于安全感。安全条件下，安全感的差异性不会被激发。安全感者容易获得安全，在不安全事件中，表现出勇敢和睿智，体验到自身的安全感。

中国研究安全感比较多的是安莉娟和丛中[1]，认为安全感是指对可能出现的对身心危险的预感以及个体在应对处置时的有力或无力感，主要表现为"确定控制感"（基础安全感）和"人际安全感"

① 安莉娟、丛中著：《安全感研究评述》中国行为医学科学[J]，2003，12（6）:698-699.

重
建
幸
福
力

两个因子。基础安全感主要来自原生家庭母爱的拥抱和抚爱，人际安全感主要来自父爱的给予和社会环境中的挫折训练。

从"被爱的幸福才是最重要的，是基底层"这一角度，我们可以重新定义"安全感的幸福"，并通过剖析安全感的来源及构成，让我们更好地理解安全感。

"安全感的幸福"定义：能够体验到"安全感"的舒适、平和，表达"安全感"的有力感。强调安全感的体验和安全感体现的能量，改变马斯洛的"安全的需求"被满足的观念。"安全感的幸福"者始终存在情感独立性能力，自我修正不安全感情感人格，拥有高挫折商，在各种威胁状况下，具有活在当下、不畏惧威胁、不盲目冒险、勇于直面生死的情感体验。

第二节 "安全感的幸福"的来源与构成

　　安全感带来的幸福是一种稳重、踏实和淡定的感受，获取安全感的能力是能够"获得持久幸福的能力"的基础。看似不困难，其实很不容易。现实调查的数据显示大约30%能够获得曾经的幸福，获得持久幸福力的人大约不到10%[①]。

　　我在心理治疗中，通过引发来访者倾诉人生成长经历、分析原生家庭情感模式，理解、分享、探讨每个来访者曾经拥有的幸福、当下可以获得的幸福、未来追求的幸福。咨询中，发现原生家庭成长环境、人生不同阶段、文化教育程度、经济生活水平等很多因素都会影响幸福以及幸福层次的转化。在当今社会即将或已经消灭贫困的状态下，获得安全感的幸福能力理所当然成为幸福体验的最突出的问题。在物质欲基本满足后，人们逐渐失去追求物质数量所获得的满足感。世界各地崇尚奢侈品和豪华享受的人群在大幅下降，尤其是在发达地区和中等发达国家。越来越多的人追求安全感的幸福体验，安全感不是仅仅涉及生命的存活，还包括身体健康体验、环境安全、社交关系安全、家庭亲密关系安全。在现实生活中，安全感已经与物质生存条件没有直接相关性，而是被高层次幸福感决

① ［印］拉杰·洛格纳汗著：《幸福的科学：如何获得持久幸福力》，中信出版社，2018年6月。

定或影响。如研究显示，年收入在7.5万美金的人幸福指数最高。[1]
收入过高者安全感体验系数下降，社会地位高同样安全感体验下
降。在灾难面前，似乎安全感和你的学历、经济水平、社会地位没
有绝对的相关性。

安全感的能力成了当今社会幸福能力的最重要的体现。发育心
理学揭示，人的最初安全感的获得在0～2岁期间。在此期间，有了
父母的爱或者成人的爱护，孩子才会打好安全感的基础，这非常重
要。随着年龄的增长，不断获得爱的滋润，自然安全感不断提升。
情感的幸福是安全感获得的充电机，没有情感归属——爱的感受，
就没有安全感或者安全感会被极大损害。反之，没有安全感，情感
幸福就难以真正获得。

人类"安全感的幸福"逐步获得，其实就是阳光人格逐步形成
的过程。它其实贯穿我们的一生，和我们的成长、成熟、价值观、
情感体验、思维模式、修心养身等有机结合在一起。

安全感的影响因素主要分为内在的和外在的。外在的形式主要
为名权利，我们追求别人的认可，追求影响他人意志力的权力和物
质，潜在的价值就是满足自己的安全感。满足安全的需求获得是一
时的安全感受，不是"安全感的幸福"。一味地追求名利可以获得
外在安全需求，并不能获得持久的安全感。因为一切事物的形成在
于内在，自身的安全感取决于内在的体验。外在安全可以部分滋养
或者损害内在的安全感，反之，内在的安全感可以主导和控制外在
安全的获得，两者相互影响。

如果用人类最基本的遗传基因物质形态DNA（脱氧核糖核酸，

---

[1] 美国普林斯顿大学经济学家安格斯·迪顿和诺贝尔经济学奖获得者丹尼
尔·卡尼曼对盖洛普所进行的幸福指数调查，见2012年3月31日新浪《理财周刊》。

英文Deoxyribonucleic acid的缩写，是染色体主要组成成分，同时也是主要遗传物质，图2-1）类比安全感的内在组成较为恰当。DNA的双螺旋结构，两条反向平行脱氧核苷酸链、四种碱基对的外侧磷酸和脱氧核糖交替连接，内侧碱基对（氢键）碱基互补配对。安全感就相当于螺旋形DNA的骨架系统的外侧磷酸和内侧氢键。DNA的骨架系统的外侧磷酸和内侧氢键来自四种不同核苷酸：腺嘌呤核糖核苷酸（A）、胸腺嘧啶脱氧核糖核苷酸（T）、胞嘧啶核糖核苷酸（C）、鸟嘌呤脱氧核糖核苷酸（G）的自身。安全感同样来自我们自身的情感（Affective，A）、思维（Think，T）、信心（Confidence，C）、行动（Go into action，G）四个因子，同时支撑着我们自身的情感、思维、行动、信心的成长、延伸、发展。安全感本身只是表现为安全或者不安全的感受，但是，同时带有或者反馈着情感、思维、行动、信心的大量信息。安全感的形成需要在人生成长过程中，自身的情感、思维、行动、信心四个因子相互碰撞、有机结合形成。

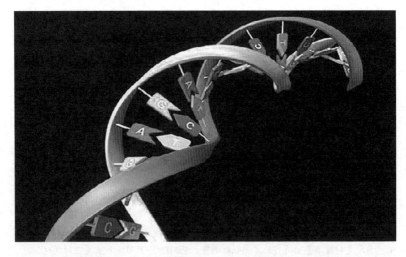

图2-1　DNA结构图示意安全感的基本组成为情感（A）、思维（T）、信心（C）、行动（G）。

神奇的是，DNA的四个基本核苷酸ATCG排列组合，构成人体基因密码；安全感的四个因子ATCG，按DNA的AT和CG的天然配对原则，存在那么多的相似性。情感（A）和思维（T）经常交换和碰撞，产生人的体验和认知，信心（C）和行动（G）联合是实现人的体验和认知的落地，ATCG的有机排列组合应该就是我们每个人的"安全感"的密码。

"安全感的幸福"来自四个密码形成了积极阳光的人格，最重要的表现形式就是高抗挫折能力（高逆商）。它是通过独立的情感体验能力、开放式思维、当下行动能力、积极的信念四种具体能力综合展现出来的。

拥有感受被爱的能力、情感主动表达能力、敢于接纳痛苦、坦然接受被分离情感、敬畏生命和直面死亡的情感独立，具有自知、自控、自学、自信，结合社会技能、开放式思维的内在能力，具有积极信心和正念，拥有适当的外在的名权利等安全条件，而不沉迷于名权利追逐者，保持利他的初心，形成较高的挫折商和自我不安全感人格修正的综合素质（如图2-2所示）——以上这些内在素质都能拥有，就是理想化的"安全感的幸福"，等同于人生最高层次的"无我"状态。

在图2-2中显示，情感的独立和安全感存在相互促进和形成的作用，独立的情感是内在安全能力（高挫折商、自信、积极认知、信念等）形成的根本条件，是外在的安全（名权利等）形成的有利条件，它们共同促进安全感形成。安全感在形成过程中，需要有"爱的体验"和挫折训练，反过来促进情感独立性。内在的安全能力是安全感的核心来源，外在的安全是安全感的次要形成因素，但是，过度追求名权利成为安全感形成的不利因素。内在的安全能力常常顺其自然获得外在的安全（名权利等），外在的安全条件，在合理的认知模式下，可以转化为内在的安全能力，两者存在相互影响。

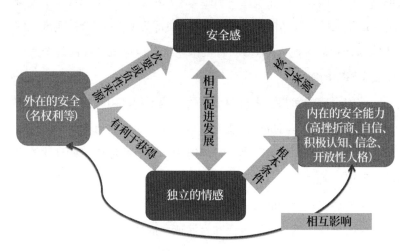

图2-2　安全感的核心来源和组成

　　在奥斯维辛集中营，在生死未卜、生存条件极其恶劣的状况下，弗兰克尔医生都能够感受到生存的意义和幸福，写出《活出生命的意义》这本畅销国际的积极心理学书籍。[①]在书籍中，弗兰克尔建议勇于给予自己生存的积极体验和利他行为的意义，更加让我们体会到弗兰克尔拥有的安全感和正能量人格的魅力。幸福的获得和人格特征息息相关，即便以马斯洛提出的物质生存条件欲为标准，不同的人格在同样条件下，产生的满足感和幸福度也是不一样的。对物质不断追求者，在满足身体欲望的同时，得到一时的快乐，并且随着欲望的膨胀，常常出现物质成瘾的表现，当不能满足或者达

① ［美］维克多·弗兰克尔著：《活出生命的意义》，华夏出版社，2018年1月版。

重建幸福力

不到欲望满足，就会出现压力、焦虑、睡眠障碍、挫败感、抑郁等症状。

小樱，不断要求自己拥有足够多的钱财，并且每年自己的财富都要达到自己的目标，否则就会失去快乐，出现焦虑、烦恼等的不安全感。

心理学各个流派的研究证实，安全感主要取决于原生家庭的影响、自我认可和自我超越困难的能力。高层次需求的获得，可以反哺安全感。如已经获得自我实现的人，在追求和实现自身的社会价值的过程中，虽然得到社会的尊重和认可，仍然在不断实现自我的新的目标和理想，坚持做为社会、为他人的利他活动，甚至在工作中做到"忘我"的状态。小说家贾平凹说：当我在创作中，"聚精会神的感受"无比美妙，就好像是和神灵在灵魂上沟通。这如同萨提亚提到的高自尊生存状态的"表里如一"：自己得以与自身的灵性精华达到和谐的状态。拥有此状态者，无论其内心的安全感原先如何，都将被此不断自我实现的过程所滋养，成长为高水平的安全感，类似永生的安全感。

第三节　如何获得人生不同时期的安全感

安全感是一种人体体验，主要是从亲密关系的体验和分离中获得，分析情感体验的成长，最终获得独立情感的过程显得尤为重要。人生的亲密关系从胎儿的母子关系，经过青少年友谊闺蜜的过渡，到爱情婚姻的亲密关系，再到自身成为母亲，形成新的母子亲密关系。其间或早或晚同时经历亲密关系不良和亲密关系分离的痛苦，最后逐步形成独立情感体验，形成自身的安全感。因为母爱是我们从胚胎发育开始就存在，是贯穿我们情感体验的终身感受，我们在此以女性成长为分析对象阐述。

一、胎儿、婴儿（0～1岁）期

一个女性胎儿在妈妈肚子里，就开始需要享受母爱，母亲的抚摸、听音乐、工作，母亲的七情六欲等都会影响胎儿安全感的获得，因此，胎教应运而生。这时胎儿还体验不到直接的父爱，父爱是通过母亲的情绪间接体验的。精神医学的托马斯和切斯把婴儿气质类型分为容易型、困难型、迟缓型。艾斯沃斯将婴儿依恋划分为安全型、回避型、反抗型。母爱充分和胎教好的孩子，出生后常为安全依赖、易养或者乖巧型幼儿。怀孕期间胎教忽略或者母亲情绪经常波动、睡眠障碍者，胎儿出生后常常表现为不安全情绪和行为，包括喂养困难、过度依赖、吵闹不安、反应迟缓、易受惊吓，严重者直接表现为自闭。研究资料显示，孤独症谱系障碍的发生与母亲怀孕期间的不良情绪状况密切相关。

二、3岁前

此时期为孩子获得安全感的最佳时间段，母爱的体验尤其重要。主客体心理学认为，在1岁半婴儿才会获得较为稳定的客体对象（母亲角色的稳定性），3岁才能获得情感稳定性。稳定的客体和情感的稳定是获得安全感的基本保障。再向前推，就是1岁前和胎教更为重要，所以，对于心理安全感和个体心理健康，1岁前充分的母爱，甚至绝对的宠爱一点都不会过分。现在社会因为工作节奏的加快、家庭矛盾的干扰、经济压力的存在，尤其是农村的留守儿童以及城市常见的隔代抚养方式，很多婴幼儿没有获得充分的母爱，导致孩子在成长中普遍存在不安全感。

三、3岁后至6岁（儿童期）

这是我们开始初步探索世界的时期。个体的生存能力很脆弱，需要亲密关系的呵护、鼓励、支持，同样，开始尝试跌倒了，自己战胜困难爬起来的感受。经过反复鼓励战胜困难—挫折—赞扬—再鼓励战胜困难—再挫折—再赞扬的体验，孩子的安全感就会越来越多。其实我们一生的安全感都是如此获得的，只不过呵护鼓励自己的对象逐渐换成了朋友、闺蜜、爱人、另一个自己。问题青少年的出现常常都是与儿童期的母爱缺乏或爱的不良方式有关。

在农村的很多家庭，女孩子因为各种原因，出生后很早就成为留守儿童，没有体验和父母一起生活的经历，母爱缺乏。这样的女孩如果一直没有感受到真情的爱，长大成人后，即使有时间陪伴孩子，有足够的经济条件，也会缺乏爱孩子的能力或者会过度溺爱孩子。

在城市成长的独生子女，孩子常常依靠隔代抚养或者保姆抚养，从小被溺爱较多，生活独立能力较低。城市生活的母亲通常工作忙碌，陪伴的时间较少，给予的母爱同样较少，母子亲密关系从小出现影响。在如此一个原生家庭成长，缺乏母爱的孩子或被溺爱的女儿，没有安全感的获得，长大后同样不会爱自己的孩子；下一代重复着，导致不安全感周而复始地代代传递。

四、6岁以后至12岁（少年期）

这个时期的孩子有了自己独立的意识感受，逐步知道了自我和他人的区别，开始感受到社会的影响。交朋友开始了，依赖母爱的体验较前明显减少，父爱的重要性开始体现，在交友中出现波折和困惑，常常需要母爱和父爱的支持。这时，如果父母关爱缺失，孩子同样会出现不安全感，往往表现内敛、内向、不表达、讨好人格、过度付出、懦弱的表现，容易成为被欺凌者。在东方世界，父亲陪伴少年期的孩子游戏和运动的时间较少，所以，我们大多数人表现为内向个性、爱付出和讨好的特征。

小若，女，16岁，从小爸爸长期出差，妈妈和婆婆关系不良，加上工作忙，把小若寄养在亲戚家。缺乏父爱母爱的小若，从幼儿园到初中，表现内向懦弱，被同学孤立、嘲笑、欺负。小若内心感到痛苦，对父母倾诉，得到的答复却是，对"同学的玩笑，忍一忍""你不招惹别人，怎么会有人欺负你？"为了解决自己的痛苦，小若逐渐形成用美工刀自残手臂的行为。来访时，左手臂布满刀痕和伤痛，像穿着网状袖一样，让人感到触目惊心和伤痛。

　　西方文化教育，常常过度放开孩子的天性，童年期被过度赞扬和鼓励，父亲较早陪伴和鼓励挑战各种运动和生活困难，孩子的安全感得到极大的发展，甚至有点过度，表现为张扬、外向、自恋、过度冒险、自我中心、自信心高涨，较早开始和父母产生情感分离和叛逆。西方发达国家，孩子在接近12岁这个期间，父母如果缺位或者忙于事业，如果缺乏父爱、缺乏父亲给予人生方向的指导，孩子容易过度自由、盲目选择人生道路、物质依赖。这也是西方发达国家青少年出现吸毒比例较高、反社会行为较多的主要原因之一。

五、12～18岁（叛逆期）

　　此时期是正式建立社交关系，建立友谊的时间段。原先没有得到安全感的孩子，在此阶段如果能够通过友谊的小船建立自己良好的社交关系，就会获得部分安全感。如果交友过程受到挫折，不能从说翻就翻的友谊小船下，搭上新的交友关系，那么，原生家庭带来的不安全感将会进一步恶化，导致不安全感与年龄不匹配。因为没有安全感，常常不能够进行合理或者成功的情感叛逆，培养不出独立的情感体验，处于不敢表达、害羞、压抑、内疚、懦弱的情感。如果建立了新的友谊，并且形成自己的价值观和信心，将会和原生家庭的关系进行叛逆。叛逆是获得独立人格的必由之路，但是，不良的叛逆或者持续的叛逆并不能带来情感独立，体验的常常是持久的愤怒和折磨。叛逆的孩子，叛逆的方向或者行为不被社会认可、不被自己的父母认可，如离家出走、成为反社会行为、沉迷游戏、成瘾于物质依赖，将不可能获得安全感。表面的叛逆、自我、不服输甚至胆大妄为，内心深处却是隐藏着自卑和不安全感。只有成功的叛逆，才能决定叛逆者将来能够获得安全感。成功的叛逆需要至少获得四个认可[①]：社会认可、被叛逆对象（权威+亲情，典型代表就是父母）的重新认可、自己重新认可父母，最终实现自我认可。实现成功叛逆通常从青春期开始，但是获得自我认可，可能需要十年、三十年，有的人可能甚至一辈子没有获得。

当然，没有魔就没有佛，精神病学家纳西尔·加梅（Nassir Ghaemi）在《一等疯狂：解密精神疾病和领导力之间的关系》[②]中提到："情感上处于稳定的平衡状态，并且总体上有一种幸福感的人，才称得上精神健康的人；然而平和而放松的心境，从来都不会激发出伟大的成就。"对于母爱父爱缺乏的孩子，虽然他们年轻时

① 参看本书第六章第三节。
② ［美］纳西尔·加梅（Nassir Ghaemi）著：《一等疯狂：解密精神疾病和领导力之间的关系》，黄山书社，2014年5月版。

重建幸福力

036

缺乏安全感，人格偏移和感受不良，但是，为了弥补，他们会拼命地爬上社会阶梯，所以只要没被自己（或社会）压垮，一般都会学习好、工资高，总之就是急功近利；一旦遭遇挫折，就会一落千丈。急功近利是为了用外界的东西来填补自己内部的空虚和不安。

很多杰出的人才，年轻时都是在回避或好强的不安全感人格驱使下，在痛苦体验和原生家庭叛逆过程中，不断地追求社会认可，从而激发出伟大成就，填补了内心潜意识的不安全感。然而外在的伟大成就，如果不能转化为自身内在的安全感，精神健康和安全感的幸福就没有获得。作家海明威的很多著作名扬四海，常常触动人们的内心情感，引发共鸣，但他自己却没有接纳原生家庭，没有走出自己的痛苦体验，没有实现自我认可，叛逆失败，抑郁而终。星巴克董事长舒尔茨接纳了原生家庭和体验到情感的相互依恋，实现了成功叛逆，成为"安全感的幸福"者。

为什么在物质较为丰富的当今社会，孩子心理障碍发生率较高？在东西方国家，长辈们在物质匮乏时代成长，虽然同样经历着父母的指责性教育，但是，出现"玻璃心"心理素质，或者失去生存意义的心理障碍较少发生。

这是由于当下的孩子生存的物质体验被较早满足所致，生存的"自由度"和"创造性"的精神需求较高，但是常常受到社会、家庭各方面的压制，以及自身挫折训练较少有关。具体原因分析：

在物质匮乏时代，多数家庭的教育是自由发展式教育，俗称"放鸭子"教育。在学业上无特殊要求或者说要求不严厉，孩子们职业选择的自由度较高，考不上大学是多数人的状态，孩子家长和学校不存在明显学习攀比的现象。家庭教育主要集中在为人的品行，接人待物礼仪，劳动的勤快或者吃苦耐劳的精神方面。同时，平时物质匮乏带来的饥寒体验，感受到父母的劳动的辛苦，渴望获得物质满足的欲望强烈，即使遇到较严重的语言指责或者身体体罚，通常可以做到隐忍或者宽恕自己的父母。加上只要在某些方面努力，只要可以基本养活自己，就会产生社会认可和社会成就感。物质匮乏时代的人，拥有选择学习方式的相对自由度和创造力，尽管工作和生活艰辛，但拥有较高的意志力和战胜困难的决心，"逆商"较高。因此，按照目标化工作、生活的意愿强烈，多数人形成执着于名权利追求、急功近利的价值观，同时，在人生经历中，感受到文凭的重要性，迫切希望自己的孩子不要输在学习的起跑线上。

几乎所有城镇家庭，孩子们出生就被丰富的物质包围，吃穿住行样样都能够满足，孩子的马斯洛第一层次需求较早得到满足，自然较早出现寻求安全感、自我情感归属感、被尊重感、自我创造性的实现感。这些孩子的需求与物质匮乏时代成长的父母感受是不一致的。孩子们因为物质的满足，较早开始追求精神世界的生存体验，自然走向体验生活、学习的模式。家长和学校却还是在按照目标化教育或者管教的模式，两者产生极大的冲突和矛盾。目标化和攀比性导致孩子在学习上的幸福体验，很快被磨灭。

"不要输在起跑线上"的价值观，使得孩子的个性和天性的发展较早被限制，失去了自由和创造性。家庭夫妻情感矛盾化和高离婚率，在孩子内心产生较为强烈的不安全感，为了寻找安全感和新的情感归属，自然出现学生早恋或者同性恋的社会现象。这些与父母的人生经历和价值观产生极大的冲突，叛逆和被压制叛逆成为孩子每天生活的体验，这与他们原本希望追求的自在、舒适的生活体验截然相反。因为有物质的满足为基础，孩子们遇到困难，常常利用物质享乐或者游戏享乐或者虚拟世界缓冲痛苦，逃避现实的各种困难，尤其是情感的纠结。部分孩子即使能够到达父母的各种目标化，获得社会认可，但是，因为这些实现的目标不是他自身自然的追求，获得不了被尊重感，获得不了持久的成就感，获得不了自我实现感。

我曾经接待过多名"知名高校的大学生"焦虑抑郁来访者，作为学生中的翘楚和学霸，同样感受不到生存的意义，感觉在为了"父母的人生目标"而活着，始终没有获得自我认可和精神方面的幸福体验。北京大学精神科徐凯文医师曾经在2016年演讲《时代空心病与焦虑经济学》主题中，提到在北京大学一年级的心理健康调查，统计显示30.4%学生厌学，40.4%的学生认为活着人生没有意义，这种理念多数人是从初中就开始产生。

在物质匮乏时代成长的父母，把自己的人生价值观"目标化"，强加在现代物质极大丰富的孩子身上，把自己高"逆商"的成功，强行展示在孩子面前，就出现了家庭教育的危害性，加上社会应试教育氛围的推波助澜，造成现代儿童青少年精神心理的压迫、压榨、窒息、困惑、无意义感突出，体验到精神层面的"自由""创造""尊重""逆境中成长"感受极少。孩子们想成功叛逆，但是最终因为不能重新认可自己父母或者不能被父母认可或者始终体验不到自我认可，而导致较多的叛逆失败。

六、爱情—婚姻早期

第二个亲密关系——爱情夫妻关系的建立，是婴儿期母爱之后，安全感获得的第二次重要机遇。

在第一次亲密关系中获得充分母爱父爱者，安全感的基础较好，比较自我，存在自己的核心价值观和信心，可以享受独处或比较独立，通常进入爱情或者婚姻的时间较晚。如果没有和原生家庭亲密关系较好地分离，容易影响爱情的体验，甚至过度依恋原生家庭的母爱和父爱，导致婚姻障碍，或自身新的母子关系建立不良。如果在成长中逐渐与父母情感分离，做到初步的情感独立，爱情婚姻的亲密关系将会较好发展，促进安全感的进一步获得。

在第一次亲密关系中没有充分母爱者或父爱者，获得安全感的基础较低，容易相对早恋。没有母爱的女孩，常常封闭自我情感，表现出忧愁或柔弱。此类女孩容易被有阳光积极向上的男孩追求、关注和呵护。在温暖呵护下，女性的安全感可以得到部分弥补，但容易产生过度依赖、忽略对方缺点，为婚后埋下隐患。婚后，女孩的情感依恋表现患得患失，害怕对方感情不忠等。没有父爱的女孩，常常会不自主弥补家庭父亲缺位的部分社会角色，或者寻找社会认可，表现好强和积极主动。在青春期，常常主动寻找或者产生早恋关系，寻求被男性呵护和被缺失的父爱。但因为存在不安全感，常常把对父亲的不满情感投射到男朋友身上，对男友要求苛刻、吹毛求疵，容易出现多次恋爱—失恋的经历。

原生家庭父母和父母长辈的人格特征以及家庭结构的差异，同样极大地影响着爱情婚恋期的女性安全感获得。当一个女性能够在男朋友面前做小公主，同时能够给予自己母性的展示，让男朋友做自己的小男孩时，爱情就产生了。在爱情中，男朋友替代了原生家庭的母爱父爱，抚育女性内心的真我、本能的情感，促进女性快速弥补既往缺失的或者不足的安全感。

当然，无论原生家庭结构如何，如果在爱情中失恋，出现亲密关系的分离，都会产生新的不安全感。通常早期获得母爱的女性，会退回自己原生家庭修复创伤，或者自我修复后，再去寻找爱情。早期母爱缺乏者，容易退回自己的内心，并且封闭自我情感，容易忧郁，或者通过好强的个性，追求外在的名利，成为社会认可的职业女性，甚至女强人。但外在的安全感只能起到部分作用或者一时的缓冲。在忙碌之余，安全感的不足，就会以恐慌或者情感的空虚表达出来，只能通过再忘我的工作或者较多的肤浅人际关系，或者一味讨好付出形式的朋友关系支撑。武志红在《感谢自己的不完美》[①]中列举了几个莫名其妙怕黑的案例，其实都是内心不安全感的表现。

七、亲子关系期

新的母子关系的建立时，安全感不足者在孕期就开始表现出围产期的焦虑和抑郁。在此期间，准妈妈常常担心自己生理现象的变化、担心自己的身体，更加担心自己孩子的安全。不自主把自己童年的不安全感投射到自己尚在肚子里的胎儿。

小枫在二胎怀孕时，就特别担心各种潜在的危害，饮食特别讲究，假设和夸大微小的伤害（如电脑辐射），导致失眠。她担心失眠对孩子的危害，又担心服用药物对孩子的危害，不断焦虑。孩子出生后，总是怀疑自己的孩子头特别小，担心她存在孤独症谱系障碍，经过专业医生的检查和告知，仍然焦虑不安，担心孩子患有"小头症"。

经过追溯小枫的童年经历，发现其母亲家庭观念淡漠，也

① 武志红著：《感谢自己的不完美》，中国华侨出版社，2015年9月版。

不照顾父亲感受和生活，还经常赌博，小枫早年严重缺乏母爱。而父亲又挣钱又做家务。小枫从小就担起了大部分家务活，痛恨母亲，存在恋父情结，幼年时期表现为被动依赖—柔弱型不安全情感人格。在成长中，增加了好强个性，不断努力学习，考上大学，得到社会认可，逐步成为热情—控制型特征。

第一胎怀孕期间存在明显焦虑情绪，老公的反复呵护和安慰，加之对可爱新生命的期望，缓解了部分焦虑。孩子出生后，小枫特别宠爱自己的大孩子，在此期间焦虑较快缓解了。按照精神分析学（意象心理）的观点，其实就是把自己内心缺乏爱的小孩（意象）投射在大孩子身上，自己在爱自己脆弱的情感。

而小枫二胎怀孕前，爱自己的爸爸忽然去世，小枫伤心悲恸，悔恨没有足够孝敬爸爸，痛恨妈妈对爸爸的不关心，不安全感被激发出来。来访时，情感特征变为冷漠型，根本感受不到老公的呵护和爱，也听不进去他的劝说，夜深人静时，就想到母亲的全部不是，想到孩子残疾了怎么办，为此感到痛苦。小枫是把母爱缺失的痛苦一直压抑在内心，从小的不安全感体验没有得到足够弥补，并且把此不安全体验投射到自己的二胎女儿身上，总是担心她患有不治之症。

在心理治疗中，小枫从原生家庭这面镜子，看清了自己情感特征的变化路程，转换了不良思维，尝试宽恕妈妈。伴随着孩子的成长，小枫的不安全感逐步得到改善。最近回访，她已经能够体验到老公的关爱，减少了对大孩子的宠爱，不再怀疑女儿的"头颅健康"，但仍不自主特别宠爱二胎女儿，呈现主动依赖—温暖型。

如果女性自身的安全感得不到提高，在爱情期，原来隐藏的不安全感就会显现出来，就会逐渐在婚姻和抚育孩子过程中表现出不良的不安全感人格。通过爱情—结婚—生子—哺育，大多数女性的安全感会得到极大的提升。她不仅仅成为呵护孩子的母亲，同时承担着丈夫内心脆弱情感（内心小孩）的母亲，同时成为呵护自己内心真我情感的母亲。相对而言，男性由于承担哺育的体验极少，较少与婴幼儿密切接触机会以及爱的形式的差异，男性在此期间，内心脆弱情感得以共同成长的机会较少，安全感的提升较少。婚后，经历过良好抚育孩子的女性，通常会感到自己的老公显得情感比较幼稚，好像长不大的孩子。其实，这是女性安全感已经超越了自己老公的现象。

八、更年期（孩子叛逆）

此时期是安全感的第三次修补机遇。孩子进入叛逆期时，母亲常常已经接近或者就在更年期。如果在更年期前，我们的安全感还是较低，就仍然会表现出以上不安全感人格的各种特征。这时遇到叛逆期的孩子，就是一次痛苦的考验，但同时也是一次培养和提升自己安全感的新机遇。

不安全感较高的父母，遇到叛逆期的孩子，要么让孩子痛苦，要么让自己痛苦。此时，父母尽可能多体验自己痛苦，并且在痛苦中自省，修正自己的不安全感人格，抓住最后一个成长良机。而若孩子经历太大的创伤，就会产生巨大的风险代价。

小桑，女，17岁，高二学生，"反复失恋而痛苦、自残"前来就诊。接诊中，了解到小桑的妈妈从小家庭温暖，基本是被宠爱长大，没有受过挫折，和父亲关系亲密，存在恋父情结，和强势的母亲（小桑外婆）存在对抗，并且获得母亲的认可，属于热情—控制型不安全感人格，外在安全感较强，内在安全感不足。婚后，小桑妈妈仍然争强好胜，处处希望能够按照自己的意愿和原则做事，对老公的行为吹毛求疵，要求完美，随着孩子长大，却发现老公对自己感情变冷淡，甚至出现不忠的情况，不得不离异。在此夫妻情感痛苦分离期间，小桑妈妈感到气愤、委屈，经常无故把怒火发在孩子身上，甚至不能自控地鞭打12岁的小桑。小桑自此开始出现叛逆行为，不理睬、反抗她的管教，后期出现不回家，抽烟喝酒，甚至自残和自杀未遂行为，学习成绩一落千丈。

　　在进行小桑心理治疗的同时，我让小桑妈妈体会自己内心的安全感及其变化。她说结婚后，就开始感到有点不安全感，总是对老公不满。离婚前，更加感到不安全感，而且事实验证了自己的不安全感——这个男人不可靠。离婚后，感到孩子的不安全，天天担心她的学习、担心她学坏，结果事实又再次验证了自己的担心。

　　经过心理疏导分析，小桑妈妈意识到自己还存在恋父情结，没有获得独立的情感和安全感；把父爱的索取投射到老公身上，造成老公情感上的回避和逃避行为；把对老公的不安全感和愤怒投射到孩子身上，造成孩子的痛苦、过早过度叛逆和

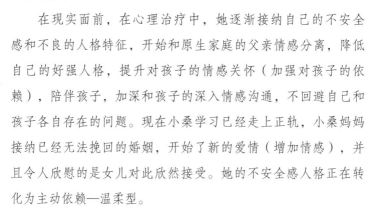

心理创伤。

在现实面前，在心理治疗中，她逐渐接纳自己的不安全感和不良的人格特征，开始和原生家庭的父亲情感分离，降低自己的好强人格，提升对孩子的情感关怀（加强对孩子的依赖），陪伴孩子，加深和孩子的深入情感沟通，不回避自己和孩子各自存在的问题。现在小桑学习已经走上正轨，小桑妈妈接纳已经无法挽回的婚姻，开始了新的爱情（增加情感），并且令人欣慰的是女儿对此欣然接受。她的不安全感人格正在转化为主动依赖—温柔型。

九、母子分离期

经历了如此多人生经历和坎坷，看着孩子已经独立成长，有了自己的事业、婚姻、孩子，这时部分人应该已经有了较好的安全感（包括内在情感的成长和名利的获得感），但是，仍有部分人没有做好与成年的孩子进行情感分离，或者没有处理好夫妻情感问题，仍然存在较高的不安全感。她们表现在干预孩子的小家庭事务和情感，容易出现婆媳矛盾，过度宠爱自己的孙子辈（其实多数是对孩子爱的缺陷的补偿）。更多的中老年女性叠加更年期或绝经后衰老的不安，常常表现出周身不适、害怕疾病或怀疑自己患有各种疾病。现实中，这些中老年患者经常出现各种心身疾病，如功能性胃肠炎、交感性高血压、甲状腺功能亢进、甲状腺腺瘤、慢性疼痛、胃肠功能性痉挛、紧张性头痛等。患病的自己会得到孩子的长期关注，但越关注，这些症状就越难以消除。

有个朋友的婆婆心姨，其老公去世较早，自己一个人辛苦抚养儿子成人成才，儿子结婚后也一直居住在一起。儿媳年轻时，和丈夫都是事业型，天天出差，忘我工作，很感谢婆婆对自己家庭的照顾。到了心姨60岁时，儿媳发现心姨经常黏住自己的儿子，只要儿媳和丈夫亲近或在一起，很快婆婆心姨就会出现身体不舒服，经常要求儿子给她按摩脚，按摩全身，只要朋友不在家，婆婆就可以正常生活和照料自己的儿子、孙子。此类事反复频繁发生，后来为了不导致婆婆发病，儿媳只能独自居住在另外一套房子里，儿子间断来探望她，这样就相安无事。

　　这是典型恋子情结和恋母情结的不分离，心姨到了至今大约70岁了，仍然这样没有安全感，长期霸占着自己的儿子，不能做到情感独立。

　　83岁奶奶冯姨，终身主动依赖温柔型，在近几年，血压时常巨幅波动，190/110mmHg～100/56mmHg之间，常常心悸胸闷伴有睡眠障碍。测查记忆力正常，主要为焦虑症状，询问原生家庭为温暖型，恋父情结明显，长期和父亲居住，先生对她同样关心和疼爱，年轻时，丈夫长期外出工作，在家时间少，两人感情和睦。家庭经济较好，长期雇用保姆，父母长期协助抚养自己的子女，依赖性强，娇小柔弱，属于较典型主动依赖型不安全感人格。老公退休前，自己爸爸去世，曾经出现类似症状多年；老公退休后，百般照顾和呵护，上述症状逐步改善。近两年，自己双膝关节退化，行动不是太灵活。原先夫妻携手去买菜上街，现在走不动了。老公只能一个人外出买菜、购物、锻炼身体，只要老公不在身边，就会出现心悸胸闷、血压波动、头昏症状。经过一次性的心理辅导，点明她的过度依赖性人格特征至今未能修正，嘱咐老公在家里的同时，多让她独处一会儿，自己完成自己可以完成的事务。陪伴她多做康复治疗，增加和老伴外出的机会和能力。这个奶奶的症状逐步稳定，睡眠改善。

其实，这样的不安全感，在多数50～70岁女性中都存在。因为随着我们的衰老，无论男女都将面临疾病、情感分离、独居和死亡的心理考验。

十、父母死亡分离期

终极的安全感检验到来。随着年龄的增长，女性经历了和自己父母、爱人、成年后孩子的情感分离。可能因为婚姻障碍，甚至出现夫妻亲密关系的分离—离异。但这些分离只是情感的分离，不是心理空间和物理空间的丧失感——死亡。多数人第一次面临的死亡，就是自己的父母去世，体验亲人死亡的痛苦，体验失去了再也没有了的感受时，终极的安全感检验才到来。在接纳父母年老，被病痛折磨的痛苦后，如果有丈夫或者其他亲密关系支撑，这种情感丧失的痛苦很快会过渡，安全感就会恢复。如果女性还没有摆脱恋父情结或者恋母情结，激发对父母的过度依恋、愧疚、内疚、自责及渴望被认可的情感，那么痛苦体验就会出现，就会激发自己幼小时期埋藏在心底深处的不安全感，甚至导致抑郁症或者惊恐障碍。

　　女性来访者小念，40岁，高级会计，事业有成，热情—控制型人格，具有较强的掌控欲。从小爸爸呵护关爱有加，存在恋父情结，个性强势完美、善良、乐于助人，道德观价值观都比较正能量。32岁和先生两人自由恋爱，结婚后多年，养育一个4岁儿子，家庭较和睦，同时，爸爸妈妈长期同住。尽管对先生和孩子要求严格，但是先生态度温和，孩子比较乖巧，没有激烈的情绪冲突，同时，长期体验到爸爸的温暖。

　　在两年前，爸爸去世后，小念一直感到自己整日恍恍惚惚，思念父亲，因自己没有早点强制父亲去体检而内疚，逐渐出现工作没有兴趣，和家人情感沟通没有激情，经常出现心悸胸闷，夜里存在紧张或者多梦的感觉。因为她的不安全感人格属于较为健康型，经过四次心理治疗和自我冥想训练，小念逐步认识到自己对父亲情感的依赖，开始更多体验和先生的情感，敢于依赖先生，性格的强势逐步降低，给予孩子充分的关爱，接纳了父亲死亡，转为主动依赖—温柔型人格。此外，她还确立了新的人生目标，创立了瑜伽馆所，最近回访，表现出自信和平实的姿态，自认为可以和老公相互安全依恋，体验到以往没有的幸福感，呈现安全依恋型。她希望自己能够慢慢培养独立情感、勇敢、平和的阳光人格，以面对应激事件和今后的人生。

如果在早年丧失父母，就会造成幼小心灵的创伤、母爱或父爱的缺失。如果在青春期出现，有可能促进人的社会性发展。但内在的情感痛苦是必然的，常常导致青年期亲密关系建立的延迟，容易在内心形成追求完美母爱或者父爱的心理幻想。

十一、配偶死亡分离期

多数女性丧偶在中老年期，人生的阅历和几次情感分离的过程，锻炼了女性的安全感。丧偶的痛苦，主要是初期精神层面的陪伴的缺失。由于女性的生活自理能力较好，加之拥有母爱的天性，可以转移情感到自己的孩子或孙子辈，以及自身身体的修身等活动中，强烈的不安全感不容易发生。如作家杨绛女士，她和钱钟书感情亲密无间，在先生离开后，仍然笔耕不辍二十年，实现自我的同时，不断提升自我"安全感的幸福"。反之，像案例冯姨的情况，如果先生的离开，将会造成她极大的不安全感，甚至是致命的。

男性中老年出现丧偶，更加容易影响本身的安全感。加上男性生活习惯不好、生活自理能力通常较低，罹患各种疾病的概率明显升高。因此，应鼓励中老年男性追求黄昏恋，子女甚至可以促进和支持黄昏恋，这样将有利于老年人亲密关系的再延续和老年期安全感的再提升，也有利于子女的人格情感独立和安全感提升。对于自我实现幸福的男性，如果没有产生黄昏恋的动力，则鼓励其继续加强社会交往、终身兴趣的执行和终身事业的发展。但是，任何人都需要核心亲密关系——夫妻关系的支持，丧偶的老年人，均会面临或多或少的情感创伤，导致安全感下降。研究数据显示，老年性痴呆的发生、老年人的预期寿命缩短均与丧偶的发生密切相关。反之，两位情感深厚、相依为命的老人，一位离开，配偶可以安静地在身边同时离开。这是一种安心的无视死亡、向往死亡、同生同灭的高层次安全感的幸福。

如果在较年轻未孕前出现配偶的死亡，女性的不安全就会被激发，情感深者痛苦多，情感浅者痛苦少，但是，较快会寻找新的伴侣依靠，缓解自己的不安全感。有了孩子的母亲，通常不安全感明显降低，母性的坚强和母爱的伟大通常会被激发。如果女性严重缺乏安全感、依赖性极强，那么她在抚育孩子期间，容易传导不良情绪给孩子，同样会因为不良事件放大自身的不安全感表现。

2020年，新型冠状病毒引发的肺炎迅速蔓延整个地球村。面对这一场毫无防备的疫情，对病毒和死亡的恐惧弥漫在人类的世界里。生活在疫情之下，如何合理理解死亡、接纳死亡、改变死亡的观念变得尤为重要——适时地改变生死观将会极大提高个体的安全感。"理解—接纳—改变"死亡的观念，需要在人生现实生活中去不断体验和感悟。

第三章

红黄蓝情感：

不安全感人格的剖析

hapter3

人格的分析包括外倾、知觉、判断、直觉、情感等多个维度，而情感维度所决定的人格差异更明显影响心理疾病的产生，因为常见的心理疾病呈现核心问题都涉及情感问题。抑郁症的特征是情感低落；焦虑症的特征是不安全的情感体验和情感矛盾；双相情感障碍更是有情感大幅波动，不能自控的特征；强迫症是极度的不安全情感被压抑后，转化为不同形式的强迫体验、思维、行为。

在心理学的多个学派中，都提到情感的修正和治疗学说。精神分析学的分析治疗，就是需要共情、移情、反移情，需要分析、弥补创伤的情感。但是，可操作性和实际效果不佳。随着心理学发展，认知行为心理学和积极心理学强调的是通过修正认知和积极行动，改变情感。但是，它对于中度和重度心理疾病效果欠佳。萨提亚家庭人际关系心理治疗方法[①]，最大特点是着重提高个人的自尊、改善沟通及帮助人活得更"人性化"，其内在的核心还是修复创伤的情感。萨提亚家庭工作坊提出改善和重塑个体"家庭三角关系""如何在自我、他人、情境中表里如一地自由表达情感""如何获得尊重和表达尊重"，相当于从"被尊重—自尊的满足"层面开始获取，着重于个体情感"关系"重塑，向下一层次需求"情感归属感"进行修复。

那么，大众该如何获得"安全感的幸福"呢？

"安全感的幸福"来自未成年时期的"被爱的体验"和"生理生存满足的体验"。"安全感的幸福"来自人生成长期间，"爱"和"挫折"的交互作用下形成的情感安全性人格，这是内在核心动力。

① ［美］维吉尼亚·萨提亚著：《萨提亚家庭治疗模式》，世界图书出版公司，2018年11月版。

原生家庭的培养方式、幼小时爱的体验、生长环境的安全性、物质是否匮乏、是否经历挫折训练、是否叛逆成功都会影响到安全感的幸福。

当你用心体验安全感，向着情感阳光人格的方向成长，达到身心整合、内外一致，"安全感的幸福"就会来到。

第一节　红黄蓝情感人格理论

一、婴儿情感依恋特征与成人不安全感人格

心理学家艾斯沃斯把婴儿情感依恋特征分为反抗型（又称矛盾型）、安全型、回避型三种人格类型。

（1）**反抗型依恋**：这类婴儿缺乏安全感，时刻警惕母亲离开，对母亲离开极度反抗，非常苦恼。母亲来时，既寻求与母亲接触，又反抗母亲的安抚，表现出矛盾的态度，这种类型又叫矛盾型依恋，也是典型的焦虑型依恋。

（2）**安全型依恋**：这类婴儿将母亲视为安全岛屿，母亲在场使儿童感到足够的安全，能够在陌生的情境中积极地探索和操作，对母亲离开和陌生人进来都没有强烈的不安全反应。婴儿的安全型依恋特征，并不是体现婴儿具有安全感。一个婴儿离开母亲，独处时间稍长，就"哇哇大哭"，失去"安全感"，表现失落、紧张、伤心。婴儿的安全型依恋，确切地说就是"放心地依恋"，是今后形成安全型人格的基础。

（3）**回避型依恋**：母亲在场或离开都无所谓，自己玩自己的，实际上这类婴儿与母亲之间并未形成特别亲密的感情联结，被称为无依恋婴儿。

重建幸福力

关于成人的情感人格，心理学家提出四种分类：

（1）**依赖型人格**：在原生家庭中父母未给予充分爱，孩子有爱的体验，但没有被依赖的可靠性对象，婴儿内心"安全依恋"的渴望得不到满足，或父母过度溺爱，没有经历抗"挫折"训练，过度依赖父母，表现被动、胆小、依附他人、担心亲密关系者遗弃自己。

（2）**恐惧型人格**：父母给予的陪伴较少，没有体验过温情的感觉；或父母给予了不恰当的爱，如控制型爱、矛盾型爱，则婴儿"反抗依恋"的矛盾性心理得以延续，表现内心不但缺乏安全感，同时有反叛、好强、多疑、不信任的表现。

（3）**疏离型人格**：在原生家庭被情感创伤，没有亲密关系体验，出现婴儿"回避依恋"特征，过度保护自己内在情感，封闭情感，排斥亲密关系，内心却害怕孤独和被抛弃，在亲密关系中陷入不断的冷漠、痛苦和犹豫表现。[①]

（4）**安全型人格**：原生家庭和谐温暖，宠爱和挫折训练，婴儿"安全依恋"情感得到满足，成长为在遇见困难时勇于解决问题，让他人得到可以被依靠的安全感。婴儿安全型依恋特质，在父母关爱下，有利于今后发展成为成人情感安全型人格。

可见，成人不安全感型情感人格，"依赖""恐惧""疏离"来源于婴儿的"不安全""反抗""回避"三个依恋特征。成人情感"安全感人格"来自婴儿的"安全"型依恋得到满足。观察不同年龄段来访者、亲密朋友、自身的情感人格特征可发现，从婴幼儿存在的依恋特征在成长期间依然存在，而且三种依恋特征在每个人身上都能发现或多或少地存在。每个人在未能获得情感独立性之前，在成人情感安全型人格未能形成前，始终存在"反抗、依赖、

---

① 约翰·鲍尔比著：《依恋三部曲》，世界图书出版公司，2017年1月版。

回避"的情感特征，情感安全型人格偶尔闪现。在获得情感独立性之后，安全型人格时常体现，三个依恋特征偶尔出现。

婴儿的情感依恋特征在成长中持续延伸，就类似武志红谈到的成人"内心的小孩"，甚至直到终身[1]。在社会成长和竞争中，婴儿式的幼稚反抗型依恋特征，出现变化。反抗的对象为社会和人际关系竞争，担心得不到社会各种认可，逐渐表现为"好强"。"好强"内在的含义是怕不被重视或者不被认可，带着焦虑、矛盾性的心态追求社会认可、亲密关系者的认可。婴儿安全型依恋未得到满足，在成人表现为"被动依恋亲密关系和怕被遗弃"的情感特征，简称"依赖"特征。婴儿回避型特征在成人为深层次情感沟通的不开放，表现为"冷漠、冷淡、彬彬有礼、高傲、逢场作戏"等伪装式回避，简称"回避"。婴儿安全型依恋得到满足，在成人表现为"主动互动式依恋和温暖他人"，简称"安全依恋"。

婴儿三个情感依恋特征具有延续性和转化为成人情感的规律，因而会相应形成"好强""依赖""回避"为个体终身情感不安全感人格三类特征。在成人期拥有"依恋"情感的"安全感人格"就是三者的对立面。每个人的情感人格都是由不安全感人格和安全感人格，即"好强""依赖""回避""安全依恋"共同组成，而不是像既往理论阐述的，每个人只有某种特色情感人格。

二、红黄蓝情感人格理论的启发来源

安全型人格的定义较为狭隘，强调自我体验的安全为主，安全型人格是和三种不安全型人格相对应的，但是，采用"安全依恋"

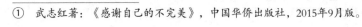
① 武志红著：《感谢自己的不完美》，中国华侨出版社，2015年9月版。

情感，未能清晰反映相互之间的转换。如果能够把安全感人格剖析出三个积极人格对应于三种不安全人格，就能够更加看清自身的情感组合和相互转化。

应用"阳光"这个词语表达情感的积极人格，是由于受到"自然阳光"物理特性"红绿蓝三原色"的启发。观察人类历史上拥有积极人格的杰出人物，像苏格拉底、奥勒利乌斯（《沉思录》作者）、王阳明、辛弃疾、居里夫人等，我们可以发现——代表阳光的积极情感人格体现主要为"勇敢勇气—情感独立—平和坦然"的特征，是安全感人格最充分的表达形式。情感独立包含了"各种情感的表达、爱与被爱、仁爱、感恩、尊重、宽容、热情等"积极心理学的优势人格，因此，积极心理学的情感优势人格基本等同于我在书中提出的情感"阳光人格"（安全感人格）的内容[1]。

启发点1：阳光是透明的，包容、温暖、滋养、融入万物。阳光是由红、绿、蓝三原色（Red、Green、Blue，简称RGB）组成。应用色彩光线相互融合原理，当RGB按照1∶4.59∶0.06的比例人工混合，就形成近似柔和阳光的白光，象征着包容一切、融入一切。LED灯的色光原理就是如此。由于三原色组合的自然阳光就是代表"温暖""安全""幸福"，而三原色红、绿、蓝光线艺术象征性分别与勇敢勇气（简称勇敢）、安全感和情感独立（简称独立）、坦然平和（简称平和）三种积极人格自然吻合，本书创新性使用"阳光人格"一词，代替"积极人格"或者"安全感人格"，可以更加形象和象征性表达情感安全人格的特征（图3-1）。同时，三种阳光人格特征"勇敢—独立—平和"对应

---

① 积极心理学讲述的24个积极优势人格，其中有关情感的人格包括：勇敢勇气、爱与被爱、仁爱、感恩、宽恕与慈悲、幽默、乐观、热忱、热情、热衷。

于三种不安全感情感人格"好强—依赖—回避"，具有更直观和有利于相互转换的表述。

启发点2：从色光三原色（透明）联想到颜料的红黄蓝（此蓝学名称青色，为淡蓝色）三基色（不透明）。颜料红黄蓝被称为三基色，可以调制成多种颜色。光线的三原色无论如何混合都是不同颜色的透明光，颜料的三基色混合，形成的颜色非透明色。三基色和三原色存在紧密关系，三基色来自阳光的三原色。光线的三原色红绿蓝两两混色就成为三基色的红黄蓝（图3-1上）。三基色两两混合可以产生三原色的红绿蓝颜料。但是，三基色三种颜料混合，所有自然光线的颜色都被吸收，产生的就是黑色（图3-1下）。

"好强""依赖""回避"三种不安全情感特征与三基色的红黄蓝颜料物理特性十分吻合。例如"好强"好比红色颜料，压制了阳光人格的"独立—平和"等其他特征，只是表达出的个人欲望的追求，没有包容性和利他性的勇敢，是不透明的红色，而非透明色的耀眼红光。

不安全感情感人格好强（红色）、依赖（黄色）、回避（蓝色）具有相互不能融合性，组合成不同的色彩图案，象征人们多样的情感色彩。在面对压力时，容易产生纠结、情感矛盾和不良情绪体验，是自身痛苦的起源。在意象心理治疗中，不透明代表着压制，黑色代表着痛苦，透明代表舒适，阳光代表着幸福。白色颜料是既不能应用三基色颜料混合，又不吸收任何光线三原色，换言之，白色的象征不表达三种不安全感人格，不压制三种阳光人格，自然流露情感本身，表现为知足常乐、情感单纯。刚刚出生的婴儿就像一张情感的白纸，父母的情感色彩无形中绘制在孩子的白纸上。刚刚出生的婴儿情感就像白色颜料，给人感受到自

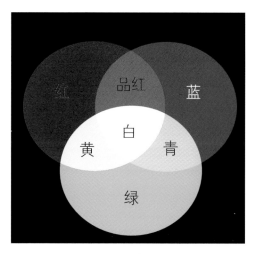

三原色

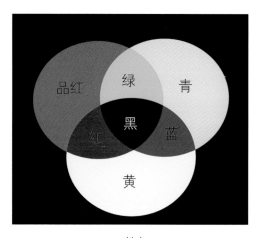

三基色

图3-1 光线三原色和颜料三基色混色示意图

然、单纯和舒适。

三原色和三基色是否"透明"恰好对应于情感人格是否"阳光"或"安全"。没有阳光，就没有红黄蓝颜料的颜色，没有红黄蓝颜料，世界就无法多彩。这好比，没有阳光人格，就没有情感不安全感人格的展示，没有情感不安全感人格，世界就无法呈现多姿多彩的个体。

每个人的人性都含有善恶，性格存在优缺点，情感表现独立和依赖，心理有正能量和负能量，体验到幸福和痛苦，就像自然有白天和黑夜，有美就有丑。在实际心理治疗中发现，每个人在成长环境中形成情感不安全感人格和阳光人格的两面性，即每个人的情感都是不安全感人格和阳光人格的组合体。在未成年期，由于存在较多的依赖性、较多的欲望和不成熟的情感应对方式，情感不安全感人格呈现的概率和所占比例较高。在成年以后，人生的历练和感悟、情感交流的互动，自我修正了部分情感不安全感人格，人逐步获得情感独立性，因而情感阳光人格的呈现概率和比例较高。原生家庭温暖和睦型，呈现出阳光人格概率较高，体验安全感的幸福较多；原生家庭缺乏爱、不协调，呈现的情感不安全感人格较多，体验不安全感的痛苦较多。

这里提到的不安全感人格中有关情感的红黄蓝颜色假说，不同于著名主持人乐嘉《色眼识人》中描述的性格色彩理论[①]。性格色彩（Four-colors Personality Analysis，FPA）描述的是先天的红黄蓝绿四种基本性格，相互组合成为12种天生的性格，涉及知觉、情感、思维、动机、行为等多个维度。

这里提出的人格红黄蓝情感不安全感人格（简称不安全感人

---

① 乐嘉著：《色眼识人》，湖南文艺出版社，2015年11月版。

格）呈现的形式主要为好强、依赖、回避，相对应的情感阳光人格（简称阳光人格）主要为勇敢、独立、平和。我们以颜料三基色象征不安全感人格的好强（红）、依赖（黄）、回避（蓝），以光线的三原色象征阳光人格的勇敢（红）、独立（绿）、平和（蓝），他们之间存在相互依存和转化。红色代表的是情感的主动性、控制欲、完美性、果敢性的力度，黄色代表的是情感的依赖性、被依赖、柔弱性、依恋性、温柔性的能量，蓝色代表的是情感的回避性、保护性、袒露性、平和性的程度，绿色代表的是情感的安全感、独立性、持久性。先天的性格色彩主要取决于遗传。红黄蓝不安全感人格则主要取决于原生家庭情感关系结构、性别差异、抚育环境、成长挫折经历等多种因素。在同一家庭，可能会产生不同的后天不安全感人格的红黄蓝特征的差异。在罗纳德·理查德《超越原生家庭》一书中①，描述了原生家庭对于性格的影响，提出超越原生家庭，改变自己不良人格。红黄蓝情感人格理论，旨在分析原生家庭和成长经历形成的自己不安全感人格特征，促使不安全感人格修正并进一步向着阳光人格成长。

---

① ［美］罗纳德·理查德著：《超越原生家庭》，机械工业出版社，2018年3月版。

第二节 情感阳光人格

　　每个生命都是爱的结晶，被爱过，就会拥有爱的力量，就会拥有情感表达的积极性，哪怕非常微弱。每个生命降临世界时是那么脆弱，生的本能趋势产生情感表达的不安全感人格。就如同中国的八卦图所示，白色区域有黑色的一点，黑色的区域中有白色的一点，生死可以相互转换，情感的阳光人格和不安全感人格同样存在相互转换。白色的阳光人格表现者的内心有潜在的不安全感人格，黑色的不安全感人格表现者的内心有潜在的阳光人格（图3-2）。

图3-2　人是阳光人格和不安全感人格的组合示意图

阳光人格的勇敢（红）、独立（绿）、平和（蓝），像光线中的红绿蓝一样。阳光人格的红绿蓝存在相容性，同时缺一不可，所以，阳光人格就是同时展示自己的红绿蓝三种积极人格的，我们也可以用"勇敢、独立、平和"三个词语直接表达。勇敢人格多者表现为红色基调，安全型和独立情感者表现为绿色基调，平和者表现为蓝色基调。

　　"勇敢"为主的阳光人格者，同时存在独立情感能力，尤其是主动表达爱、尊重、拒绝，敢于接纳被依赖的能力较高；同时存在面对困难冷静、沉着的特征，三种阳光人格缺一不可，否则就变为鲁莽、自以为是的不安全感人格。

　　"独立情感"为主要特征者，首先具有来自幼时的安全依恋或者成长期间形成的安全体验，同时具有挫折商极高，有爱心、有温度、有能力，表现出果敢、勇敢、坦然面对的阳光人格。三种阳光人格缺一不可，若缺乏坦然面对的能力，就不能平和接纳负性情绪和不良事件；若缺少了勇敢人格，就不可能主动表达和勇于战胜困难，不是真正的"独立情感"。

　　"平和"为主的阳光人格，表现淡定、沉稳、大爱精神、忘我，甚至无我状态。"平和"者同时存在独立情感和勇敢能力，尤其是敢于接纳被恨、被拒绝、被分离、直面生死的情感自控能力较高，能够知行合一。三种阳光人格缺一不可，缺少了勇敢人格，在困难中，就会出现逃避，假平和，而不是"坦然面对"；情感独立不足，就不可能做到平和地面对生死，不可能表达大爱和博爱情怀。

　　情感独立性（绿色）是阳光人格的核心，成为体验"安全感的幸福"的核心能力。

一、勇敢与好强的区别

勇敢—勇气：勇敢是指不怕危险和困难、有胆量、不退缩、利他在先的情怀。勇气是指个体意志过程中的果断性和具有积极主动性的心理特征相结合而产生的士气状态，主要发挥于较具危险性、冒险性的群体行动中。勇气只有暂时的稳定性，属于士气状态的范畴。不过如果人们在同样情景下多次体验勇气这种心理状态，就可能由此形成勇敢的人格。

勇敢者特征：1.情感初心是体验幸福；2.是利他在先、利己在后；3.不怕困难和危险，在危难情况下，甚至表现大无畏精神，敢于牺牲自己的生命；4.内心安全感高；5.控制自我欲望的能力较强；6.自信和自我认可；7.自我认知度恰当，合理评估自身能力，常常做到精准、果敢、敏捷；8.抗挫折能力极高，遇到失败常能够多角度看待，分析利弊，及时调整和提升自身的潜在能力。

勇敢像大海，像大地，面对社会困难和人际情感关系，有无限的抗压能力、抗挫折能力和容纳性。

好强者特征：1.情感初心是追求需求；2.是个人的私欲；3.心虚、怕输；4.内心不安全感；5.控制外界的欲望强；6.在意他人认可，内在自卑；7.自我认知度低，夸大事实或者夸大自身能力，常做不到精准；8.抗压能力高，抗挫折能力较低。具有一定抗压能力，通过好强的动力战胜，当压力超过自身的能力，遇到失败常愤怒责备他人或者过度自责自己。

好强就像钢化玻璃或者生锈的钢铁一样，压力过大或者被事件击中情感的痛点，就会即刻崩溃。

二、情感独立和情感依赖的区别

情感独立者特征： 情感独立是获得充分安全型依恋基础上，不断接纳痛苦、觉察自己、接受挫折训练，逐步具有四种情感能力：1.主动体验被爱、被关心、被尊重的能力；2.主动表达自己的爱、尊重、愤怒、拒绝、分离的能力。拥有以上两个能力，婴儿安全依恋得到满足，成人安全感人格基本获得。3.敢于被依赖和接纳被给予的愤怒、拒绝、分离；4.敢于接纳被剥夺爱和直面生死。情感独立表现为温暖、有爱心、大方、爱憎分明、不卑不亢、情感表达适切，有较高的安全感。

情感依赖者特征： 1.来自婴儿的"安全"型依恋没有得到满足，追求满足自我依赖的感受为主；2.内心不安全感强烈；3.过分依赖原生家庭亲密关系，主动表达分离能力较低；4.情感被依赖能力很低；5.不能接纳被给予的愤怒、拒绝、分离；6.较多使用情感绑架，遇到问题和困难容易表现犹豫和懦弱，配偶存在被情感过度依附和绑架感，被分离时，容易出现抑郁、焦虑、失眠症状和疾病。

三、平和坦然和情感回避的区别

平和坦然者特征： 1.能够体验持久性幸福；2.遇事淡定，安全感强，精准施策；3.利他、博爱的情怀；4.忘我的境界。在遇到危机事件和困难时，表现临危不乱、大爱无疆、舍己为人的情感，心理能量充足的状态。

情感回避者特征： 1.体验情感痛苦较多，间有短暂享乐；2.遇事故作镇定，掩饰自己突出的不安全感；3.过度保护自我的脆弱、自私；4. 利他的目的，是讨好，得到他人的认可和爱；5. 逃避现实情感；6. 不坦露自我，甚至封闭自己情感。表现高冷孤傲、不近人情、彬彬有礼，严重者表现为社会退缩、孤僻、独居寡欢。

不安全感人格和阳光人格在适当条件下，会出现相互转换，尤其是在重大生活情感事件下，通过努力，通过周围人爱的传递，战胜困难和挫折，常常出现不安全感人格向阳光人格翻转式转换。动画电影《哪吒之魔童降世》中哪吒先天怀有一颗魔丸的心，好强好斗，我行我素，心胸狭隘，自我中心意识强烈。在父母爱的抚育下，逐渐出现感恩和情感依赖的特征。在危机下，勇于向以孙公豹为代表的恶势力挑战，表达出坦然面对困难和生死，大无畏的勇敢精神、独立情感的爱心，抱着"我命由我不由天"的直面生死的独立情怀和勇敢精神，抱着"宁可天下人负我，我不负天下人"的大爱之心，牺牲小我，成就大我，生命中生的力量得到彰显，阳光人格得到充分表达。

第三节　红黄蓝的情感不安全感人格分析

一、红黄蓝三种不安全感人格的形成

1. "红色不安全感人格——好强"

此类人格在事业上表现追求社会的名权利等社会认可，争胜好强。在情感上，表现热情大方、控制欲较高，外向、表达能力较强，常常造成亲密关系对象的压抑。具体来源：

（1）原生家庭常常存在有无故指责和亲密呵护的矛盾表达（矛盾型爱），激发想获得又不敢获得的矛盾感受；（2）和同性别父母存在持续的对抗和叛逆行为，促使追求自我社会认可；（3）成长期，较少社会角色（父爱）的成人呵护者，同时，拥有母爱或者溺爱者，易形成红色，通常父亲代表社会人际安全感，父亲早逝，容易诱发孩子通过好强掩饰自己的社会不安全感；（4）父亲为权威式或压迫式，孩子（尤其女儿）的好强会明显减弱；（5）在竞争环境中成长，不断获取的小成就，促进好强出现。

拥有红色不安全人格的人处理困难时，常常追求完美、争强好胜、用力过猛、在意他人认可、夸大事实或者夸大自身能力；遇到失败常愤怒责备他人，较少自责；遇到重大挫折，将一蹶不振，彻底崩溃。

2."黄色不安全感人格——依赖"

在成长中，来自婴儿的"安全"型依恋得不到满足，成长期间，被忽略情感依赖的需求，自身一直渴望获得依赖，就会出现"单向主动依赖性"、"被动依赖"（需要对方主动表达爱，才能激发相互的依恋体验）特征，即黄色"依赖"人格。"单向主动依赖性"多数伴有好强情感人格，"被动依赖"多数伴有回避情感人格。具体来源：

（1）原生家庭常常争吵不休，家庭总是存在不安定状态，孩子感受不到安全感的幸福体验，成长中追求可依赖的安全体验。（2）曾经体验和异性别父母或者母爱的情感依赖关系，但因各种原因，陪伴较少或被过多拒绝，基础安全感较低，安全依恋体验不满足，促使形成情感依赖。女孩子无论是父爱还是母爱不满足，都会出现依赖情感人格，男孩子主要是母爱不满足，才会出现依赖。所以，女性出现依赖人格的概率较高。（3）成长期异性别父母早逝，恋母（父）情结持续存在，在竞争中经常受挫，得不到鼓励和情感支持。（4）过度被宠爱，从小和异性别父母感情依恋，未进行分离者。

此类黄色人格，存在被动性情感表达、被动依恋性情感和内心渴望情感沟通的矛盾特征。出现被动、担心、胆小、懦弱、单向过度依赖对方、过度情感绑架、情感分离的焦虑和恐惧等依赖特征。

3."蓝色不安全感人格——回避"

此类人格常常表现为回避、过度保护、掩饰的情感。通常不直接争论、逃避现实，尤其逃避和掩饰自身深层次情感和不安全感，容易表现道貌岸然、彬彬有礼、虚情假意、自视清高，群体合作能力和建立亲密关系较为困难。具体来源：

（1）原生家庭常常情感单一，父母之间情感冷漠，家庭情感互动缺乏，甚至就是孤儿家庭，孩子感受不到被爱的幸福体验，成长中存在孤独感；（2）权威式或家长式家庭，尤其是同性别父母，压制孩子的情感体验和任何叛逆行为，导致孩子心灵创伤，孩子长期不认可父母；（3）成长期，缺乏家庭情感角色（母爱）的童年呵护和陪伴者，基础安全感低，情感封闭，易形成蓝色；（4）在竞争环境中成长，得不到真情和温暖的友谊，初恋创伤者，促进情感封闭的特征。

4. 嫩绿色"安全型依恋"人格

由黄色"依赖"和绿色"安全"混合形成。来自婴儿的"安全"型依恋能够基本得到满足，但是没有经过亲密关系的情感分离，没有经历人际关系和社会实践的挫折磨炼，像早春树木新发的嫩绿色，是安全型人格和情感独立的早期特征。若个体没有经历情感挫折训练，是不可能形成情感"安全感人格"的。情感能力包括拥有被爱的体验，能够主动表达自己各种情感，不压抑、不自恋，为"双向互动依恋性""主动依恋"特征。具体来源：

（1）原生家庭父母不争吵，双方都给予孩子宠爱和赞扬，没有明显挫折训练，孩子像温水中的青蛙，日子过于舒服顺心；（2）被亲密关系（父母）的情感绑架，没有能够主动分离原生家庭的情感，易依恋原生家庭；（3）在较少竞争环境中成长，或者在竞争中没有受到挫折，得到的鼓励和情感支持较多；（4）在第二次亲密关系（爱情）中，得到温暖和呵护者，依恋情感得到提升和修复；（5）在被孩子依恋的过程中，良好的亲子关系，不仅给予孩子依恋情感体验，同样可以提高父母自身的依恋情感。

此类嫩绿色人格的孩子情感依恋的互动性强，表现单纯、温暖、随和、欲望低、好强少、大方的优点，同时具有抗压能力不足、优柔寡断、表现欲较低、勇敢性不足、反叛力较低、独立性不足的缺点。通常交友期间好朋友多，爱情、婚恋较为顺利。在遇到大困难，没主见，倾向寻找依恋对象的支撑，尚不完全拥有内在的安全感和独立情感人格（绿色）。遇到重大挫折，在鼓励和支持下，易获得快速成长。

值得一提的是，嫩绿色"安全型依恋"人格通常是不安全感人格转为"阳光人格"的必经之路，各种组合类型的不安全感人格，均需要增加或者向着嫩绿色"安全型依恋"特征转变。形成和体验嫩绿色"安全型依恋"情感，逐步获得安全型人格，才能拥有"安全和独立情感"的阳光人格。

由于人人都或多或少存在不安全感，每个人情感成长中，都存在以上三种不安全感人格，只是组合不同，表现形式不同。当然，与之相对应的三种阳光人格：勇敢人格、独立情感人格、平和淡定人格，多数成人潜意识中同样存在，但是，常常忽略了表达或者被痛苦的情感掩盖。当呈现阳光人格较多时，就是体验幸福情感和表达正能量为主的人，当呈现不安全感人格较多时，就是体验到痛苦情感和表达负能量为主的人。把红黄蓝三基色颜料混合，就会把所有光线颜色吸收，常常是黑色或者接近黑色。黑色在意象心理学中代表着黑暗和痛苦的情感体验。

现实临床治疗中，发现遇到困难或者问题时，三种不安全情感在不同空间、不同时间，间断反复分离性表达常常导致失望、沮丧、压抑的痛苦。在同一空间、同一时间表达三种不安全感情感，常常可以展示出自己自然本性，就像红黄蓝三种颜料同时涂抹在白色墙上，形成多彩色，达到倾诉、直接愤怒或者宣泄的作用。不安全感人格的红黄蓝三种表达存在主、次、弱的不同组合，若"好强为主—依赖为次—回避为弱"，则简写形式为"红（主）黄（次）蓝（弱）"或者"红（主）黄（次）"。

　　小高，女，42岁，职业经理，红（主）黄（次）蓝（弱）不安全感情感特征。原生家庭爸爸温暖体贴，感受到爸爸给予的关爱，妈妈较为自私、冷漠和固执。小高排行老大，有一个弟弟和一个妹妹，从小就承担起家庭的半个母亲的责任，做事认真好强。工作早期，就开始负担弟妹的学习费用。父母经常争吵，爸爸总是忍让妈妈。10年前爸爸因为癌症去世，爸爸生病期间，感觉妈妈不会关心病中的爸爸，还时常数落爸爸，小高开始怨恨妈妈，甚至认为爸爸的死和妈妈有关。如今，小高在公司做业务主管，社会地位和工作收入均比老公高，在小家庭存在明显强势和控制力，家务几乎由老公包办，在家里经常指责老公、孩子做事不够认真。在公司认真工作，热情随和，任劳任怨，深得上司的赏识。上司不断加码工作量给她的下属团队，她担心部下劳累，一个人承担几项任务，最终出现过度疲劳，下属工作质量出现问题，小高被老总批评，感到十分委屈。

　　在处理此问题时，她首先展现好强（红色）的情感，一个人逞强好胜，直到累垮自己，然后，开始表达对下属的依赖

（黄色），结果下属做出来的质量出了问题，自己感觉工作失控而紧张不安，被领导批评，表现出回避（蓝色）的情感，没有据理力争，表达不满和委屈。在这一系列过程后，三种不安全情感都在不同空间和不同时间表达，问题没有解决。

此后一段时间，遇到增加工作任务，她一时想拒绝，好强的情绪压制了拒绝；一时想努力工作，但是身心疲惫、力不从心；一时想放手给部下做，又不放心他人。此时期，小高呈现出黄（主）蓝（次）红（弱）的依赖—怯懦型情感。这样三种红黄蓝不安全感情感人格，在不同时空反复体现，就像三种颜料分别放入一个桶里，被不断搅动，最后成为黑色，最终导致小高失眠、焦虑、抑郁甚至精神紊乱。

在心理治疗第三次的当天上午，老总再次给她增加工作任务，她再次陷入不知所措。在心理治疗中及时建议和鼓励她在同一空间和同一时间尽可能表达三种情感不安全感人格。当天，回到办公室，她直接打电话给老总，首先表达了自己很想多做事情的好强（红色），其次表达可以依赖的部下都在承担各项繁重任务（黄色），再者表达自己身体精神疲惫，想回避此项工作（蓝色）。没有想到，老总当时就嘱咐她好好休息，批了她一周的假期。小高纠结和压抑的情绪得到缓解，即刻高兴地给心理治疗师发送此喜讯。

此次遇到问题，小高表达不安全情感是在同一空间、同一时间表达，没有隔夜或者隔一段时间分别表达不同情感特征（这样往往可以解决问题或者宣泄不良情绪），好像红黄蓝三种颜料同时洒在白色的墙上，呈现出多彩的颜色，这也是多数人表达情感的普遍方式。小高呈现的是以红、黄、橙、绿为主的多彩色。在心理治疗第10次时，小高讲述最近工作上的安心舒心感受和被尊重的幸福，不再有忐忑的不安全感。

　　最近遇到新的工作项目或者增加新的工作量时，她学会了降低自己的好强（红），增加自己的主动依赖老公和主动被孩子依赖（黄），进一步减少自己的回避和压抑（蓝）。首先，信任和下放选择权给部下（黄色增加），大家认为能够做得了，就接受任务；其次做事认真负责（红色保持），大家决定不能接受的任务，自己敢于代表团队合理拒绝老总，在家主动享受被爱的体验（依赖性的黄色增加）和爱家人的体验（情感独立性的绿色增加），尽可能减少情感控制欲和对妈妈的怨恨（红色强度降低）；再者，尽可能不把工作带回家，不压抑自己的各种情感表达（蓝色降低）。经过一段时间和老公、孩子的安全依恋，同时，战胜工作中新的挑战，小高的情感不安全感人格特征已经转变为嫩绿（安全依恋为主）红（次）蓝（弱），原来黄色依赖型不安全感人格，已经展现部分情感独立性的阳光人格。

　　小雅，女，46岁，夫妻拥有规模尚可的自创企业。小雅经常主动发起家庭剧烈争吵和冷暴力，为此感到痛苦。比如她找不到自己的剪刀，发现剪刀被老公放在书房的一堆电源线中，由于痛恨老公的随意个性，就把其插座、充电器全部丢进垃圾桶；因为早上开车发现油箱油很少而恐慌和愤怒，认为老公总是不注意早点给车加油，直接就把车子停在路边，打的回家，命令老公自己去取车。在这些事件发生后，即使发泄了愤怒，老公接连道歉，仍然不能解气，每天数落老公，还会继续冷落老公多日。老公没有办法时，经常躲在公司数日不回家。通常一周后，她才不再拒绝老公回家，甚至主动邀请老公回家，结束冷暴力。

小雅父亲为东南亚商人，权威式管理，母亲居家，长期依赖老公，给予子女关爱较少，母爱缺乏，父亲陪伴少，但是，给予物质的溺爱和矛盾性父爱。小雅从小没有基础安全感，学习努力，考入名牌大学，在国际公司工作优异。社交能力较好，思维清晰，做事认真完美，一丝不苟，呈现红（主）蓝（次）黄（弱）自恋情感人格。十几年前，爸爸去世，自己感到亏欠了爸爸，但又没有从心底认可和赞赏爸爸，感受到没有爸爸呵护的不安全感，开始出现对待同事、朋友表现热情大方、积极主动，吸引了当时作为属下的老公（男朋友身份）。在品尝美满爱情和早期婚姻后，感受到老公的爱和相互依恋。但是，老公工作不稳定，收入较少，小雅更加忘我地工作，转变为红（主）黄（次）的热情—控制型。在工作中，不能忍受事情不在自己的掌控下，总是感到周围人存在很多不足，逐渐和同事、上层领导发生矛盾。10年前，在一次指责公司老总后，感到在工作中身心疲惫，老公劝她帮他打理公司财务，同时回家相夫教子。在夫妻矛盾中，小雅经常出现表达愤怒、冲动、极强的控制欲（红色）情感人格，接着开始持续较长时间的回避沟通，拒绝接纳对方的冷暴力（蓝色），最后，感到可怜他的孤独和痛苦，邀请老公回家，再次给予老公依赖和依赖老公（黄色）。

小雅出现在同一件事情或者问题中的不恰当表达方式，红黄蓝三种不安全感人格在不同时间不同空间折磨自己，反复混合产生极大痛苦和派生出极端行为。在心理治疗早期，建议她改变表达情感方式，同一空间和时间尽可能都去表达。某次接孩子放学的事情产生矛盾时，她在沟通中同时表达了对丈夫做事不仔细和对自己的建议不在意的不满（红色），拒绝和回避老公的解释（蓝色），接受老公给全家人做当天晚餐的道歉行为（黄色），没有延续不良情绪反应。

　　在后期系列心理治疗中，小雅逐步认识到自己原生家庭带来的情感不安全感人格，开始自察自省到自我中心意识、自恋的特征；认识到在夫妻关系中，自己总是把责任归结到丈夫身上，从来不认为自己存在过错；逐步建立了开放式积极思维，学习了合理情绪表达和非暴力沟通，在被孩子依赖的过程中，自己的安全型嫩绿色依恋情感逐渐萌芽，化解了对妈妈的怨恨，成为女儿和老公可以依恋的对象。遇到小困难，可以表现出较好的安全感，平和心态而不是回避拒绝，体验和表达情感的爱而不是被动依赖配偶情感，呈现出黄（主）红（次）蓝（弱）的主动依恋和温柔型。在处理近期的重大经济挫折过程中，小雅的情感人格进一步成长，增加了嫩绿色（安全依恋）情感，逐步向着绿色的安全型情感独立性特征成长，阳光人格将会逐步展现出来。

　　以上红黄蓝的人格为不同的彩色颜料，当它们不同比例和不同组合就会产生不同的不安全感人格表现形式。如以红色（主）黄色（次）蓝色（弱）的不安全感人格特征时，可能就会表现出电影《复仇者联盟4》中"雷神"的情感特征，表面勇猛，内心柔弱温情依赖。但是，在遇到挫折时，好强的人格就像钢化玻璃一样，击在痛点，就会碎掉，表现沮丧、颓废、自暴自弃、物质依赖；或者像普通钢铁，过度压力下，就会开裂或者折断，从此一蹶不振。每个人在成长中，希望都有一颗好强的心，对于青少年在成长早期有利于保护自己，表达自己，不至于过度压抑痛苦。在将来，适当时机，在经历小困难和挫折下，可以自我转换为阳光人格"勇敢"的表达。这种转换，通常需要"嫩绿色的依恋"的增强，通过建立安全型亲密关系，在爱情和婚姻中，形成积极表达爱的能力和敢于接受被爱和情感分离的能力，可以缓解好强或者把好强转化为为亲人或者小团体而奋斗的小勇敢，甚至大无畏的勇敢精神人格。《复仇者联盟4》中的"雷神"，在被灭霸击败之后，出现一蹶不振，整日日夜颠倒，嗜酒颓废。面对困难和争斗时，完全丧失昔日"雷神"的勇敢，变成胆小、害怕、懦弱。影片设计在时空穿越的条件下，"雷神"回归到母亲身边，重温母爱的安全依恋和温暖，完成了恋母情结的分离，重新振作起来，再次呈现出以勇敢为特征的阳光人格，去勇敢地与灭霸战斗。影片结尾，展示出"雷神"不同以往的"热情、严肃、正经"情感特征，表现出随和、温暖、幽默的安全依恋和情感独立的特征（绿色）。

二、情感不安全感人格六种分型

　　每个人都会拥有三种情感不安全感人格特征，只是各自突出的特征不同，本文按照红黄蓝的主—次—弱组合分类，共计六种情感不安全感人格。人际安全感低或者没有基础安全感是不安全感人格形成的主要原因，不安全感人格容易诱导追求外在的安全条件或者错误的安全能力，不利于内在安全感的获得和提升。因为存在不安全感情感人格，以下六种分型中的黄色情感人格，均为黄色"依赖"型。在出现红（主）黄（次）或黄（主）红（次）组合时，黄色依赖主要表现为单向主动依赖特征。在出现黄（主）蓝（次）或蓝（主）黄（次）组合时，黄色依赖主要表现为被动依赖情感。

1.红（主）黄（次）蓝（弱）不安全感人格

此类人格通过满足控制欲、获得名权利的安全条件得到安全感，通过热情，乐于助人、外向，掩盖自己的好强和不安全感，属于热情—控制型。在社会表现有责任感，逞强好胜，热情洋溢；在家里表现有爱心、浪漫和强势，要求自己和亲密关系的家人，都要按照自己的标准原则生活，需要拥有掌控感。在遇到重大挫折时，心理防线容易突然崩溃；失去情感依赖和控制感，就会愤怒、崩溃、沮丧、情绪失控，较少使用情感绑架模式。

小说《飘》的[①]主角斯佳丽、电影《春潮》中奶奶的角色、雷神形象、案例小高早期都是此类人格代表。如《飘》的主角斯佳丽红色来自异性别父亲的矛盾性的爱，父女两个人早期相互不认可，黄色来自过早失去了温暖母爱的依恋，在战争早期中，保护家人和父亲，增强了自身的好强生存信念，为典型热情奔放—情感控制欲强的女强人。2020年电影《春潮》中奶奶的角色就是典型的热情—控制型，她热情地爱着老公，在不能满足控制欲的状况下，一味贬低和诅咒死去的老公；控制自己的女儿情感，强占自己女儿抚养孩子的权利，责备女儿的一切；溺爱自己孙女，享受着操控的快感，却

---

① ［美］玛格丽特·米切尔 （Margaret Mitchel）著：《飘》（*Gone With The Wind*），Pan Books，2014年2月版。

不允许孙女拒绝她的溺爱；在失去控制感时，就会表现出凶恶、谩骂、情绪失控。

2.红（主）蓝（次）黄（弱）不安全感人格

此类人格通过自我自恋伪装自己的不安全感，属于自恋—他责型。全能自恋，是每个人在婴儿早期都具备的心理，婴儿觉得我是无所不能的，我一动念头，和自己浑然一体的世界（其实是妈妈或其他养育者）就会按照我的意愿来运转。全能自恋受挫，就会产生可怕的无助感、暴怒与被迫害妄想等。被同性别父母折磨、被异性别父母过度满足欲望和溺爱的孩子，容易成长为自恋倾向或自恋人格。因为被溺爱，产生以自我为中心，回避或者不能看到自身存在的问题。因为被同性别父母责罚或不认可，没有能力和机会反叛成功，容易把叛逆的对象转向新的亲密关系，并且，不会轻易地进行深层次情感沟通。同时，运用从溺爱中获得的心理能量，不断责备他人，保护自己的自尊不被侵犯。在社会中，可以表现活力四射和自信心爆棚，表面接受他人的意见、指责和批评，实际上我行我素，没有深交的朋友和倾诉的对象；在家中要求亲密关系者绝对认可和尊重自己。受挫时，遇到问题，总是他责，极少自责，具有较强的报复心理和绝对的情感掌控欲。

最经典的人物就是希特勒。希特勒在原生家庭为母亲溺爱，父亲虐待、伤害型。父亲在其青少年期去世，缺少了叛逆的机会，但是，内心始终渴望被父亲认可。母亲的溺爱和娇纵，导致他以自我为中心和自以为是，逐渐形成自恋—他责人格。父亲酗酒早逝，得不到父亲的认可，希特勒就会追求持续的社会认可，没有反叛父亲的机会，只能不断地反叛社会权威和社会规则。这时，如果有个女性能够替代他的母亲，进一步温暖和宠爱他，也许希特勒就不会执着于那些反人类、反人性的行为。希特勒的爱情美满维持期很短，就开始进入亲密关系争斗中，他责的情感人格进一步强化，遇到问题，总是指责他人和责怪社会。希特勒逐渐走向狂妄自大，毁灭一切阻挡他的意志的人。此类情感人格，心理治疗接受度低，改变自我的概率小。案例小雅，也是这种典型自恋—他责型人格，但因为自己叛逆的对象"妈妈"始终在自己身边，存在持续叛逆的对象，且妈妈已经认可她的社会能力，小雅不至于把所有他责全部强加在老公身上。同时，在老公充分爱的抚慰下，她开始认识到自己的扭曲心态，通过原生家庭这面镜子看清了自己，宽恕了妈妈的过去，所以，得以逐渐改变。

3. 黄（主）红（次）蓝（弱）不安全感人格

原生家庭父母争吵型，异性别父母给予关爱，但是陪伴时间短暂或者异性别父母早逝，安全的依赖体验不充分，渴望补偿依赖的体验，出现黄（主）。同时同性别父母经常给予矛盾型的爱，相互存在对抗，尤其是代表社会角色的父亲给予矛盾型的爱，容易导致红（次）。成长中，出现主动表达情感"单向依赖"的需求，女性易早恋，男孩易失恋，有一定的强势个性和控制欲，属于主动依赖—温柔型。个性表现温柔、有热心、言语表达丰富、话痨、希望他人认同、喜欢交朋友等特征，在爱情期，属于百搭型。在家庭，常常表现出依赖父母长辈、配偶和过度呵护孩子，同时存在一定掌控的欲望，总是过度担心亲密关系的安危或者情感分离。在孩子成人时，作为父母，常常黏着孩子，不愿意分离。

重建幸福力

小含，女，29岁。原生家庭父亲温和，陪伴少；母亲权威型管理，控制欲极强。在自己青春期前，能够感受到父爱，16岁那年，爸爸生意失败，一蹶不振，患有抑郁症。16岁后，小含再也没有获得父爱。青春期后长期和妈妈被动性地争斗和叛逆。小含18岁前开始早恋，先后恋爱6次，分分合合。24岁大学毕业后，由于温柔体贴，很多男性朋友追逐，但是，她会经常主动寻求依赖的对象，经历一次婚姻失败。婚姻失败后，仍然主动选择男朋友谈恋爱，主动依赖男友，给予对方温柔和体贴，也会要求对方给予关心和呵护，要求对方完美，同时，担心被欺骗和被拒绝，相处不到三个月，常常主动提出分手，属于典型主动依赖—温柔型情感。

　　在经过心理治疗后，小含清除内心曾经被妈妈和前夫情感伤害的心理阴影之后，重新体验爸爸对她的呵护和赞赏，开始树立自信和信任情感的体验。半年前，再次匹配到一位已经成长为安全型依恋（嫩绿）人格的男朋友，男朋友爱她的主动依赖性和温柔的性格，小含学会放下要求完美的个性，同时，体验到对方给予的赞赏、鼓励，体验到安全依恋感，现在两人即将举办新婚。

4. 黄（主）蓝（次）红（弱）不安全感人格

此类人格通过娇小柔弱表现自己的不安全感，属于被动依赖—怯懦型。这里的黄色以"被动依赖"为主，来自幼小时期的异性别父母给予的"安全"依恋没有得到满足，同时，受到同性别父母的暴力、压制、贬低、否认、忽略等情感的伤害。

此类人表现不主动追求可依赖对象，总是通过示弱，无形中吸引外向、热情、阳光个性的人呵护和关心，表现被动依赖—柔弱特征。社交和家庭中表现较为懦弱、不敢接纳别人的关心，情感波动较大，欲迎还拒，依赖和回避情感共存，容易出现情感绑架和道德绑架处理亲密关系，需要亲人关心，却担心他人看到自己的脆弱，不能够真切体验内心的安全感。通常，权威式单亲母亲培养的男孩或者母亲早逝的青年容易出现此类人格。

　　小齐，男，29岁，身材瘦小，已经和男朋友同居3年，被妈妈逼婚而痛苦，前来咨询。从小爸爸妈妈感情不佳，但是一直没有离婚，处于长期分居状态，单亲妈妈抚养模式。妈妈无辜责骂自己或者踢打自己，有时又用情感和道德绑架自己，诉说她的命苦，诉说孩子爸爸的不是。小齐经常处于感情的矛盾当中，高二曾经和初恋女友相处，但是很快感受到女朋友的好强和控制欲，因自己不能接受而分手。此后一直对女性交往避而远之。大学毕业后，认识现在高大帅气的男朋友，感到他给予了自己安全感和呵护，小齐依赖、回避的情感不安全感人格得以舒适的展现。目前小齐现实的性取向问题与社会的规范、母亲的传统理念再次产生冲突。小齐将来只有提高自己的红（好强），降低自己的蓝（回避），将自己"黄色依赖"转化为"嫩绿色的安全依恋"。

5. 蓝（主）黄（次）红（弱）不安全感人格

此类人格通过高冷清高或者退缩行为掩饰自己的不安全感，属于外冷内热型。在社会关系中，表现高傲冷漠、彬彬有礼、理性、礼貌、退让，交友少，常常独处，极少知心朋友。在爱情亲密关系中，也会表现忽冷忽热，回避为主，不敢表达依赖情感，需要被他人热情追求。婚后需要家人的不断关怀、温暖滋润其情感，同时在孩子的抚育中逐渐获得孩子的爱和依恋的反馈，逐步获得安全感。通常在青年之前，没有被异性别父母关爱者，尤其，没有父母双亲的爱，容易出现封闭的情感（蓝主）。成长期，没有母爱，心理能量不足，好强（红）的特征较弱，内心渴望被依赖感较强（黄次）。

《红楼梦》小说中的林黛玉，在儿童期母亲去世后，极度悲伤，形成蓝色主基调情感。父亲把她寄养在外婆家中，得到贾母的宠爱，却担心被他人嫉妒，同时，父亲的去世，过度保护自己的情感，强化了回避。从小得到父母的关爱，不幸命运开始于丧母，安全依恋不充分，形成黄色依恋，表现高冷孤傲，尖刻的嘴，保护怕受伤的内心，内心渴望依赖，内心柔弱，有爱心，常常自怜自怨。电影《狗咬狗》里的主角"杀手"（男性）就是此典型人格。"杀手"从小就成为孤儿，没有得到充分的爱，体验到的是残酷的搏斗训练，是听指令就能活下去，形成言听计从的依赖性，没有接触社会竞争和展示自我的机会，没有红色好强形成的环境，成为"冷血杀手"，但是他的内心在接触"被真心关爱"时，黄色的被动依赖就被激发，内心的热和温暖的需求是那么强烈。电影《海上钢琴师》主角1900同样属于此类人格类型，外表封闭了自己情感，内心渴望被爱和依赖，他依赖上母亲的替代品"弗吉尼亚"号航海邮轮，宁死不愿意与轮船分离。

6. 蓝（主）红（次）黄（弱）不安全感人格

此类人格是通过不断付出得到外在的安全感，同时戒备他人情感的深入交流，保护自己的脆弱情感，属于冷漠—讨好型。通常在原生家庭缺乏家庭情感角色（母爱）的童年呵护和陪伴者，基础安全感低，同时，同性别父母极度不认可，存在被过度压抑后的相互对抗。个人好强积极，执着于社会认可，却不太在意结果。人际关系中，总是自己付出和讨好他人，不索取，极少请求帮忙，知心朋友极少。在和亲密关系相处时，情感较为平淡或者冷漠，内心情感相互没有认可。给予原生家庭物质的付出较多，讨好原生家庭的亲密关系，甚至愚孝。通常与不被同性别父母认可、没有和同性别父母叛逆成功有关，出现叛逆的延迟性。股神巴菲特就是此类情感人格特征，后文案例小梦（女）、阿峰（男）都是典型代表。

以上六种不安全情感人格类型，在同一个人的一生中，通常都会出现不同的转化和演变。案例小高的情感人格，早期为红（主）黄（次）热情—控制型，到痛苦时期的黄（主）蓝（次）依赖—怯懦型，在治疗中转化为黄（主）红（次）的主动依赖—温柔型，最后治疗结束时为嫩绿（主）红（次）的安全依恋型。从获取持久幸福力和心理健康的角度，无论哪一种类型不安全情感人格，都需要强化"安全型依恋"的体验，获得"嫩绿色"情感人格。在安全型情感体验中，在今后的挫折和情感体验中，获得"情感独立"，同时获得"勇敢"和"平和"，进一步成长为阳光人格。

在六种不安全感人格特征未能完全修正，阳光人格尚未树立前，建议按照嫩绿（主）红（次）蓝（弱）安全型情感人格方向修正。这个建议来自依赖型人格（不透明黄色）在成长中自然趋势就是向着安全依恋（嫩绿色）方向发展。

情感不安全人格的修正目标为安全型"嫩绿色依恋"情感。此类情感特征者，自己有温暖和热心，愿意主动关心他人和敢于被亲密关系者依恋。在社会人际关系中，表现善良、阳光、乐观、随意，人缘好，好朋友多。在家庭，常常表现情感依赖父母长辈、配偶和过度呵护孩子，同时存在一定掌控的欲望，总是过度担心亲密关系的安危或者情感分离。在成人时，常常黏着孩子，不愿意分离。小说《飘》中梅兰妮就是这类人格，属于人见人爱型，不自主表现可怜，获取依恋，同时，可以给予他人依恋。此种类型原生家庭主要为温水型或者相对理想型家庭（参见本章第四节）。在成长中，来自婴儿的"安全"型依恋基本得到满足，成人情感"安全感人格"已经形成雏形，在经历挫折和人生磨砺中，最容易转化为阳光人格表现。在心理治疗中，常常需要引导其他类型的不安全感人格的黄色"依赖"情感向此情感安全人格转化。《复仇者联盟4》中"雷神"经过成长成为安全依恋型形象，主动感受到爱的情感、相互依恋的幸福和力量。

在人生三次亲密关系中（原生家庭、爱情、亲子），不断体验安全型的相互依恋，形成阳光人格的核心"情感独立性能力"，在情感依恋和挫折中，最终向着"安全和独立"为突出特征的阳光人格转化。这种阳光人格在东西方文化存在一定的差异。东方文化强调"家"的重要性，强调亲密关系"爱"的流动，这是东方文化认可的情感模式，造就了东方人"阳光人格"多数以绿色为主基调，表现为温暖、大度、宽容、仁慈的"安全感"特征。西方文化家庭成员相互依恋的意识较弱，强调孩子成长的个体独立性和创造性，可以按照红（主）嫩绿（次）蓝（弱）的相对安全型情感人格方向修正，在不断追求社会认可中、在工作竞争中体验幸福。造就了西方人"阳光人格"多数以红色为主基调，在为社会贡献中，表现"勇敢"为突出特征的阳光人格。

三、安全感的成长

在自身成长期，在伴随着自己的孩子成长中，能够在生活中敢于不断修正自己的人性弱点的人，安全感自然得到成长。以下两种不安全感人格组合的成长变化，说明这种可能性是很大的。

　　小甘，女，36岁，独生子女，个体老板。从小被母亲关爱呵护，但是得不到爸爸的关心和支持，缺乏父爱。父母关系不良，小甘否定自己父亲的价值和存在。恋爱期两次情感受到伤害，更加确认男性的不可靠，逐渐形成红（主）黄（次）蓝（弱）不安全感人格，通过满足控制欲得到安全感。第三次恋爱并结婚，爱情期认可自己的丈夫。婚后，想法很多，总是希望婆家的人经商按照自己的想法执行，逐渐出现婆媳关系紧张，甚至不让她介入任何家族事务。同时，指责老公不帮助自己，不支持自己，认为老公无能。为此感到十分气愤、情绪爆发，提出离异，只身外出，创业闯荡，数年后在大城市做到事业小有成就，丈夫也来到身边跟着她创业，对她恭敬和绝对遵

重建幸福力

从。但是，即使原谅了老公，她却始终放不下婆家对自己的否定态度，始终否认自己老公的能力和价值。尽管婆婆反复道歉，她仍不予理睬。小甘工作期间，逐渐出现身体疲惫、情绪低落、遇事紧张不安的焦虑抑郁障碍，居家修养。在此期间，老公积极工作，支撑店面，开拓市场，她仍然不予认可。

经济条件改善后，怀孕生女，围产期情绪波动再次出现。生育后两年，夫妻情感幸福难以体验，反复感受到痛苦和焦虑不安。经过系统心理治疗，小甘认识到自己的不安全感人格特征，降低好强（红），提高情感依赖性（黄）。在孩子幼儿期，充分体验到孩子的天真无邪、简单的快乐，体验到老公对自己和孩子的呵护。她的不安全感人格逐渐向着嫩绿（主）红（次）蓝（弱）安全型情感人格转化。

同时，心理治疗让她认识到不认可自己的父亲，完美化自己的母亲。在婆家，把母亲的完美投射到婆婆身上，因得不到满足而痛苦。在小家庭，她把对爸爸的不认可再次投射到老公身上，导致情感的再次痛苦。在抚养女儿期间，小甘充分体验到爸爸（女儿的爷爷）对孩子的宠爱，自己妈妈逐渐对爸爸的认可，她自己也逐渐认可了爸爸、认可了老公，爱上了老公、宽恕了家婆，能够感受到内心深处的情感以及和女儿的相互依恋，一起在依恋性情感中成长，感受到了从来没有的放松和幸福感。

当然在人生重大挫折经历后，部分人可直接转变不安全感人格为阳光人格，像《复仇者联盟4》的雷神在灭霸大战失败后的颓废—

蜕变—勇敢。部分拥有"安全依恋（嫩绿）"情感人格，在重大挫折状况下，也可能退化为不安全感情感人格，《复仇者联盟4》的钢铁侠与灭霸大战失败后，一度出现退缩到家中，整日依赖性陪伴老婆，生儿育女，逃避曾经的失败，从安全型人格退化到黄（主）红（次）主动依赖温暖型。

第四节 原生家庭模式对红黄蓝不安全感 情感人格形成的影响

安全感的幸福体验获得来自原生家庭的成长环境和社会环境中的历练。不和谐的家庭，容易导致孩子的严重不安全感人格形成和不安全感的痛苦。在孩子叛逆期，引导不安全感的机体超越原生家庭，改变自身不安全感情感人格，重新体验被爱，是重新获得"安全感的幸福"的良机。

原生家庭的不同父母关系结构，导致的情感不安全感人格特征。

一、不和谐的家庭

1. 父母争吵，双方伤害孩子型

孩子存在不安全感，被压制或虐待，只是体验到痛苦和冷淡，没有体验到爱。没有被关爱的孤儿就是极端的典型案例，多数成人后，出现极度自卑，封闭自身内心世界，交友和恋爱不顺利，接受爱和表达爱的能力不足，表现比较冷漠或孤独。少数人通过不断地反叛社会，代替对父母的对抗，逐渐成为反社会或者仇恶敌对者，易犯罪，呈现蓝（主）或者蓝（次）人格概率较高。部分孩子在社

会竞争环境中，通过好强得到社会认可，同时，得到友谊和社会的爱，可以表现出红（主）或红（次）人格。

在此极端环境中，少数人一旦获得接纳、关爱和心理支持，成功隔离和超越原生家庭，将会脱胎换骨，成为真正拥有安全感者。美国前总统比尔·克林顿，童年时代贫寒坚苦，有一个酗酒的继父、一个对自己严厉指责的妈妈。在青春期，克林顿勇于和家暴的继父打了一架，获得家人和社会的接纳、支持，最终成长为勇于担当者。

2. 父母争吵，一方伤害孩子型（通常是同性别长辈）

（1）同性别父母伤害孩子，异性别父母不是溺爱，而是保护孩子型。孩子能够体验到一方的爱和尊重，与另一方成人的否定和指责，如果能够成功实现叛逆，获得社会认可，就可以逐步获得安全感。这也是比较常见的东西方原生家庭培养模式。这种同性别父母唱白脸、异性别父母唱红脸的方式，较有利于孩子成长，但是，在孩子进入成人期，父母的教育态度均需转换为平等尊重，主动与孩子情感部分分离。女儿和儿子未成年前都容易形成红（主）黄（次）蓝（弱）热情—控制型或者黄（主）红（次）蓝（弱）依赖—温柔型情感不安全人格。

（2）同性别父母伤害孩子、异性别父母溺爱孩子型。孩子能够体验到一方的过度呵护，对同性别的父母易过度叛逆、仇视或者叛逆社会，容易形成人生的放纵。孩子易形成红（主）蓝（次）自恋—他责型情感不安全感人格，婚姻中容易伤害亲密关系的人，尤其若没有机会叛逆同性别父母，像希特勒，其叛逆的冲动始终埋藏在心底深处，不仅伤害了配偶，而且，最终伤害了整个世界。

（3）一方父母伤害孩子，另一方父母总是用爱的名义或者道德绑架孩子，抑制了孩子的叛逆行为。那么，这个孩子就错失叛逆的机会，表现为胆小、懦弱、紧张，会产生矛盾心理、不安全感，容易患有焦虑、恐惧症或者双相情感障碍。儿子女儿都易形成黄（主）蓝（次）红（弱）的被动依赖—柔弱型，需要成人后，进行新的亲密关系的叛逆，才能成长为有主见、敢担当、独立情感的人。

（4）异性别的父母伤害孩子、同性别父母保护孩子型。女孩容易早恋，寻找依靠和依赖感。男孩容易晚恋，不轻易打开自己的情感，需要温暖型女性给予母爱般的呵护，才能成长为较为独立的自我。部分人容易不认可异性别的亲密关系，出现性取向问题。儿子易形成回避（蓝主），女儿易形成好强（红主）情感不安全感人格。

3. 单亲母亲：孩子没有体验到父亲的爱

（1）母亲温暖型。培养的女儿，因为没有父爱，存在社会性的不安全感，容易过度好强，过度保护自己和母亲，成为女强人，属于红（主）黄（次）蓝（弱）型。后期，这样的母亲容易改嫁，导致孩子进一步加强自我保护意识，易形成好强（红主）。母亲温暖型培养的儿子，获得社会认可度较高，容易过度依赖母亲，产生恋母情结依赖（黄主）。因为恋母情结，容易晚婚，或者在处理婚姻期的母子情感分离，或者与妻子的依恋关系时，容易纠结，婆媳关系容易出现纠纷。

像一位宋姓女明星，热情、好强、温暖，属于红（主）黄（次）蓝（弱）热情—控制型。自己成为单亲妈妈后，没有自暴自弃，用自己的爱和温暖抚养儿子，成就了儿子，儿子和妈妈之间存在紧密的依恋关系，儿子恋母情结明显。幸运的是，她遇到了第二任丈夫，同时，敢于重新建立新的爱情，避免了儿子的过度依恋，也原谅了自己的前夫。

（2）母亲权威型（矛盾型爱）。这类母亲培养的女儿，孩子表现较为冷漠，容易被过度压抑，产生自卑和抑郁，不认可妈妈。

小州，女，15岁，中学生。从小妈妈和婆婆关系不良，导致婚姻失败。小州3岁起，妈妈就和她生活在一起。由于需要一边做生意一边照看孩子，加上曾经出现甲亢疾病，在抚养孩子期间，妈妈经常使用大声呵斥、发号施令、严厉体罚的权威性方式进行，尽管事后表达对女儿的关心，孩子通常体验不到爱，或体验的是矛盾型的爱。小州表现冷漠，迫切希望妈妈和她分开居住，14岁开始叛逆妈妈，不能和妈妈在同一个空间待超过半个小时，甚至吃饭时间都需要故意错开，强势反对妈妈的一切。小州呈现回避（蓝主）、好强（红次）冷漠讨好型，对妈妈极度冷漠，对一般朋友交往却表现出讨好姿态。

这样的家庭培养的儿子容易表现懦弱和女性化特征，性取向存在风险。

（3）母亲溺爱型。培养的女儿娇惯，自以为是，无视母亲的辛苦，因父爱的缺乏，内心没有完整的安全感，好强的同时，易产生胆怯的矛盾性格，呈现红（主）蓝（次）黄（弱）不典型的自恋—他责特征。培养的儿子，基础安全感尚可，人际安全感较低，容易出现恋母情结或者被母亲情感绑架，不自主寻求母亲的呵护和依赖，深层次社交关系较少，生活独立性差，抗挫折能力低，容易在困难面前表现懦弱，在挫折中自暴自弃，呈现出黄（主）蓝（次）红（弱）被动依赖—柔弱型不良特征。

"溺爱"貌似过度保护，实际上并不像我们想象的那么美丽。溺爱是一种强制性照顾和绝对控制。它忽略孩子的存在，抹除他的真实需要，不承认他的个人意志，用自己的想法剥夺他拥有自己想法的权利，把他们变成"无"。这样照顾孩子是最省力气的，但孩子有被逼回子宫里去的恐慌，因为回到子宫意味着成长的停滞和倒退，也就等于死亡。过度保护并不直接导致一系列后果，而是通过一个中间变量来起作用，那就是"经验剥夺"。对幼儿有过多的抑制和保护，会导致脑组织发育不良，高级神经活动紊乱。个体不经历对各种选择进行探索的危机阶段，就无法完成相应的成长，成为的人不是人格自由伸展长成的人，而是别人设定的假人或稻草人，没有自我或自我萎缩。进入群体之后，他们便无法接受自己作为独立"人"的身份。无法整合自己，社会心理危机成了必然。

经验剥夺和宠爱完全是两码事，前者会剥夺人际安全感，后者则是培养安全感。孩子的安全感都是宠出来的。"宠"会动情。"溺爱"是无法动"情"的，实际上是出于很自私的想法。但母亲是不允许自己有这种自私的想法的，所以当她无法付出"情"，就声称自己在付出"爱"。在自私的背后，溺爱还有一个更加不那么光彩的动机，那就是操纵快感。也许这才是溺爱的根本动机，她们企图"无条件地施加控制"，企图拥有"绝对权力"。什么叫"绝对权力"呢？据说，上帝对人类世界有无条件的控制权。他的意志就是现实，这就是无条件的权力，这就是绝对权力，他所有的个人意志都会变成现实。

当一个人对任何另一个他人拥有绝对的掌控权，那感觉都应当是十分美妙的。把孩子变成一个假娃娃，一个可以进行操纵的玩偶，自然就能享受这种美妙的感觉。这就是打着溺爱旗号（"我多么疼你啊！""我何尝对你有一丁点儿不好！"）的母亲在追求的操纵快感。为了享受操纵快感，她们依赖孩子对她们的依赖。要让孩子依赖，他们就得有缺陷，如果孩子没有缺陷，她们就会无意识地制造出一种缺陷来，而正在成长中的儿童很容易就能培养出某种无能。其间，她们是没有觉知的，只有自我实现的充实感和隐隐的负罪感。负罪感是无意识的，但的的确确存在，所以无意识做了另外一件事来中和这种负罪感。她们经常会放低自己的需要，去满足对方的需要，从而使自己"伟大"起来，心安理得地秘密享用操纵快感。

（4）母亲直升机型。属于兼顾了权威和溺爱的特征，只是控制欲和操作度较弱，处于远远监控孩子不良行为的状态。多数知识分子父母，是不典型的权威型和溺爱型的混合。他们培养的女儿，有不安全感和被监视感，孩子往往感受不到自己的独立空间，感受到隐私被侵犯。青春期多数出现持续强烈叛逆，女儿通常获得社会认可，能够摆脱监控，情感不安全感人格呈现好强（红主）依赖（黄次）热情—控制型。培养的儿子，同样会有失去自由的感受，不太会出现强烈叛逆，呈现依赖（黄主）特征，往往在爱情和婚姻后，出现和母亲的叛逆，更多的是以婆媳激烈矛盾形式表现。

（5）母亲冷漠型。母亲因为童年没有被爱的体验，或者失去爱情和老公，心灰意冷成为没有爱心的人。孩子在社会上较为自立，但是，始终存在情感痛苦的纠结中，多数影响爱情、婚姻的幸福。女明星梅艳芳，父亲爱自己，但早逝。母亲长期酗酒赌博不能自拔，父亲去世后，梅艳芳得不到母爱，被母亲冷漠对待，甚至虐待。她早期就勤奋努力，争胜好强，能够获得较高的社会认可，名利双收，但在深层次情感中，要求完美，始终抱着怀疑的心态。因为对母亲的情感都不能信任，还能够信任谁？没有母爱的人，曾经有父爱的她，会不自主包裹自己情感，早期呈现回避（蓝主）依赖（黄次）好强（红弱）外冷内热型特征，错过一段段感情后，就把情感特征向好强（红色）发展，全身心投身到事业或者某件替代品上。梅艳芳就是把情感都投射到事业上，用动情的歌声、精彩绝伦的影视作品表达自己，错过了一段又一段姻缘，情感特征转为蓝（主）红（次）黄（弱）的冷漠（亲密关系）—讨好（社会关系）型，经常捐赠慈善事业，无条件帮助周围人。

在这类家庭成长的儿子，通常没有母爱，同时没有叛逆的同性别父亲（或者权威）这个对象，基础安全感和人际安全感均缺乏，极少出现好强（红）为主的特征，表现比较内敛、斯文、胆小、懦弱、社交障碍。内心希望获得他人的呵护、依赖和被爱的体验，早期呈现黄（主）蓝（次）的被动依赖—怯懦人格。在依恋过程中，如果被友情、爱情温暖，获得社会认可，好强（红）能够逐渐增加，将是积极人格改变的开始。在依恋过程中，如果被情感伤害，容易封闭自我情感，呈现蓝（主）的冷漠特征，表现比较颓废和自暴自弃，甚至向同性恋的方向发展。

4. 单亲父亲（极少）：孩子有父亲，没有体验到母亲的爱

（1）父爱的温暖型：培养女儿，存在过度保护的可能性极大，孩子容易出现恋父情结，可以表现勇敢，但是在与亲密关系情感分离时，常常出现严重不安全感。法国作家雨果的小说《悲惨世界》，主角冉阿让在独自呵护自己女儿（养女）成长期间，女儿出

现典型依赖性人格黄（主），单纯甜美。当父亲离世时，出现过度悲伤而晕厥。

父亲单独培养男孩极少，孩子通常情感冷漠，社交能力不足，容易叛逆，过早独立生活。阿利桑德罗·巴里科的《海上钢琴师》小说，被朱塞佩·托纳托雷改编拍成电影并在世界范围内取得巨大反响。主人翁（名叫1900）出生后就被遗弃在巨型邮轮演奏厅的钢琴下。被轮船船员养父独自抚养，和养父直接产生亲密的关系不久，养父就意外离世。没有父母爱的孤儿，失去唯一的亲密关系，进一步封闭了自己的情感，呈现蓝（主）黄（次）红（弱）外冷内热型不安全感人格。1900表现冷寂、冷漠，社交能力局限，少语，沉浸在自己世界里的同时，其音乐天赋得到极大的发挥，成长为杰出的钢琴大师。他一生都是生活在此邮轮上，以钢琴作为灵魂的伴侣。如此优秀的钢琴师，却多次对于下船登陆犹豫不决。为何不能够走下旋梯，迈向另一个更加可以施展自己才华，追求自己的爱情姑娘的世界？为此剧作家和影评人从不同角度解读：

解读一：如果1900当时走下船，是否会遇到那可爱的初恋女孩，过着像朋友MAX给他形容的快乐日子，或者是成为享誉欧洲的著名钢琴家？他不太相信也不太渴望，一个不知道自己从哪来又要到哪去的人，站在那看不到尽头的陆地世界中，的确是充满疑惑恐惧的。或许他存在社交恐惧或广场焦虑障碍。

解读二：对于这艘船的爱恋不舍，可能类似于我们对于故土的一种眷恋。对于1900，一个孤儿，他的全部世界就是这艘船，那里就是他的家、他的全部快乐悲伤梦幻激情。能够说他对于这艘船的感情比任何一个人来得都更深沉，更灼热。所以即便是最后一刻，他仍然不会选择离开。

解读三：片中最后一段，有主人翁的一段独白，他说他不走，不是因为他站在船板上看到的那些建筑让他感到畏惧，而是因为他看不到世界的尽头。是啊，钢琴的键有始有终，船的甲板有始有终，他能够用有限的键盘奏出无限的乐曲，他能够驾驭这种"有限"，在那里，他就是他。而这个世界呢，没有开始，没有结束，错综复杂的街道、星罗棋布的高楼大厦，有太多的路能够选取，他没有办法去驾驭。如果一种生活方式，他无法驾驭，他宁可不要！①

但我们从心理学角度解释，可以发现更深刻的问题。尽管养父给了他短暂的温暖和爱，给了他做自己的勇气，但是，没有母爱和父爱的他，没有真正的基础安全感和依恋对象，没有社会人际安全感。他内心的孤独，只有音乐可知，就如同他的语言，他用它来述说生命，表达情感。其中有这样的一幕，夜晚，在船的酒会大厅，他演奏着，钢琴随着船舱在飓风大浪中左右摇摆，在光洁的地板上，和着音乐的节拍，忽左忽右，时而转圈，时而滑行。让你感受到仿佛他整个人的身心和这音乐，这艘船、钢琴，这大海早就融合在了一起。巨大的邮轮既是他的全部生存空间，更是他情感依恋（母爱的投射）对象。唯一一次产生初恋的机会，激发了他与邮轮（母亲）分离的少许冲动和叛逆行为。但是，没有"被爱的感受"的人，通常在社会环境下，内心渴望爱，却没有表达爱的能力。他错过了一次最佳的爱情表达机会，同时更加错过了叛逆的机会，只

---

① 以上解读一至三，引自百度网络搜索的帖子。

能继续心甘情愿地和邮轮不分离，就像孩子不愿意和母亲分离一样，因为作为心理年龄处于儿童的他，主动分离是不会主动产生的，更加是痛苦不堪的。我想，他的内心里，也必须这样笃信，他的这艘船和他的人，不能分开。生命仿佛自他被抛弃的那一刻起，就和这船联系在了一起。音乐、船、他，是"一体"，永远无法分开。船的生命结束了，相信他的生命结束，也似乎成了必然。

（2）父爱的冷漠型：培养女儿，多数是不管不问，或者把孩子寄养在自己原生家庭隔代培养，即使爷爷奶奶爱着孩子，孩子仍然容易出现不安全感，容易早恋，婚姻障碍发生率较高。如果完全由冷漠暴力的父亲单亲抚养，孩子感到自己内心的情感就像只有残垣断壁，还不如一直荒无人烟的好。为了维持平衡，女儿会告诉自己：我心里不冷，我心里没有空洞，不需要男人占据这里的位置。她会自动关闭这里的大门，用冷漠贴上封印。因为爱，所以疼；所以，爱=疼。因为父亲=男人=动情，所以对男人动情=疼。父亲被迫或主动忽视过女儿或伤害过女儿，这种关联就会自动形成，是一种不由自主的、不自觉的、被动的、不可抗拒的、抵抗不住的、由不得你的影响[1]。女儿呈现蓝（主）红（次）冷漠人格或者红（主）蓝（次）自恋人格，常为同性恋或者独身主义者。

单亲父亲抚养儿子，容易直接忽略孩子的感情沟通，或者把痛苦和不安发泄到孩子身上，孩子常常早年存在不安全感。如果童年曾经被母亲爱过，青春期可以表现过度的不良叛逆行为或者反社会行为，同样呈现蓝（主）红（次）冷漠—讨好型或者红（主）蓝（次）自恋自责型人格。如果儿童期没有得到妈妈的爱，通常没有反叛能力，成为胆小怕事、内向少语、懦弱、不会表达情感的人。

重建幸福力

① 摘自《安全感》。

小说《一个人的朝圣》[①]的男主角哈罗德，就是这样没有被父母双亲爱的人，到了中老年还是一个忍让、懦弱、情感封闭、不敢表达爱、不能体验对方情感需求的人，呈现蓝（主）黄（次）红（弱）外冷内热型人格。哈罗德的儿子，因为哈罗德爱的不表达，像哈罗德一样没有体验爸爸的情感呵护和认可，体验到的是冷漠，同时体验到母亲的溺爱和过度关注，逐渐变成（单亲母亲溺爱型）黄（主）蓝（次）红（弱）被动依赖—柔弱型人格，没有人际社交安全感，实质是内心渴望父亲认可和社会认可。在社会竞争的挫折下，表现酗酒、颓废、自暴自弃，实质是一种对父母的被动的叛逆行为，最终酿成抑郁自杀的悲剧。

二、安定的家庭：父母不争吵，双方都给予不恰当的爱

1. 双方都给予矛盾性的爱

这是东方原生家庭比较常见类型，在物质上关爱孩子，在精神上用爱和道德绑架了孩子，类似同时严格要求孩子的行为标准，控制着孩子的自由意志力，加上社会的严格要求，此类孩子叛逆行为延迟，同样存在不安全感，呈现依赖（黄主）回避（蓝次）被动依恋—柔弱人格，较少好强的红色人格，在压力下容易出现焦虑症、强迫症，容易出现啃老族行为，容易出现爱情、婚姻早期的情感纠结和矛盾，出现亲密关系的延迟性叛逆。

---

① ［英］蕾秋·乔伊斯（Rachel Joyce）著：《一个人的朝圣》，北京联合出版公司，2017年6月版。

小明，男，32岁，已婚，长子。家中父母关系和谐，爸爸宽容温和，妈妈热情控制欲较强，作为长子小时候体验到爸爸妈妈的爱。成长中，妈妈严格管理他的学习，但他成绩不佳，总是被数落和严厉批评。爸爸经常帮助妈妈一起责罚和体罚小明。平时，爸爸妈妈虽然也关心他的生活，但是，小明逐渐感到不能够和他们交流内心的情感，想依赖他们又怕被他们拒绝，呈现黄（主）蓝（次）红（弱）的依赖—怯懦人格。

　　在成长中，小明学习成绩较优异，报考专业和大学，都是爸爸妈妈做主，最终考上妈妈爸爸认可的理想大学。在交友中，表现内向少语，始终处于被动状态，生怕自己说错话。在学习和工作中，对自己要求完美，总是担心自己出错。出现小错误，总是自责，后悔自己的不小心，慢慢地，小明出现强迫性思维。工作后不久，在谈恋爱半年后，感受到被爱和可以相互依赖的体验，却因为女方家长的干涉而失恋。此后，开始不间断地出现抑郁障碍、强迫思维，工作能力下降，沉迷于游戏，麻木自己。间断就职工作，不断地因为工作压力大或工作表现不佳，主动辞职或者被辞退，长期居家啃老，不愿意接触女性朋友，人际关系的不安全感明显。

　　近期，在心理治疗诱导下，小明时常和爸爸妈妈出现情感冲撞，开始表现出延迟性叛逆行为。

2. 妈妈给予矛盾性母爱，爸爸有爱，没有时间沟通

女孩子为黄（主）红（次）主动依恋型或者红（主）黄（次）的热情人格，容易早期和妈妈叛逆，容易较早远离原生家庭，易早恋，寻求男性的朋友呵护。

小丽，女，在妈妈的情感矛盾性折磨下，14岁初中毕业，就一个人来到广州打工，16岁前谈过两次不算亲密的恋爱，18岁就认识现在老公，主动追求当时比自己大几岁的老公，感受到被老公呵护和爱。但是，好强的个性，导致她一直不断地追求物质欲，不能宽恕自己的妈妈，始终有心结。直到在自己强势教育女儿期间，女儿出现过度享乐的心理问题，经常与女儿之间发生激烈争吵，才发现自己对妈妈的持续叛逆并没有结束，女儿成了自己妈妈的替代品，无形中导致女儿的心理创伤。

男性容易产生和妈妈矛盾性的依恋，想逃离又依赖，容易产生强迫思维和行为，个性较为犹豫不决和懦弱，依赖（黄色为主）或者回避（蓝色为主）人格。

小莫，男，17岁，高三，学习成绩下滑，注意力不集中前来咨询。原生家庭关系显示爸爸妈妈关系较好，爸爸长期在

外工作，沟通较少，给予自己充分物质满足。妈妈长期居家和自己朝夕相伴。小莫从小较为调皮，就受到妈妈较为严厉的管教，时有被打得身体瘀青，爸爸周末回家，家庭较为和睦。爸爸关心小莫腿上的青斑，小莫会谎称不小心碰撞座椅导致，能够感受爸爸的爱。青春期期间，想驳斥妈妈或者逃离妈妈，都压抑着不敢表达和行动，感觉不愉快和压抑。小莫的平时学习成绩较好，但近一年，大考经常失去水准，为此妈妈反复叮嘱或者冷嘲热讽，自己也努力想改变，可是，大考成绩更加下滑，最终出现考试紧张综合征，表现考试前心悸胸闷、呼吸不畅、担心焦虑、睡眠不佳。其实，这是小莫内心的叛逆过度被压抑，导致自己痛苦，痛苦的情绪没有办法发泄，产生违逆妈妈的心愿的潜意识，出现叛逆行为的转化，也称"被动性叛逆行为"。其间因为担心考试出错，答题时反复检查多次，不检查不舒服，明知没有必要再检查，非要检查，并且自责自己这种行为的行为，属于典型强迫症和反强迫现象。

3. 温水型

父母不争吵，双方都给予孩子宠爱和赞扬，没有挫折训练（温水中的青蛙型），安全依恋基本满足，呈现黄色（主）红色（次）蓝色（弱）主动依赖—温柔型。孩子表现单纯、温暖、阳光的特征。交友、婚恋较为顺利，在受到初次重大挫折时，往往一蹶不振。遇到小困难常常可以战胜。遇到较大困难，外表勇敢，内心常常没有真实的应对策略和思维，决断力和果敢性较低，不能作为真正的领导者。较大压力下，不会拥有真正的安全感。双亲和单亲宠

重建幸福力

爱都会导致孩子的外表刚强，一旦打破外在的伪装的自我，就显得特别脆弱。

　　小米，女，从小在温暖型家庭成长，对各种物质追求能够做到知足常乐，婚恋顺利，却在孩子10岁时，发现老公感情不忠，为此痛苦不堪，却没有提出离婚或者如何修复婚姻情感，不知道如何处理这样的感情事件，不知所措，一蹶不振。

三、相对理想型

　　既有早期无私的爱、充分的肯定，又能够做到不同成长年龄给予适当的挫折训练，给予培养自控、自学、自我意志力、自察的能力，敢于接纳孩子的叛逆行为。孩子成长中安全感的依恋体验充分，呈现嫩绿色（主）红色（次）或者红色（主）嫩绿色（次）的安全依恋型，或者，成人情感"安全感人格"已成雏形，容易形成安全感人格，呈现情感阳光人格的时间较多，表现较为勇敢、有担当、积极、开朗、阳光、温暖、独立。间有依赖、好强情感不安全感人格表现出来，重大压力下，出现暂时的回避情感特征。在成年后，能够主动和原生家庭情感分离，在爱情婚姻期，能够妥善处理新的亲密关系，在自己孩子的培养期间，进一步提升自己的阳光人格。

　　为什么只能是相对理想型原生家庭？因为每个孩子天生存在不安全感，来自自我生存的压力，来自远古时期艰难自我求生的基因记忆。因为没有完美的原生家庭，父母因材施教的能力和对孩子的了解都需要时间，在此期间孩子已经开始遇到各种困难或者挑战，因此绝对拥有安全感的人几乎不存在，超越原生家庭是获得安全感的必由之路。人们拥有原始本能的适当不安全感是保护自身生存的有利心理素质。在危机时刻、在集体不安全感时刻、在集体无意识状态，拥有相对理想型安全感者，常常最先勇于挑战困难、敏锐地寻找生机、判断能力和执行力超强（知行合一的能力）、敢于牺牲自我换取更大的集体利益，甚至具有能力去唤醒集体恐慌和集体无意识的群体。钟南山院士的原生家庭，较符合相对理想型家庭。在SARS和新型冠状病毒时期，钟南山院士表现出知行合一，立德、立身、立言的伟大。他合理表达疫情的状况，勇敢直面病毒的肆虐，积极建言献策，亲力亲为解决问题，既不夸大危害，也不逃避灾难，表现了勇敢勇气、情感独立、坦然平和的阳光人格。

拥有阳光人格，自然拥有"安全感的幸福"体验。那么，如何修正红黄蓝不安全感人格？如何体验"安全感的幸福"？这是本书接下来要具体解答的问题。

第四章

如何修正红黄蓝不安全感人格

——"安全感幸福"疗愈法

hapter4

体验幸福的前提，是不会产生持续的痛苦。当处于痛苦时，该如何消除痛苦，获得幸福体验呢？

痛苦体验来自于自我执着、不满足、纠结、孤独的矛盾性和不能自拔。这就需要认知自我、觉察自我、接纳自我、接纳痛苦、放下过度欲望、活在当下、获得安全感、改变需求论为幸福体验的生活理念、修正不安全感人格、培养阳光人格。

按照马斯洛需求理论的模式追求和获得"安全感"，可能永远无法满足。用心"体验""安全感的幸福"，感知生活、学习、工作是人生的真谛，"放下"追求需求、欲望的思维，提高自身的"逆商"，这是"安全感的幸福"疗法的核心理念。

"安全感幸福"心理治疗方法的操作框架和步骤：

（1）分析原生家庭和成长经历

（2）分析红黄蓝不安全感人格的特征

（3）认知自己的优势人格和突出缺点

（4）发挥优势人格，专注可以体验正能量的活动

（5）接纳缺点，接纳自我，适当修正突出缺点

（6）修正情感不安全感人格，原则是降低回避（蓝色），提高情感主动依赖（黄色），并获得安全依恋（嫩绿色），适当调整好强（红色），朝着嫩绿（主）红（次）或者红（主）嫩绿（次）方向调整

（7）体验被爱，加强爱的互动，接纳原生家庭，宽恕原生家庭的不足

（8）接纳痛苦，统一和协调不同的自己，清除内心冲突

（9）改善家庭关系或人际关系的依附结构

（10）寻找当下兴趣方向，活在当下（尝试放下），青少年强调追求社会认可

（11）感悟和训练积极开放式思维

（12）建立积极价值观和信心

（13）觉察自己，学习用体验的方式生活、学习、工作

（14）学习和体验自身抗挫折能力

（15）体验自己"阳光人格"，体验阳光人格带来的第1~5个层次的幸福。

（16）体验"安全感的幸福"

在人生经历中，如何提高认知自我、接纳痛苦、修正不安全感人格，提高逆商，向着嫩绿（主）的安全依恋型发展？这需要进行方法论分析。

第一节　如何体验幸福，清除痛苦

首先简单归纳各个心理学流派对幸福的理解：

积极心理学认为幸福感有主观成分（个人满足感）和客观成分（利他意义和社会认可），包括积极情绪、投入、意义、良好的人际关系和积极的成就。幸福的五个能力：爱的能力、独立自主、联结、价值感和安全感。本书在不同章节阐述了这些能力如何获得。

个体心理学认为幸福人生包括精神—社会—生理三方面。阿德勒指出人生生存的意义就是爱好的职业（利他+利己）+良好的社交+和谐的亲密关系。幸福体现在：亲密关系—自信—社会认可（融入社会的自我认可）。

人本主义心理学认为：理性的自我（理性的认知）、情绪的自我（当下自动反应的我）、本能的自我（满足生理需求和本能欲望的我）三者统一融合，协调表达就是幸福。

精神分析学把人格比作为乘车人搭载由马车夫赶着马的马车，乘车人、马车夫、马分别类比精神分析学的超我（理想的自己）、自我（现实的自己）和本我（自己的本能）（摘自《安全感》）。三个自我相互连接和融合，驾驶好这辆马车就是幸福。

成年人的幸福，需要独立于精神分析学的三个自我，有个站在空中的自我意识，审视和关爱自己，可以自察，体验自我感受，方

重建幸福力

可能获得幸福。人们过于依赖某个人或物质或自己某个特质，失去依赖对象，不安全感就会出现或者被激发焦虑恐慌表现。人们过于独立，会有太强的独立意识和自我保护意识，容易由独立转化为孤独。孤独是时代最大的疾病，也是痛苦的源泉，孤独源于我们羞于承认我们都是有缺陷的、不完美的、容易受到伤害的动物。

　　总的来说，幸福的条件：（1）认知和觉察自我：自知"我"的所有组成部分，包括自己的身体、感觉、情感感受、智力和思维、社交交互体验、家庭结构、情境体验、自我信念。（2）形成正念的思维：建立活在当下的情感和行为体验。（3）自我的信念：自己独立定义的生存意义，在信念中，爱自己，同时爱他人，即独立的自尊。（4）痛苦和挫折中成长：没有经历痛苦的舒服，只能成为享乐或者快乐，舒服的体验很快就会消失，遇到挫折，常常长期停留在痛苦之中。幸福都是在战胜困难或者失败的过程中体验，失败或者痛苦是获得幸福的垫脚石。（5）阳光人格：勇敢—独立—平和的人格像阳光一样温暖着自己，同时温暖着周围的人，是幸福的根本。

一、认知自我和觉察自我

　　认知自我：按照积极心理学要求，充分认识自己的优势人格。塞利格曼的幸福课提出：幸福的源泉是24项优势品格，它们分别是实现智慧与知识美德的好奇心、热爱学习、判断力、创造性、社会智慧和洞察力，实现勇气美德的勇敢、毅力和正直；实现仁爱美德的仁慈与爱，实现正义美德的公民精神、公平和领导力，实现节制美德的自我控制、谨慎和谦虚，实现精神卓越美德的美感、感恩、希望、灵性、宽恕、幽默和热忱。承认和接受自己的缺点，积极发挥自身优点，就可以获得幸福。在发挥优势人格的力量时，自然会体验到自己的正能量，避免负能量。

现实中，人们看不清自己的优势人格，或者即使能够看到部分优点，在痛苦状态下，无法发挥自己的优点，不能向着阳光人格改变。

在自我认知过程中，建议向周围的亲朋好友，询问自己的十个优点和十个缺点，加强对自己的认识。同时，需要清晰地知道，任何优点发挥过度，都会成为另一种新的缺点（如图4-1）。幸福体验是自我心理的平衡（balance），是一定的度的衡量。美德（真、善、美、自信、勇敢、宽容、仁慈）也需要把握度，黄金分割度38.25%～61.75%区间是一个较好的尺度。如勇敢过度，常常就会出现莽撞和无谓牺牲；善良过度，常常伴随讨好人格或者委屈；认真过度，给周围人产生过度完美和压抑感。

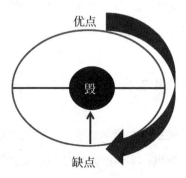

图4-1　优缺点转化—平衡图

附表4-1：折扣评价法纠正自己的完美性人格（以正性事件为例）

	计划的目标	实际成绩	评价分数和评价
第一步，目的：不断鼓励和赞赏积极的行为	100	70%	100 不错
		80%	110 很好
		90%	120 非常好
		100%	批评自己要求太高、太完美
第二步，目的：不后退，螺旋式上升	达到第一步的100%，就可以提高目标至110	70%	满分评价
第三步，目的：敢于内省和自察	100	< 70%	接纳现实，寻找自身的缺点或者人性弱点，并加以修正

在自我认知中，要敢于接纳自己的缺点。任何人都有自己人性的弱点，敢于直视和接纳，无须过度自责或者掩饰。自责带来自我否定和低落的情绪，掩饰带来忐忑不安和焦虑的情绪。用武志红的语言"爱上不完美的自己"。在人生经历中，看到和接纳自己的缺点，不是让我们任意妄为地展示我们的缺点，而是选择最突出的1～2个缺点进行慢慢修正（按照年的时间单位），逐步向着自身阳光人格发展。心理障碍来访者常常存在完美个性的缺点，如果缺点不加以克制，而是随意发挥，将会导致自身的灾难和毁灭。其实，按照表4-1的"折扣评价法纠正自己的完美性人格（以正性事件为例）"，只要认真执行一段时间，多数人就可以修正自己的完美性。如果持续保持自私自利的缺点，总是带来人际关系的僵化，会导致自己被孤立，产生孤独的痛苦。如果"拖延"的缺点不断恶化，就

会导致自己无法胜任社会角色，甚至长期宅在家中，无法出门。

　　小查拖延症表现严重时，就连每日丢弃垃圾都会拖延，直到家里所有垃圾桶都装满了，甚至一周才丢一次生活垃圾；为了出门，需要花几天时间，且是被迫出门，长期孤独地独居，小查形容当时的自己"没有人样，只剩下喘气"。

认知自我还包括认识自己的智商、情商、兴趣爱好，自己与周边人的相互关系。认知自我较高水平称作为内省。内省就是全方位认知自我，内容包括自己的情感、思维、行为、价值观等特征，在时间上，思考自己的过去、当下自己的状况、未来的自己将如何。在人格方面，认知自己红黄蓝不安全感人格组合特征（见第三章第三节），认知"理想的自己、现实的自己和自己的本能"三个自我。

内省相当于自己看另外一个自己，用理性的思维和知识看自己。这种理性的思维，未必能够准确认知自我，即使认知自我，也不一定能带来幸福体验。因为自我总是在动态地变化，自我认知未必可以准确；因为不断努力地认知另一个自己，需要大量的心理能量和精力付出，常常有疲惫和不愉快；因为自省的目的是想不断地改变认知的自我，现在的自我必然有潜在的反抗，会带来痛苦；因为带着社会经验、自我判断、自我经验来认知自己，自己体验幸福的感受就会被扰乱或者被忽略，反而得不到幸福。很多焦虑和抑郁的来访者，在认识到自己情感、思维、爱好、原生家庭的不足等，看清自己的"理想的自己、现实的自己和自己的本能"后，仍然不能摆脱拖延、颓废、焦虑、抑郁的症状。

觉察自我是更好的自我认识。觉察不同于内省，内省是理性认知能力。自我觉察是种感性能力，是运用自己内心各种感受能力，觉察到的信息和体验。觉察需要摒弃自己既往的经历和经验，放弃主动的思考，只是用心、用情感去体验自己的一切。觉察自己当下的感受，觉察自己身边事物的美妙或者自己内心的不安，觉察社会人际关系的自然流畅或者僵化，觉察自己身体舒适或者疼痛不适等各种感觉，觉察自己情绪的愉快或者痛苦，觉察自己思维的顺畅或者迟钝，觉察自己行动的敏捷或者笨拙。

觉察自我，需要用真心从当下开始，需要使用自我创造性意识来感受自己，不带外界的评价。自我觉察强调的是感受，是接纳，是过程，不需要产生任何评判或者认可的念头，不需要产生结果或者结论，在被动的、敏锐的觉察状态中，既没有丰富经验的观察者，也没有被观察的自己，观察者和被观察者是融为一体的，就相当于超我自我本我的马车已经融为一体，成为一匹神奇的骏马。这匹骏马有着人类的认知思维、情感体验能力，却极少使用，始终处于自我体验自然美好的状态中。

认知自我和觉察自我存在相互矛盾性和相互关联性。认知自我是理性的，是自我觉察的基础之一。多数人都是从认知自我开始，在认知的基础上，认识到一味思考和认知，未必能够获得幸福体验，在经过漫长的认知过程和自我纠结后，领悟到放下执着认知的价值，开始走向自我觉察。自我觉察是感性的，是与生俱来的本能，但是，社会群居环境和早期竞争的生存需求，钝化了大众的自我觉察能力。假如没有自我认知，只是保留赤裸裸的自我觉察力，人就会回归成为动物，没有自我思考和反省，同样失去人类特有的创造性和自由感，最终也会失去体验人类幸福的可能。因此，对于人类发展和个体幸福，自我觉察和自我认知缺一不可，两者相辅相成，均需要把握两者的度。

觉察能力决定了体验幸福的能力。觉察能力低者，常常是在按照追求需求和欲望的方式生活，满足内心的欲望和需求，是一时的兴奋代替了觉察。俄罗斯作家普希金写的《渔夫和金鱼的故事》里，渔夫的老婆就是一个贪婪的人，欲望不断膨胀，在意的是一时的享乐，从来不自我觉察，即使渔夫反复告诫和提醒，甚至连自我认知也没有，最终只得黄粱美梦一场，体验到的是无尽的失望和持久的痛苦。

欲望部分未满足时，不愉快和愤怒就会削弱自我觉察能力，严重不满足时，痛苦和沮丧就会掩盖甚至剥夺自我觉察力。

小艺，内心纠结于童年被忽略的痛苦，总是希望妈妈能够补偿她的爱，叛逆期间对残疾的妈妈要求苛刻，体验不到妈妈的爱和正能量的关怀，痛苦和怨恨几乎掩盖了她的自我觉察力和对爱的体验。

二、接纳一切

1. 接纳自我

就是全盘接纳自己，无论自己过去或者将来如何，无论自己的缺点或优点，无论自己的情感或思想，无论痛苦或快乐，都全盘接纳。如何全盘接纳自我，需要自我认知能力，同时需要自我觉察能力。《辩证行为疗法》^①较好阐述了全盘接纳过去，归纳摘录如下：

> 全盘接受意味着你不带评判地完全接受自身的事物。彻底接受现实指的是你不与它对抗，不因它而发火，不去试图改变它的本来面目。承认现实是环境以及你和其他人所做决定的结果。

> 全盘接受并不意味着你让步以至于完全被动接受每一件不好的事情，可以发挥能动性改变自己心态或者执行正性行为。

> 相反，全盘接受现实为你开启了一扇门，你通过它可以认识到你在促成现状中所扮演的角色，用对自己和他人都无害的新方法来回应现实。全盘接受就像平静的祈祷，内容是："请赐予我平静的心来接受无法改变的事实，请赐予我勇气去改变能改变的一切，请赐予我智慧去明辨是非。"

这里的明辨是非的原则，"是"就是能够做到让自己内心的超我、自我、本我三个自己都能体验到舒适和幸福，涉及他人的事务，就是让他人和自己都能体验到舒适和正能量，只要任何一方感到不舒服和痛苦，那就是"非"。

日常训练法：

（1）每天随时记录不自主产生的否定（肯定）的念头或者判

---

① ［美］马修·麦克凯，杰弗里·伍德，杰弗里·布兰特里著：《辩证行为疗法》，重庆大学出版社，2018年1月版。

断（事件—不良反应—念头—判断—物化），否定（肯定）念头不是记录不良事件（开心得意事情）就算了，必须寻找背后的不自主判断。物化就是把不自主念头具体化为一个物体或者词语。

如案例小尼，因为大学考试挂科（事件），拿到学业书本，就会无故心烦意乱和头痛（不良反应），静下心来，寻找不自觉的一闪而过的念头是"我不想成为知识分子""知识分子很傻"，物化就是"书本"，代表"知识分子的笨"。小尼内心一直存在不认可作为知识分子的妈妈，不认可妈妈强加自己身上的需求"你一定要成为优秀的知识分子"。

（2）每天记录3-15件自在、舒适的四类开心事：a接触大自然的，b吃喝玩乐，c人际关系，d看书或生活中的精神感悟。如今天的天空真蓝、咖啡真香、感受到他的爱、坚持做事的价值。

（3）每天记录自己发挥能动性的一件事。格式：事件—能动性思维—具体如何执行—执行后的自己内心或者双方感受。此作业类似开放式思维训练的心理作业。

这三个心理训练的目的是认清和感知不自主评判。不自主评判会引发压迫性情绪，导致失望和遭受痛苦，阻止你全身心地留意眼前发生的事。很显然，评判和批评所产生的其中一个问题是，它们会占据你的思想。在很多情况下，人们可以很容易地被一种评判意见所困扰。或许，你还有过被一种评判意见困扰一整天的经历。困扰你的可能是坏事，也可能是好事。以上策略不佳时，可以采用意象治疗手段，解除评判。

解除评判

需要你在脑中将你的评判形象化，既可以是一幅幅的图画，也可以是一个个的文字，然后你看着这些图画或文字在你的眼前飘过，你不去分析它们，不让这些东西困扰你，就这样看着它们越飘越远，直至消失。其实你可以把它想象成任何东西，只要对你起作用。

具体方式

（1）想象你坐在一个田野里，看着你的评判随着云朵一起飘。（2）想象你坐在一条小溪旁，看着你的评判随着落在小溪中的树叶一起漂走。（3）想象你站在一间有两个门的房间里，然后看着你的评判从一个门进，再由另一个门出。

只要这三种中有一个对你起作用就很好了。

如果没有也没关系，自己发挥想象力创造一个，只要确定你的想象能够服务于我们这个练习所要达到的目的就行了。再重申一下，我们这个练习的目的是让你形象地看到你的评判来了又去了的过程，而这个过程中你不去和它纠缠，不去评判它。

解除不良情绪

（1）集中注意你的呼吸。（2）集中注意你的情绪（当前的或过去的）。（3）注意与情绪有关的生理感受。（4）给情绪命名或实物化。（5）关注对自己、他人或者情绪本身的判断，然后让其自然远去。

　　想象"小溪上的树叶"的情境或者其他画面。观察情绪，情
绪就像海上的波浪。提醒自己你对自己的感受有支配的权利。继续
观察，然后任由判断消失。最后进行3分钟的正念呼吸。

以上全盘接纳的具体措施中，既有认知的理性方法，又采用了觉
察和简易意象治疗的感性方法，可以起到较好的接纳自我的效果。

2. 接纳痛苦

　　每个人都是由痛苦的自己和幸福的自己组成，痛苦是人生必然
会有的体验，但持久性痛苦是心理障碍的体现。痛苦是一种情感体
验，就像沼泽地或流沙，当你身在其中时，越是挣扎，陷入越深，
就越是不能自拔，痛苦就会持续。

　　接纳痛苦，首先认识到痛苦就是自己幸福的另外一面，痛苦不
是身外之物，是内化到自身的体验。不要把痛苦和自己分开来看，
不要总是想从身上撕下痛苦。持久痛苦时，幸福的你被痛苦掩盖，
你也体验不到幸福，你就是痛苦本身，你就是沼泽地或流沙。

　　痛苦的体验本身具有逐渐消退的生理机制。大家可以做以下
实验：

　　用自己左手捏自己右手的皮肤，给自己皮肤持续疼痛刺激，在
不改变左手捏的力量条件下，通常一分钟后，右手皮肤痛觉就会慢
慢减轻。如果能够静下心来，持续专注体验右手的疼痛，只要你右
手不反抗，慢慢地疼痛就会麻木、钝化。如果你专注看书或感兴趣
的事，左手捏右手的疼痛感同样被忽略，常常会忘记用力捏，或者

不自觉放下捏自己的手，疼痛甚至消失。如果左手捏的节律非持续性，为间断刺激，疼痛会一直能够感受，经常这样做，容易诱导自虐的感受。只要你右手反抗或者挣扎，疼痛立即再次出现，如果这时左手坚持不放松，右手不断反抗，疼痛就远远超过初始的感受，持续的疼痛就形成。

疼痛具有类似痛苦体验的生理机制，这个小实验告诉我们，在疼痛刺激因素无法消除时，就地卧倒，不理不睬就可以极大减少疼痛。如果能够拥有自我觉察力，静下心去体验疼痛，体验到疼痛来源于自己左手（情绪化的自己）和右手（现实的自己）的矛盾，放下左手，疼痛就会慢慢消除。面对心理痛苦时，接纳痛苦就是采取类似的方法。

接纳痛苦，首先就像上面小实验一样，明确痛苦是自己左手给予的，在心理学上就是另外一个自己在虐待性刺激当下的自己；其次，理解痛苦不是自身外在的，痛苦就是自己内在的，你就是痛苦本身，痛苦就是你自己；用心自我觉察痛苦和苦难，体验它就是你身体的一部分，不要把自己与痛苦分裂和对立；既然沼泽或流沙代表的痛苦就是你自己，就不存在自己陷入其中，倒是容易把周围亲密关系的人带入你的痛苦。再者，如何消除流沙或者沼泽这样不良的自己，就是需要进一步地接纳自己不安全感人格，体验自己幸福的另外一面，展示自己阳光的人格。

静静地体会这个自身的痛苦，全盘接纳自己过去发生的一切。不带自责、指责、伪装、讨好、回避和愤怒等情绪，只是体验它，可以物化它，采用意象治疗方法，想象这个痛苦已经离开你，消失在云端，无影无踪。

全盘接纳不是放弃或者麻木自己的痛苦。持久痛苦者，常常采用"知足常乐"的心态逃避现实问题，用小享乐掩盖痛苦，或者沉迷于成瘾性活动如赌博游戏麻痹自我，或者陷入非自杀性自伤、自虐的怪圈，体验自虐带来的刹那缓解痛苦的痛并快乐的感受，这些就像自己持续或间断左手捏着自己的右手。

　　为什么不能放下捏痛自己的左手？为什么不放下自己折磨自己？为什么不放下自认为可以解决痛苦的执着？放下捏痛自己的左手吧！协同自己的右手，专注自己当下感兴趣的事情。放下捏痛自己的左手吧！就是放下内心树立矛盾的思维、堕落的理念、标签化的扭曲价值观。放下捏痛自己的左手吧！用这个伤害自己的左手，轻轻地、温柔地抚摸被捏痛的右手，用自己的爱抚慰自己的伤痛，真正体验自己爱自己。用心觉察自己的舒适和幸福，转换痛苦体验为幸福体验，就像直面生死一样，带着去世的亲人一起体验生活的酸甜苦辣，更多地去体验幸福美好。这时那个沼泽或流沙代表的痛苦就会转换为当下阳光普照的坚实大地或者徜徉在自然中的骏马，痛苦的你就转换为阳光的你。

　　理解了"接纳自我，接纳痛苦"之后，多数人，尤其是焦虑、抑郁、强迫的来访者感到还是有很多不能够接纳。如广泛性焦虑已经发生，常常是自发性出现，常常做不到用理性思维去接纳，带着不评判的心去面对。这时在药物帮助下，首先控制焦虑发作频率和程度是必须的，然后，训练自身敢于体验焦虑状态，和焦虑和平共处，不指责焦虑的诱发原因，不自责自身焦虑的不可控，幽默坦然面对焦虑的出现，采用自我警示或惩罚行为疗法，果断终止超过三次的重复性矛盾思维，转移注意力，不对抗焦虑，这样就能够确实做到"接纳"焦虑。

　　在人生经历中，人们需要不断学习"接纳"，学习带着不评判的心接纳幸福和痛苦、安全感和不安全感、焦虑和平和、正确和错误、成功和失败，学习不在意得失、不后悔失去的、不刻意索求欲望，学习接纳一切，幸福将会来到。

幸福不等于不再有痛苦，而是接纳痛苦，我自做我的阳光。

三、如何不再"自己折磨自己"

应用精神分析学的三个自己，分析自己折磨自己的形式。

乘车人搭载由马车夫赶着马的车，乘车人、马车夫、马分别类比精神分析学的超我（理想的自己）、自我（现实的自己）和本我（自己的本能情感）。超我包括道德良心和自我理想，良心来自情感体验和本我连接紧密，自我理想就是内化的成人模式和价值观，包括从小父母情感思维行为和社会其他人投射。本我是原始各种本能，包括生的本能和死的本能，是直接情感表达，是人活动能量的来源。自我就是现实的自己、自以为认识的自己、表面呈现的自己，如图4-2所示。

图4-2

人的生命首先存在生的驱动力，安全感的需求是生的本能的表达；万事万物都有始终，人有死的必然性、死的驱动力。在持久痛苦体验中，将会激发人死的驱动力（死的本能）。生死本能、生死驱动力是矛盾性冲突，也是你中有我、我中有你，相互依存、相互转换。当在生的驱动力中体验到死的威胁或者危险，就自然引起恐慌和不安全感。当在死的驱动力中体验到生的本能，就是点燃了生的希望。

自我常常伪装自己的安全感，超我常常脱离自我，强加不安全感给予自我，造成自我纠结，转移不安全感给予本我。本我的痛苦情感体验导致人生死的驱动力增加。本我在原生家庭获得的被爱的体验不足，情感独立能力较低者，会反过来，影响自我的社会展示和自信，造成自我的被动性、自我与超我的不连接和不协调。自我生的动机减弱，人内在生的驱动力下降。

1. 如何不自己折磨自己

自己折磨自己，就像乘马车的乘车人不断用道德、良心指责人生中奔跑的马，数落自己本我的不是；乘车人用成人模式和理想要求马夫，做事应该如何如何，不断地提出自己的命令和需求，擅自更改人生的路线或者方向，让马夫感到压力和不知所措；乘车人目标迷茫，马夫和马自然懒散或者四处游荡，过于享乐或者堕落。

马夫经常把乘车人给予的愤怒、痛苦和压抑，转移到马身上，拿着马鞭抽打马，让它加速奔跑；马夫碰到现实社会困难或者被自己亲密关系代表的马夫责骂时，同样会责骂自己的马；马夫人格不良，本身就不喜欢自己驾驶的马，不会和马沟通情感，只想马儿跑，不给马吃草，马儿自然感到被折磨和痛苦；马夫不听乘车人的指令或者指定的目标，容易误入歧途，或者相互争吵导致马车停滞不前。

马体验不到乘车人的赞赏和认可，体验不到马夫的关爱和情感交流，自然常常情绪爆发，停滞不前，表现出不理智的懒散、拖沓，人生走向堕落或者痛苦；马儿任凭自己感觉，无节制狂奔不止，颠簸前行，乘车人和马夫同样痛苦不堪；马儿发脾气，掀翻马车，人生需要重新修正起步；马儿成为脱缰的野马，与马夫和乘车人分离，就好像只有情感没有社会角色的人，属于精神紊乱者。

这样的三个自己相互折磨，只会导致全身心的痛苦，马车经常停滞不前、走错路、翻了车，就好比人生的堕落、误入歧途、停滞不前、一蹶不振。

如何不自己折磨自己，关键在于按照体验幸福或者正能量生活，同时放下欲望和需求的生活理念。人生行驶中的马车，乘车人尽量不要带太多包袱和行李，就是不要抱着太多需求和过多的欲望（放下欲望）；乘车人上车指明目的地即可，相信马夫和尊重马夫，其他事情交给马夫，同时上车前应该和马进行情感沟通，表达对马的赞赏（自信、欣赏自己）；马夫应该把行进路线和乘车人协商沟通，得到乘车人的理解，同时表达对乘车人的尊敬（自尊）；马夫更加应该多和马儿进行情感沟通，照顾它的情绪，体验它的需求、情感，给它洗澡吃饭喝水休息，相互产生爱的依恋关系（自爱）；马儿能够合理表达自己的本能情绪，能够体验被马夫爱的感受，遇到困难时，自然表现敏锐、机警、勇敢（自强）。马儿、马夫、乘车人都能够在人生旅途中，体验当下的风景和阳光，相互融合为一体，听着轻快的马蹄声，唱着歌儿一起奔向希望的远方。

尝试内省和觉察以下各种自己，或许你就能够解开多年的困惑。

在生活中，需要来访者或读者思考以下不同的自己：

（1）过去的自己、现在的自己和未来的自己

（2）理性的自己和感性的自己

（3）理想的自己、现实的自己和本能的自己

（4）内在的自己和外在的自己

（5）痛苦的自己和幸福的自己

（6）孤独的自己和独立的自己

2. 如何放下

谁都知道，收获人生的幸福就像用手抓细沙，抓得越紧，收获越少。最好用心，用双手轻轻捧起细沙，就会收获很多，甚至用身体投入到细沙中和它（幸福）融为一体。但是，现实生活中，人们常常像寓言故事《小猴子下山》讲述的那样。一只小猴子下山，看到桃子就摘了桃子，走着走着，看到又大又黄的玉米，小猴子扔了桃子掰玉米，看到西瓜，扔了玉米摘西瓜，看到兔子，扔了西瓜抓兔子，兔子跑掉了，结果小猴子就两手空空了。这个故事告诉我们不要在生活中，吃着碗里的看着锅里的，贪心不足导致最后什么也没得到，三心二意只会什么事也做不好，最后白白度过了一生。此节借用几个故事阐述如何放下各种欲望和需求，学习用体验去生活。

人生短暂，一分钟没有体验到幸福就白活了一分钟，一天没有体验到幸福就白活了一天。

故事一：活捉猴子的故事

100年前，人想要活捉猴子非常困难，因为猴子灵巧、聪明、善于攀树，热带雨林的猎人发明一种简单的方法就可以活捉到猴子。用一个椰子壳，把它掏一个小口，仅仅够猴子缩手探入，椰子壳里面塞进去一个大果子，然后把椰子壳固定在较矮的树上。当猴子闻到果子香味，就伸手进入椰子壳抓水果，握着的拳头却无法从椰子壳中拿出来，只要猴子放弃果子，缩手就可以摆脱椰子壳的束缚，逃离来活捉自己的猎人。事实是，90%以上的猴子不愿意放手，总是死死地抓着果子，看到人来了，迫切想抓走果子，越急越惊慌，手被卡住得越紧。这种方法屡试不爽，大部分猴子看到此景，下次还是会犯同样的毛病。

这个故事显示，物质的贪婪追求，导致猴子丧失理智，为了满足口欲或者追求享乐，猴子失去了自由甚至生命。人类在生活中，常常犯同样的错误，为了物质，为了钱财，常常熬夜加班，有了基本生存物质，就会产生需要更多物质的欲望，继续拼命工作或者投机取巧。人们常常前半辈子劳心劳命、伤害身体地挣钱，想获得安全感。后半辈子吃药当饭，花钱保命，一辈子都在欲望、压力、忙碌、焦虑和恐慌中，没有获得安全感，没有体验到人生的幸福。还有的人，像一些贪官，经营关系，投机取巧，腐败贪婪，获得了物质和金钱，失去了自我，道德的谴责和社会法律的监督导致其整天惶惶不可终日而没有安全感，或者过着糜烂的享乐生活掩饰自己的不安全感，最终失去了人生的自由和幸福。

猴子可以放弃果子的诱惑，猴子可以通过自己的劳动，找到在树上的天然果子；猴子可以用心觉察这个陷阱，避免上当；猴子可以每次伸进手捏碎果子一下，再缩手逃跑，通过自身智慧和努力，反复几次，既可以拿到果子，又可以避免被活捉。

人们同样可以放下对物质的过度欲望，用心觉察自己的生活体验，接纳自我，接纳痛苦，选择自己喜爱的社会工作，专注于当下工作，找到工作的幸福感，用智慧和勤劳，自然获得相应的物质。用心体验物质带来的美味和美好，就能体验到"基于物质的幸福"，才可能体验自身的内在安全感幸福。

故事二：小和尚过河

这是来自佛教的故事①。故事发生在南方的夏天，前几天刚刚下过大雨，这天晴空万里，艳阳高照，烈日炎炎。一个小和尚和师父一起赶路回寺庙，在来到河边时，发现原来的小木桥已经被几日前的大水冲垮了，师徒二人，沿着河边找到一个河水较浅处，估量河水及膝盖，卷起裤腿可以蹚水过河。正准备过河，这时断桥处有个少女，边喊边急速走过来"师傅等等"。等到妙龄少女来到身边，看到穿着单薄苗条的少女，小和尚热心询问："有何事情呀？"少女回道："看到你们想过河，我急着回娘家探望病了的母亲，木桥却断了，我怕水，请师傅帮我过河。"小和尚看看师父，师父没有反应，于是回道："你是少女，男女授受不亲，别难为我们，在断桥那里等等，后面可能有人帮你。"少女着急忙慌地说："师傅您回头看，这条路平时少人走，天气如此炎热，我都要中暑了，请帮帮忙吧。"小和尚再次拒绝：

① 张志军著：《禅机领悟丛书》，现代出版社，2009年1月版。

"不行不行，更何况我们是和尚，我们有戒律——色戒。"这时旁边的师傅突然对着少女发话："也罢！我来背你过河吧！"师傅说完就背对少女蹲下来，少女开心地趴在师傅的背上。不一会儿，大家蹚水过了河，到了对岸，师傅放下背着的少女，少女多多感谢，各自赶路。

在回寺庙路上，小和尚十分纳闷，就问师傅："师傅教导我们不要犯色戒，可是您自己却犯此色戒，为什么？"师傅回答："我这是在做善事，与人为善，是积善成德的好事。"小和尚问："那，我多做点好事，是否就可以犯色戒？"师傅回答："那怎么行！"小和尚自语："色戒是不能轻易犯，如果多做点好事，能否有肉吃？"师傅说："那也不行！这是犯了食戒。"小和尚内心愤愤不平，回到寺庙就和师兄弟们谈论过河的事情，说："唉！今天真倒霉，可惜没有背到那个小姑娘，给师傅背去了，师傅自己犯了色戒，却不允许我犯任何戒律。"师傅路过，正好听到，就呵斥："把手伸出来！"师傅拿着戒尺狠狠地打了三下小和尚手掌，说道："我在河边已经放下，你到庙堂都没有放下！"

这个故事中，看到小和尚在修心清净的寺庙，还没有"放下"过去的经历、情欲、物质欲、未来的需求、自私心。小和尚没有积善成德的"爱心"和正能量"信念"，也没有敢于破除"戒律"的勇气和坦然面对"他人"评价的平和心。师傅正是拥有了阳光人格的"勇敢勇气、独立情感、坦然平和"，才能做到"拿得起，放得下"。

故事三：风幡的故事

　　唐高宗上元三年，禅宗六祖慧能听说广州光孝寺来了大法师印宗，遂来到这里。一天傍晚，印宗法师正在讲经，慧能悄悄地进去恭听。忽然吹来一阵大风，悬挂在大殿的前面佛幡被吹得左右摇动，弟子们议论纷纷。有的说："幡是无情物，是风在动。"有的说："明明是幡动，这哪里是风动？"一时间双方各执一词。有人问印宗法师，法师回答："白云山吹起风，风亦动幡亦动，幡亦动风亦动。"慧能在旁边听着，觉双方未能识自本心，便说："不是风动，也非幡动，而是人的心在动。如果仁者的心不动，风也不动，幡也不动了。"在座的人一听，无不感到震惊。

图4-3　风幡的故事

　　这句话的意思不是说风真的不动，也不是说幡真的不动。这些都是偏见、误解，曾经高中课本上就拿这件事来说唯心主义不顾事实，不顾客观世界运行规律。这真是误解了，正如佛家说空，很多人误解为一切虚幻，都是空的、没有的、不存在的。佛学的细究应是这样的，风也动了，幡也动了，心也动了。风不吹，幡不动；幡动，有风。若离风与幡，则你心上怎么知道有动了这个现象？若离风与心，则感知不到现象，谁能够说幡动了？若离幡与心，则感知不到现象，但风真的存在。

这是用风幡和心来做比喻而已。比喻的意思是：我们因心生妄念而有种种世间景象，离开这种心的妄念，就没有任何可以执着的事物，这就是觉悟的基本要求，符合我们讲的"觉察"概念。心指的是本性，是成佛的根本，是一切众生皆备之本能，风与幡则是种种外在的相（佛语称外相）。六祖不仅一语道破心与相的关系分别，也点醒了争论的和尚。

这个故事暗含"放下"有关的寓意。六祖慧能意指：①专注当下，专注于自我定义的价值，不离心，心不动，就不会有"风幡动争论"的烦恼发生。不放下，心乱动，就会出现痛苦。在现实生活中，和朋友、家人争吵时，就如同两个和尚离心、心动地执着外相。焦虑症、强迫症的痛苦体验者，常常自己在内心树立两个矛盾的定义，内心两个自己离心、心动地执着各自的观点。②心动决定一切，没有个人主体的心动，对于个体来说，外界的一切都是没有意义的。也就是说只要敢于放下，一切发生的事情都可以变为无意义。③"放下"对外相的执着追求，体验内心的感受，才能悟到佛的自我本性，也符合我们提出的体验内心的幸福。同时暗指：①自己心的指向很重要，按照自己心的指向体验幡动，体验幡动的美和有力，放下他人的对立观点，就是放下其他周围的外相；②按照自己的心指向风动，体验风动的舒适美妙，就是产生与外在的连接体验；③按照自己的心指向自己内心，觉察自己，宛若无物，就是体验自己的幸福。无论心指向哪里，都没有绝对的不好，关键是自己内心的不"放下"，心的纠结和心的乱动是矛盾的来源，是痛苦的源泉。

例如作为强迫症，学习放下自责的强迫行为、思维或体验，就是"放下"对外相的执着追求；学习放下自责的对立思维、矛盾思维，就是专注于自我定义的价值，不离心，心不动；学习放下灾难性思维和不安全感的心，就是按照自己的心指向自己内心，觉察自己，宛若无物，就是可以治愈自身的强迫症，可以体验自己的幸福。

故事四：晒太阳的故事

在雅典，第欧根尼师承苏格拉底的弟子安提斯泰尼。为了以身作则发扬老师的"犬儒哲学"①，他买了一个大酒桶，空的酒桶，那个橡木桶很大，他就把它当房子住，就睡在雅典广场，白天起来去干活，教书挣点钱吃饭，每到傍晚，他就把这个酒桶立起来，站在这个酒桶上，讲"怎么样知足常乐""怎样放下执念"，这样做，效果非常好，人越听越多，广场都站不下，很多崇拜者。大家认为："这么有知识的人，睡到早上9:00自然醒，天天木桶当房子住，吃也简单，穿也是破破烂烂，我们还有何不知足吗？"这个消息就传到亚历山大国王耳朵里。

亚历山大巡游遇见正躺着晒太阳的第欧根尼，上前自我介绍："我是大帝亚历山大。"哲学家依然躺着，也自报家

---

① 犬儒学派的主要教条是，人要摆脱世俗的利益而追求唯一值得拥有的善。犬儒学者相信，真正的幸福并不是建立在稍纵即逝的外部环境的优势。每人都可以获得幸福，而且一旦拥有，就绝对不会再失去。

门："我是狗儿第欧根尼。"大帝肃然起敬，对他说："你可以向我请求你所要的任何恩赐。"第欧根尼躺在酒桶里伸着懒腰说："靠边站，别挡住我的太阳光。"

亚历山大托人传话给第欧根尼，想让他去马其顿接受召见。第欧根尼回信说："若是马其顿国王有意与我结识，那就让他过来吧。因为我总觉得，雅典到马其顿的路程并不比马其顿到雅典的路程远。"有一次亚历山大问第欧根尼："你不怕我吗？"第欧根尼反问道："你是什么东西？好东西还是坏东西？"答："好东西。"第欧根尼说："又有谁会害怕好东西呢？"征服过那么多国家与民族的亚历山大，却无法征服第欧根尼，以至于他感叹："我若不是国王的话，我就去做第欧根尼。"

第欧根尼是一个银行家的儿子，在替父亲管理银行时铸造伪币，致使父亲入狱而死，自己则被逐出了城邦。这是一个把柄，在他成为哲学家后，人们仍不时提起来羞辱他。他倒也坦然承认，反唇相讥说："那时候的我正和现在的你们一样，但你们永远做不到和现在的我一样。"前半句一语点醒梦中人，后半句却是真话。他还说了一句真话："正是因为流放，我才成了一个哲学家。"公元前323年某一天，亚历山大大帝在巴比伦英年早逝，年仅三十三岁。同一天，一直在科林斯做老师的第欧根尼寿终正寝，幸福地活了九十岁。他们都声名远扬，是当年欧洲世界最有名的两个人。这两人的不同在于：一个是武功赫赫的世界征服者，行宫遍布欧亚，被万众呼为神；另一个是靠乞讨为生的穷哲学家，寄身在一个木桶里，被市民称作狗，却培养了众多杰出的人才，不图名利，实现了自我。

这个故事和极简主义告诉我们：①放下欲望，放下过去的一些执念、一些负担、一些背负；②知足常乐，生活的幸福不需要那么多物质；③幸福就在自己体验里，在自然阳光里；④自己树立的生存信念（简约生活）需要坚持；⑤经历苦难和利他的品德是幸福源泉；⑥安全感来自实现自我的体验，是持久的幸福。

放下不等于放弃幸福人生。放下内心体验，麻木自身感受，纠结于自己的情感，才是放弃自己幸福人生，停滞在痛苦的黑暗。

四、正念训练：如何真正活在当下

活在当下最实用的方法就是正念训练。《正念的奇迹》《正念禅修》《活在当下》等书籍都很好诠释了活在当下的意义、技巧等。正念心理学来自中国禅学，经过西方心理学的理论改造和实用性推广而成。

活在当下强调两点：专注当下、爱的能量。正念的核心理论符合三点：自我觉察、积极情感体验、利他。在《正念奇迹》书中讲述的"皇帝的三个问题"的故事，通过曲折的故事诠释了三个最重要的问题。第一，最重要的时间是现在，是当下。人生很短，每一分钟都是最重要的，珍惜生命的每一刻，专注当下每一刻。第二，最重要的人是当下身边面对的人。每一个都需要尊重，即使对你存在成见，在面对时都可以合理表达尊重。第三，最重要的事情，就是当下的事情，而且在事情中需要传递和体验爱的力量。让他人感受到你的爱、关心和尊重，让自己感受到他人的关心、尊重和爱。

正念的方式有很多，比如呼吸正念、身体扫描、行走正念、声音正念、想法正念，但是归纳起来它们都具有三个步骤。

正念的第一步，是自我调节注意力，维持此刻注意的觉知。

很多时候，正念要求我们保持一定的姿势，把呼吸作为一个关注的锚定点，让意识在聚焦呼吸时变得更加清晰，在纷繁的环境中保持注意力稳定。

正念的第二步，是增加对心智的开放性，对体验有更强的好奇和容纳心。

在注意力调节的基础上，我们觉察微妙的身体感受，以及感受背后的情绪信号。这能减少情绪的激烈反应，面对情绪挑战时有更多的容纳心和定力。

正念的第三步，学会如何真实地触及情绪，学会用仁爱慈心抚慰伤口。

接纳意味抱着非评判的心态，主动去拥抱此时此刻的体验。慈心意味着深深理解人的痛苦，并有坚定的愿望去缓解它。接纳和慈心都意味着，觉察真实情感的同时，带来那种包容的温暖。[①]

正念是指意识到当前自己的思想、情绪、生理知觉和行为的能力，其前提是不评判指责自己和自己的体验。以下是我在临床诊疗中编制的正念训练初级方法：

---

① 　［美］马克·威廉姆斯、丹尼·彭曼：《正念禅修》，九州出版社，2017年1月版。

正念训练初级方法：

正念腹式呼吸15～30分钟，每10～12秒呼吸一次，轻闭双眼，冥想，意识训练法。具体如下：

（1）腹式呼吸，气沉丹田，守住丹田，体验肚脐周围

（2）耐心，不评判（接纳心），信任

（3）心无杂念，拉回思维

（4）内观和感受自身身体，三个循环

①腹部呼吸—心脏—左侧颈部血管—右侧颈部血管—右手腿—左腿左手—头—背腰臀—肺部

②胃部—肠道—膀胱—腹部呼吸—心脏

（5）正念扫描身体，找到痛、压抑、堵塞之处，接纳它、直面它、融化它

（6）想象平静画面代替身体痛苦之处

活在当下，首先接纳过去，认知自我，学习觉察能力，放下欲望和需求，才能体验当下。尚需要坚定的信念和积极的价值观。若没有坚定信念，没有恒心坚持，没有积极的价值观，容易过度关注自身。能够做到活在当下者，同时具有勇敢、独立、平和的阳光人格。没有勇敢的人格，做不到敢于放下需求，敢于做"利他"的爱；没有独立的人格，易被外界干扰，难以静心；没有平和的人格，难以不评判自己，难以不自责或者不他责。

在现实生活中，当体验到乐趣、兴趣、动力、舒适、愉快、正

重建幸福力

能量和幸福，就持续进行当下的活动。当体验到喜极而泣、过度兴奋、睡眠需求过少，身体自己发出不舒适的"体验"警告时，需要控制过度喜悦和欣快行为，避免走火入魔。

总之，当体验到无趣、压力、困惑、负能量、不舒适和痛苦，尤其是持续痛苦时，就暂停当下的活动。然后，按以下步骤学习七个转身，这些转身的方法是接纳痛苦和战胜痛苦的制胜法宝。

具体七转身策略：

（1）按下暂停键，停止不断体验痛苦。方法：a.拍自己大腿，因痛觉法终止；b.小享乐，放松自我；c.标识物法，利用一个随身佩带的物品赋予"它"积极的信念，当精神痛苦时，可以借助"它"的信念平抚伤痛。

（2）静心体会自己的痛苦，接纳痛苦，采用长跑、健身、冥想、倾诉等方法缓解。

（3）感知内心意愿，转向新的小困难（与原来的事无关），尽可能调动周围一切资源（亲人、朋友、心理医生、物质），发挥自身各种内在动力和力量挑战新的困难，体验挑战过程的幸福。

（4）感知做不到，就接纳现实。转个身，换一个自己能够做、希望做和感兴趣的事情，此事情最好和原来的困难相关。如夫妻闹矛盾，配偶不接受你的关爱或者道歉，尝试去关心自己的孩子或者配偶的父母，获得新的爱的情感体验，常常原有的夫妻矛盾就迎刃而解。

（5）遇到挫折，需要把指向外界的心转向自己的内心，觉察自身人性的弱点，接纳并且修正。

（6）转向新的希望，改变原来情感体验的方向，重新体验新的"被爱的幸福""安全感的幸福"，增加内心的积极能量，朝着自己自由选择的正能量方向前进。

（7）转向执行力，在行动中，感知和再认知自我，做到"行知合一"。

七转身策略依次涉及以下心理技巧：

（1）不让痛苦在时间上延伸和持续，不让痛苦在空间上漫延和扩大化（专业俗语泛化）。

（2）接纳的心态。痛苦本无好和坏之分，痛苦本身具有积极意义。

（3）不回避痛苦，敞开心扉直面痛苦，相信自己和亲人，敢于请求他人帮助。

（4）体验自己内心之所向，激发自己内在的动力和优势人格。

（5）敢于修正自己，在逆境中找到生存的价值，在"逆境"中成长。

（6）给予自己"小希望"，勇于在黑暗中，给自己点燃一个火炬。

（7）执行以上能够做的，当下能够做的一切，哪怕只是微不足道的一点点。

第二节　体验"安全感幸福"的内在能力

安全感的构成密码就是情感（A）、思维（T）、信心（C）、行动（G）的有机组合。体验安全感取决于内在能力，包括情感独立能力（A）、开放式思维（T）、积极信念（C）、抗挫折能力（G）。

一、情感独立能力

情感独立是安全感的核心来源。

情感独立性不足或者受损者，首先需要进行原生家庭抚育方式、相互人际三角的情感体验的认知，有利于认知自身的红黄蓝情感不安全感人格，甚至父母的不安全感人格特征。

情感能力来自原生家庭，认知原生家庭的情感模式和情感结构，是为了更好地认识自己。原生家庭就像镜子，是看清自己情感特征的一面镜子。这面镜子的好坏，不能成为逃避现实痛苦的借口，是给你自己照着镜子和另外一个自己对话的基础。原生家庭不是宣泄痛苦的玻璃墙，否定或怨恨原生家庭的关系，带来的是持久的不成功叛逆，是自己内心的脆弱和痛苦来源。如果把原生家庭看作一面玻璃墙，发泄式地打烂这个玻璃墙，只会伤害自己的手和自己内心深处的情感，更加看不清自己（参看图4-5）。

大家尝试把以下四个两两相关的问题，请家庭每个成员回答。

（1）双方①各自写出对方的十个优点和缺点。

目的：双方认同优点、缺点给自己学习。

（2）双方各自感受到的情感体验如何？（每个人常把自身感受臆测为对方的体验）

（3）各自需要对方采取何种方式表达爱意和关心？

建议双方每天有十次赞美言语或动作。

（4）与对方相处，各自需要改变自己什么缺点？

（改变自己，才是真的爱自己和爱他人）

获取以上信息，首先必须两人私下沟通，禁止一家多个人在一起讨论四个问题，否则有时出现情感的相互误解甚至新的情感伤害。按照获取的四个问题的资料，汇总制作成家系关系图或者三角关系图，利于自己今后再认识自身的原生家庭关系模式。两两之间的情感体验和分别感受的关系可以完全相反。如妈妈可能认为自己全身心爱着自己的女儿和为女儿操碎了心，女儿却认为从来没有体验到妈妈的爱，或者体验到的是被控制感、压抑、被情感绑架等，宁愿自己没有这样的妈妈。

其次，情感独立，需要经过成功叛逆（详见第六章第三节），方能够找到表达自己各种情感的体验，才能够成为情感独立和自由的自己。因为人都有成为自由和独立的自己的本能驱动力，这也是

① 双方指的是自己和孩子、配偶、自己的爸爸、自己的妈妈两两关系。

体验幸福的本能，就如同生的本能一样。所以，不成功的叛逆常常成为持久的不良叛逆，或者没有在青春期叛逆将会出现延迟性叛逆。

小高的丈夫，就是典型温水型家庭成长的男孩，爸爸妈妈宽容、温和教育，从来没有与自己的爸爸妈妈出现叛逆，较为依恋父母，表现较为迟钝和憨厚。小高在恋爱期就感到舒适温暖，可是结婚后，感到对方没有上进心和人生抱负，像个大男孩，下班经常一个人打游戏，没有家庭担当、责任心较低。在小高的不断的指责下，开始出现和小高的情感叛逆。在他们的家庭婚姻治疗中，在和老公换位体验争吵和挫折中，小高第一次意识到自己的好强压迫了老公，老公的反抗力较弱，退缩到游戏的虚拟世界享受安慰，小高开始降低自己的好强。小高老公第一次认识到自己缺乏情感独立性，受不得老婆小高的指责，感受到不舒服，不知道如何反抗。在治疗中诱导和鼓励他积极表达自己的意见，不怕争吵，敢于面对问题，敢于接纳小高的负面情绪。在情感释放数次后，小高老公重新认可小高，也重新认识自己的父母，小高重新认可老公，使得小高老公的成功叛逆基本完成，夫妻关系修复，自身社会工作动力增加，开始协助做家务，勇于承担孩子的教育。

再者，直面生死的情感体验。没有经历生死场景或者亲身体验者，难以获得直面生死的情感体验。经历生死分离的体验，就是一次灵魂的拷问，越是亲密关系者的生死分离，越容易导致精神创伤，反噬原本拥有的部分情感独立能力。

　　海风，男，46岁，四年前，独生儿子11岁，因急性脑部疾病，经ICU抢救无效去世。从小父子俩亲密无间，经常嬉笑打闹，儿子乖巧，学习优异，父亲经常为儿子感到骄傲。此事对海风产生极大的精神创伤，他后悔自己粗心大意，责备自己对医学的无知，渴望儿子的存在。此种情感分离的痛苦一直在他的心里萦绕数年，并且保留既往孩子住过的房间，没有丝毫改变，也不允许其他人进入。海风是个工作能力强，情商较高，敢作敢为，有较好安全感的中层干部，在单位工作成绩突出，深得单位赏识。此事后，逐渐出现工作积极性不足，常常独自以泪洗面，知道不应该这样却难以控制，近一年，经常无故出现咽喉梗住和不自主收缩，经过检查无任何器质性疾病。在意象治疗中，发现触碰到儿子的场景，就会出现喉部不舒适症状。海风已经出现创伤后精神心理疾病，存在抑郁障碍和抑郁的躯体形式症状。经过系统足量足疗程药物治疗，抑郁情绪改善，理性告诉自己必须接纳孩子的离去，但是，喉部收缩症状始终不能缓解。为此，他重新搬家，也有幸再次生育了一个女儿，喉部收缩症状间或出现，提及儿子的相关性事情，仍然体验到痛苦和难受。可见，生死离别的体验造成创伤的严重性，导致原本情感独立性尚可者，丧失原本拥有的情感能力。海风在后期反复系统认知和意象心理治疗下，明显好转，并且彻底停用了抗抑郁药物。

二、如何建立积极开放式思维

近百年各种心理治疗学派层出不穷，如何理解和合理应用各种成熟的心理治疗方法？根据本人长期临床心理治疗体会，疾病诊断种类、来访者的年龄、受教育程度、心理症状特征、情感人格特征都是选择心理治疗方法需要考虑的因素。心理症状的产生不是先天存在的，都是从怀孕期开始或出生后逐渐产生。

个体成长期较为温暖，潜意识爱的感受和幸福感较多，信念和价值观较积极，较少负性不自主念头。个体原生家庭的情感体验、社会经历、自我内化到潜意识的痛苦和心理创伤通常是最原始和最深层次的心理症状的原因。在此基础上，容易产生扭曲的信念，继而出现不自主的念头、不能自拔的痛苦。

在成年后出现挫折或者创伤，通常表现为不自主地思考和不良思维，再派生出不自主情绪障碍和不良行为。心理症状存在级联传导性，潜意识痛苦和心理创伤为最深层次症状，向下传导，引起扭曲信念，再向下逐级传导依次引起不自主念头、不自主负性思维、不良情绪、不良行为。

逆行传导也是可能存在的，但是通常影响较少，且极少跨级别传导。如因一件事件导致痛苦体验，引起不自主否定自我思维，可能会间断出现不自主"无用""不行"等否定念头，但是，极少因为一次生活事件导致原本积极信念的改变或者扭曲为黑暗信念。出现这种信念翻转式改变的人，通常在潜意识和既往经历中有隐藏的心理创伤，事件只是激发了潜在的巨大痛苦，从而突然扭转信念。最终端或表浅的心理症状不良行为，长期存在可转化为潜意识和自我心理创伤，因此形成心理症状的闭环式传导的相互影响。

各种心理治疗方法改善心理症状的着重点存在差异，从弗洛伊德的精神分析治疗到华生的行为学治疗，不是直线发展关系，是呈现一个以潜意识和心理创伤为始发点的环形的相互影响和递延关系。各种心理治疗方法在治疗不同级联的心理症状时，对临近的心理症状产生相互作用，高一级心理症状改善都会影响所有低级的心理症状。如不自主负性思维改变，对不良情绪、不良行为改变具有积极作用，同时对不自主念头改善也有作用，但不自主负性思维改变较难影响扭曲的信念和潜意识痛苦体验。最高级别的心理创伤修复，各种心理症状均会改善；最低级别的行为症状改善，通常只缓解情绪症状，短期不良行为症状改善，不可能修复潜意识痛苦体验。"只要功夫深，铁杵磨成针"，行为治疗贵在坚持，需要主动性、积极性、有信念的坚持。

1. 行为治疗

就是通过合理、积极行为训练，改变不良行为，从而反向作用于不良情绪，减少不良情绪，再修正不良的认知思维，但是离过去的不良体验和潜意识最远。原生家庭幼小时期情感创伤，导致潜意识里的痛苦或者严重抑郁者，已经丧失行为动力，很难产生效果。通常行为治疗适合轻度情绪障碍或者特异行为矫正或者恐惧症脱敏治疗。行为治疗在他人强制性监督治疗下，治疗本身即是痛苦。它需要自我思维产生积极的认知，产生主动性和自觉性的行为治疗，方能产生效果。就像行为心理学家华生自己按照行为学严格教育孩子，效果不仅不好，还给孩子带来极大的不安全感，酿成孩子抑郁自杀的悲剧。在家庭教育中，很多家长同样像华生一样犯着错误，在教育中压制了孩子们的天性，束缚了孩子们的自由体验和创造性体验。

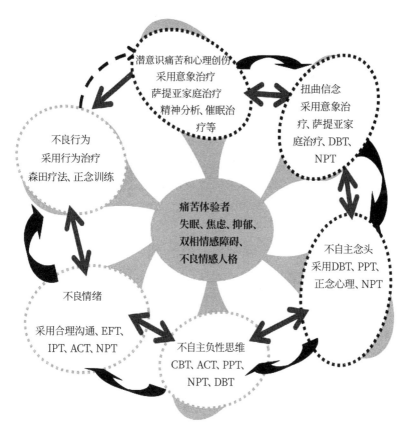

图4-4　心理症状级联传导和对应治疗方法示意图

图注：弧形箭头表示心理症状的级联传导性，潜意识痛苦和心理创伤为最深层次症状，向下传导，引起扭曲信念，再向下逐级传导依次引起不自主念头、不自主负性思维、不良情绪、不良行为。

虚线箭头表示反复不良行为，才可能转化为潜意识的痛苦体验和心理创伤。

双箭头表示各种心理治疗方法在治疗不同级联的心理症状时，对临近的心理症状产生相互作用。最低级别的行为症状改善，通常只缓解情绪症状，但是，持续的积极行为会通过级联逆向改善潜意识痛苦和心理创伤，从而改善所有心理症状。

深色虚线圈代表较难治疗的症状，通常涉及严重抑郁、焦虑和双相情感障碍。

浅色虚线圈代表较易治疗的症状，通常涉及轻中度失眠、焦虑、抑郁。

灰色背景图指向中心表示各种心理症状和心理治疗均指向痛苦体验的获得和消除。

特殊情况下，看似运动可以产生根本性疗效。电影《阿甘正传》里，主角阿甘在受到情感打击后，毅然决然环全国跑步三年，不仅疗愈了抑郁，还实现了自我价值。在跑步前，他首先知道事实已经发生，不可能扭转，只能接纳失恋的痛苦；其次，产生了跑步可以暂时麻痹痛苦的感受；再者，在跑步的行为治疗期间，他关键是学会了"放下"，感受到自然的魅力，体验在途中被人认可和爱的感受，爱的能量不断给他受伤的心灵充电，自然就有了动力继续跑步；最后，他形成了积极的认知思维，学会表达自己的善良和爱的情感。

这一疗愈特征，是王阳明心学"知行合一"的反证，属于"行知合一"模式。"行知合一"的"行"就是持续当下的积极行为活动（安全感幸福的密码G）。"知"就是在持续行动中，感知内在的情感体验（安全感幸福的密码A），改变自己原有的不良认知模式，形成新的积极思维模式（安全感幸福的密码T）。积极思维不断和情感体验碰撞，产生自己有价值的信心和信念（安全感幸福的密码C）。这一过程，符合后现代心理学派—行为生态心理学的观点。

一个中重度抑郁或者焦虑的来访者，在个体心理治疗初期直接进行行为治疗，通常难以成效。因其没有动力执行布置的行为治疗训练，常常认知和行为分离，做不到"知行合一"。在认知治疗、内心痛苦的清洗后，来访者逐渐形成一定的积极认知模式，接纳了自我和痛苦，行为治疗才能顺利执行。在行为治疗中，坚持"行知合一"模式，可以有效改变自我。

2.合理的沟通和表达

众多人际关系能力提升的书籍，均建议合理沟通的方式和价值。通常包括三个步骤：①评估。评估双方当下的压力、情绪和环境。②沟通。双方感受的沟通，倾听对方的情绪和感受，表达自己的感受，形成情感联结。③重构。双方新的认知建立，再做出合理行动和反应。

《非暴力沟通》[1]为合理沟通与表达，提供了精准的方法和实用价值。书中指出，在沟通前的选择方向，不正确地责备自己和指责他人的方向必须纠正。然后按照体验、感受自己和他人情感的方向进行沟通。沟通表面是相互思想的碰撞，以期达到某种一致的意见，其实质是相互情感体验的交流。

首先听到不中听的话时，我们可以有四种选择：

（1）责备自己：一味地认可他人的指责，责备自己的过失、缺点和无能。敢怒不敢言后的自责，责备自己的懦弱、胆怯、矛盾，都是伤害自己，常导致失眠、抑郁、焦虑。

（2）指责他人：对他人的指责、批评、评论以及分析反映了我们内心的需要和价值观。如果我们通过批评来提出主张，人们的反应常常是申辩或反击，那么相互的争吵和暴力沟通自然出现。

（3）体验自己的感受和需要并表达：用心体验自己当下的感受，表达自己的情感体验，在和对方产生共情或者共鸣后，清晰表达自己的需求。如果直接说出我们的需要，其他人较有可能做出不良情绪反应，当然也可能做出积极的回应。但是，直接表达总比自责和他责要更加积极。

（4）体验他人的感受和接纳对方请求：沟通中能够体验到他人的情感感受，激发自己换位思考和体验，自然容易接纳对方的请求。如果体验到对方的负性情绪，在给予耐心的倾听和一定宣泄的

---

① 马歇尔·卢森堡著：《非暴力沟通》，华夏出版社，2018年8月版。

条件下，让对方体验被关爱和被帮助，激发对方积极感受，达成共识或婉言谢绝。

该书也指出个人情感成长会经历三个阶段：

（1）"情感的奴隶"——我们认为自己有义务使他人快乐。

（2）"面目可憎"时期——此时，我们拒绝考虑他人的感受和需要。

（3）"生活的主人"——我们意识到，虽然我们对自己的意愿、感受和行动负有完全的责任，但无法为他人负责。与此同时，我们还认识到，我们无法牺牲他人来满足自己的需要。

合理沟通不是总是宽容或者退让，也不是懦弱或者委屈。合理沟通的原则是无论社会角色的高低贵贱，双方人格都是平等的。按照六段式模式进行合理沟通：

（1）具体事例：沟通前首先需要搞清楚具体的事实和数据、事情的来龙去脉。遇到问题，不要毫无根据或者有事实不表达，直接表达不满的情绪或者自己的判断和推测，导致对方的情绪激动和不满，误会就会叠加误会，问题不可能解决。更加不能直接表达需求和欲望，造成对方的不理解、不满意，同时，容易给别人攻击的理由。

（2）感受性语言：讲完事实和具体问题，就需要讲自身面对当下问题的感受，可以是难受、委屈、不开心或者是愤怒、焦躁、恐慌或者是无奈、迷茫等各种体验。不隐藏或掩饰或压抑自己的感受。这是合理沟通最关键的一步。

（3）关心赞扬曾经的或当下的对方：在需要和对方达成共识或者得到对方帮助的前提下，学会肯定对方既往的优秀品格和积极行为。在没有矛盾和痛苦体验状况下，可以赞赏当下的对方品格，为进一步沟通打下基础。

（4）自己的需求：清晰表达自己的需求、思想或者判断，等待对方的反应。

（5）体验对方的感受和需求：这是最需要语言技巧和最难做到的一步。等待对方反应的同时，尽可能诱导其展示自己的感受与人性的特点。这里需要学习倾听的能力，倾听最关键就是不带任何意见和判断，全盘接纳对方的情感体验；需要开放式语言的技巧，总是能够说出"你感受到什么？""当时发生了什么？""发生了哪些事情？""你认为为什么？"这类话语，尽可能减少封闭式语言"是不是？""行不行？""好不好？""同意还是不同意？"这些选择问句。

（6）达成共识去执行：经过上述五步沟通，双方表达了自己的感受和需求，体会到对方的感受和需求，通常可以达成共识，然后去认真地执行，解决面对的问题。

在经过前五步沟通无效情况下，可以再次表达新的感受（2），再次诱导和体验对方的感受（5），重复自己理解的对方的观点和价值观（4），静待对方再次需求的表达和人性特征的展示（5）。因为不是人人都具有极高心理素质和爱的能力，在表达感受（2）和诱导对方表达感受（5）三个循环后，仍然不能形成共识，不能进一步执行，因为通常其中一方具有较明显的不自知、过于自恋或者道德品格不良、不安全感强烈的人性弱点。感受到愤怒和委屈的一方，此时，可以根据对方已经展示的人性弱点和不道德之处，有的放矢地表达愤怒和攻击。合理沟通的基本前提是不压抑、不退缩。

训练法：

把以下简短语言修改成六段式合理沟通语言。①

① "我觉得你不爱我。"

② "如果你不和我打招呼，我会觉得你不在乎我。"

③ "你真可恶。"

④ "我想打你。"

⑤ "我觉得我被人误解了。"

⑥ "我是个没用的人。"

⑦ "你将公司机密文件放在了会议室，太令我失望了。"

⑧ "你这么说，我很紧张。我需要尊重。"

⑨ "你来得这么晚，让我很郁闷。"

⑩ "朋友叫我外号让我很难过。"

我们选择第⑦句话进行示范修改。在治疗中询问来访者，体会"你将公司机密文件放在了会议室，太令我失望了"这种表达会产生什么情绪反应和相应的回答。"好强"（红色）特征者，感受到的是"他责"，这么恶劣的老板，我立即就辞职，炒了他的鱿鱼。现实中，好强者我行我素，经常和领导争吵或者压抑愤怒、转移愤怒。"依赖"（黄色）特征者，容易感受到的是"自责"，认为都是自己的粗心大意，真是自己没用，这点事都做不好，只能道歉或任凭老板发泄情绪，只能忍着被贬低了，如果被辞退也没办法：此

———————————
① 例句摘自《非暴力沟通》。

后做事谨小慎微，畏首畏尾，有压力大的感受。有个来访者，甚至直接退缩性认为，自己太无能了，没脸再来上班，直接退回家中。"回避"（蓝色）特征者，感受到的是不以为然或者麻木或者表面的应付，通常不会主动辞职。现实中出现过度独处、不沟通、敷衍了事、表面讨好型行为。

修改的具体六段式如下：

"你将公司机密文件放在了会议室。"（具体事实）

"我感到很危险。"（表达自我感受）

"平时你做事挺认真和仔细的，是否今天身体不舒服？"（关心肯定对方）

"今后不能犯这样粗心大意的事情。"（表达需求）

"你自己说说今天发生了什么？对此事有何感想？"（询问对方感受和需求，等待对方的倾诉和表达）

"这样的低级错误很危险，会导致你的失业和我的管理犯下重大责任，以后决不能再犯，一起想办法制定更加稳妥的保密制度。"（达成共识并执行）

上述心理治疗的来访者，听到这样的合理沟通，无论是哪种红黄蓝人格特征者，都表示："这么暖心、通情达理、有担当的领导哪里去找？""如果有这样的沟通，感受到的就是舒心，会促进自己反省自己的不足，敢于承认自己的错误，尽心尽责做好以后的工作，绝不辜负领导的期望。"

3. 积极开放式思维

阿尔伯特·艾利斯的认知行为治疗（CBT）到斯蒂夫·海斯接纳承诺认知治疗（ACT），到玛莎·莱茵汉的辩证认知行为（DBT），再到塞利格曼的积极心理学，都主要属于理性心理治疗，都是有关改变"认知"为核心理论的心理治疗方法。每种认知治疗的实操性均有较好的部分，这也是为什么CBT可以广泛推广，被作为抑郁症治疗国际指南的一线I级推荐的原因。

积极思维的培养和建立，可以缓解不良情绪的表达，促进合理沟通的表达，激发正能量行为的执行。积极开放式思维的建立基础是接纳不自主的负性情绪和痛苦体验（接纳痛苦）、学习不自主念头的捕捉和消除不自主念头（全盘接纳）、看清原生家庭镜子里的自己（分析自我）、体验原生家庭的情感和当下的体验（自我觉察）。

接纳承诺认知治疗（ACT）强调的是接纳，辩证认知行为（DBT）强调全盘接纳，全盘接纳已经暗含精神分析的接纳原生家庭和自我，DBT和积极心理学都强调自我思维的辩驳或反驳不良思维，建立积极思维。这些新的认知心理治疗已经不像CBT那样，仅仅局限在对不良认知的纠正上，而是把深层次的既往经历、情感挖掘出来体验，在此基础上建立积极开放式思维。DBT和积极心理治疗已经不仅仅包含理性心理治疗的技术，同时，具有明显的感性心理治疗成分。

结合四种认知心理方法，我归纳出操作性较为实用的积极开放式思维训练的三部曲。

训练法：

（1）负性和痛苦思维发掘（认知和接纳）

①不好的事情。

②背后的想法和不良思维形式，包括：负性思维、绝对思维、对立思维、直线思维、假定思维、否定思维、矛盾思维、陀螺思维、黑洞思维。

③这些想法推测出什么不良后果?

（2）反驳自己

①反驳自己（进一步接纳）

a.找不良后果的证据，找反驳不良后果的证据或者其他可能性。

b.不良后果的暗示什么?

c.有何用处?

②其间采用积极思维（建立积极思维）

a.肯定对方或者这件事。

b.肯定自己的特点和优点，并且表达。

c.转换思维：小坏防大恶，直接转换不好事件为有价值的事件。换位思考，体验双方感受和需求。

d.先降低自己，找到自己人性的弱点并且修正；再找到对方人性的弱点并且原谅他或者指出他的弱点，必要时可以合理攻击。

e.最后肯定自己的未来、希望或者能力。

③空椅子或照镜子法（意象治疗、自我ETF）

a.木偶法或者空椅子法，是意象治疗和情绪释放技术。首先全程闭目想象空椅子上坐着情绪的自己或者感到愤怒的对方，想象中，让空椅子上坐着的人先说话，虚拟的自己或者"他"说完，停顿5秒钟，然后现实的自己，回归理性，采用积极思维和自己或者"他"对话，可以起到类似"倾诉""自己和自己协商"的效果。

b.照镜子法，需要看镜子里面的自己（情绪不良的自己）眼睛，对话转换，需要停顿3~5秒钟，闭上眼睛，呈现理性的自己，用理性的自己安慰情绪的自己，这涉及自我内省、自我觉察、情绪释放技术。反驳与指责可以交替，不超过三个循环，超过三个循环，必须采用立即停止的行为惩罚方法阻止重复思维。行为惩罚方法包括橡皮筋弹手腕法、拍痛自己大腿等方法。

（3）执行正能量行为（行为治疗和反馈感受）

①自己和自己协商好，是正能量结果就去执行，是负能量结果就暂时放在一边。

②执行后，激发出何种积极感受。

③发挥拥有的优势性格。

④执行积极思维的正能量行为。

以下是案例小枫写的积极开放式思维的两次心理作业（经其授权），有关如何放下纠结"孩子健康问题"[1]。可以看出两次作业之间，积极思维的形成。

作业为：接受事实—改变思维结构—新的目标（当下）—如何达成。

---

[1] 背景资料参见本书第41页。

作业1　2018年12月11日

不良思维：

故事/实际情况：

　　每次出去都会无意地留意一下其他孩子的头型，会看看自己孩子与其他孩子的区别，感觉越来越强烈了，与其他孩子相比，自家孩子的头型确实偏长一些，后脑勺没有睡好，突了一小块，与同龄孩子相比就感觉多了2cm左右，整体看上去就觉得是长了，这让我特别纠结。从生完宝宝之后，我充满信心相信一定能把第二个孩子的头型睡好的，可是事实却不是这样的，达不了预期目标。对我的能力表示严重怀疑，问我为什么又这样了，对自己实在太失望了，以致现在做什么事都不能再对自己抱有太大的信心，害怕做了也是失望的结果。每天都觉得很对不起孩子，没有给孩子一个好看的头型，讨厌这样一个自以为是的自己，自己做什么也是失败的。其实曾试过努力，我在生孩子前，我试图要求妈妈过来帮我照顾宝宝，可是话刚说，结果又像以前一样，又被妈妈拒绝了。我很难过，可是又没办法，只能这样了。

　　就这样什么事都自己扛，以为自己肯定会做得很好，可是一个月又一个月过去了，三个月很快就过去了。快到孩子五个月的时候，才有人跟我说孩子的头长（平时都是自己一个人带孩子，没有人帮忙带孩子，所以认为宝宝头型是没任何问题的，老公对于这个也不会过多干涉）。于是从5月份开始在网上疯狂地看关于头型的图片，日日夜夜都想着头型是怎样一回事，我不知道我的孩子出现什么问题了，很害怕还无助，感觉没有人理解我，天天没日没夜地去看，去对比，整个人都处于一种极度压抑、疯了一样的状态，想极力挽救的一种状态，非常害怕，怕害了孩子。

到了7月中旬，在偶然机会下看到了一家头型纠正机构，所以满怀期待地去了做检查。数据出来了，结果让我很难过，说一切正常，数据很好，说没问题。这样让我更加困惑了，更加不知道什么是标准，标准是什么，医生叫我回家平时多注意一下睡姿就可以了。当时感觉医生的判断有严重问题，怎么会没问题？宝宝又不是他们对着，我天天对着有问题我不知道！我感觉问题很大，不会没有问题，所以回到家继续不死心，又继续搜索资料验证我的孩子头型是有问题的，发图片给医生验证我的观点，把宝宝的问题反映给医生，希望能把问题及时解决。

很不容易又过了一个月，到了8月底终于熬不住了，又一次到了纠正中心做了一次扫描（前后三次），结果还是说没问题，之后无奈地回家了，多次与医生交谈，问能否纠正，其间情绪多次失控，那时的我是完全不清楚孩子的头型与其他的有什么区别的，摸不着边，内心特别痛苦，认为孩子是有问题的！认为医生不明白当母亲的感受，我很难受！所以我不管后果如何，对医生的判断表示质疑，并强烈要求医生无论如何都要帮我定制纠正头盔，我认为孩子戴了就一定会好起来的，不会被别人说了，内心的纠结也会解开，这样我的第二个孩子也不会被别人取笑了。可是事与愿违，医生还是说数据没问题，没达到需要纠正的程度，没办法定制，也不建议做。就这个问题我们在中心纠结了很久很久，可是我认为还是没解决我内心的问题！为了让老公不要担心，我还是压抑内心的痛楚！

本来以为这事就这样结束的，可是之后又发生了更离谱的事，这让我很迷茫，感觉连自己也不知道自己在做什么。本来回家了，想好好带孩子出去一起吃顿饭。可是到达目的地后，病又犯了，下车后，在门口看到其他很多孩子的头型，感觉与自己孩子的差别甚大，当时瞬间就感觉头昏脑涨了，感觉自己不知怎么回事，就是觉得很痛苦，很痛苦，认为我的孩子的头型肯定出了大问题，越看越长，认为好的头型并不是这样的，好害怕，好害怕，好害怕！老公见状，脸色立变，脾气一下子就来了，我很害怕，没见过老公这样发脾气，当时他话也不多说，转身就离开，也不管我们了，说受不了我，饭也没吃就开车离开了。开车途中说了很多不理智并带有恐吓的话，听着他的话我更加恐惧，他说以后这个家他不管了，说把家里所有钱拿出去全花光不留了，不回来这个家，开车撞死算了等等这类伤人的话。我没办法，我很伤心，我很痛苦，我根本不知道我究竟是怎么一回事，我不知道可以怎样做，情急之下又一次拨通了纠正医生的电话，希望还可以做出最后的努力（几番交涉之后，那医生已经害怕我了，微信也不复了）。医生仍旧说孩子的头型没有问题，建议我去其他地方去检查。没办法了，当时只能强忍着内心的痛苦跟老公商量，说回家跟家人谈谈，看看他们的想法。之后在姐姐的劝告下，陪同我看了心理辅导，确诊患上抑郁症。

为什么担心/生气/伤心

害怕孩子会受到伤害，很想保护她，不想让她被别人嘲笑，欺负，看不起。生完第二个孩子感觉很压抑，压力很大，认为自己一定能把孩子照顾好，不会出任何问题，可还是事与愿违了，对自己太失望了，不再对自己抱有太大希望，不再对自己抱有信心，也不再相信自己的能力，所以出现这事之后才会过度担心，想尽力想办法努力去挽救，害怕又错一次，害了孩子一辈子！

担心思维是如何产生的

自从生了儿子之后，就开始与老公分房睡（到目前为止也快有十年时间了），生完儿子那段时段都是自己面对孩子的睡不好的头型，现在女儿也是，需要我独自面对，没有人在床边给任何意见，感觉老公太信任我了，而根本不清楚原来我还是没有把孩子的头睡好，所以因这个让我内心充满自责，责备自己为什么又没能把这事情办好，感觉对不起他，对不起孩子！为什么又会重蹈覆辙，又一次历史重演！这样让我内心简直崩溃了，两个孩子都没把头型睡好，我的责任！我没有给孩子一个好的开始！（以前爸妈两人就是分开睡的，所以沟通上存在着极大的问题与矛盾，而且越演越烈。）与老公之间也存在这样的情况，很多时候我是非常渴望能和老公坐下来好好聊聊天，可是我们基本的状态是几个月下来我们聊的话几乎只有一两句或者没有（没怀女儿前一直处于这样的一种生活环境中），我们平时只要一聊天，商量事，老公的态度也会像妈妈一样沉默回避，选择离开的方式回应我，说我不成熟，不想理

重建幸福力

156

睐（这是没生孩子前的他，现在的他态度改变了，会耐心地听我说，不会像以前那样用离开的方式来对我，可是我还是会觉得老公太包容我，过于保护我，不让我受任何伤害）。

总结：

a. 过度担心：担心孩子不会像其他孩子一样拥有美好的童年，感觉孩子与其他孩子有差别，害怕以后幼儿时期受到老师的不公平对待，怕被其他家长和孩子排斥。

b. 绝对思维：认为我现在看到的，也一直会这样，认为现在就等于将来，我认为有问题就是有问题，而且问题很大。

c. 否定思维：否定他人的判断与能力，否定医学的判断，认为别人是错的，认为自己的判断才是正确的，过于固执己见，不听劝说。

d. 直线思维/惯性思维：认为现在是这样，孩子以后也是这样子了，认为自己的想法一定是对的，就固执地坚持自己的想法。为了达到目的，不管结果如何，努力想方设法让别人赞同自己的观点和想法，会不经意控制别人的思想来满足自己的欲望，其间情绪会失控，控制不住自己的思维。看事情只看到片面的，不可能看到未来，害怕面对事实的真相，拒绝面对痛苦，怕面对之后，内心承受不了过去的伤痛。

能不能不担心：找到不担心的支撑点

看到孩子我没有过多的担忧或者其他负面的情绪，这是因为：

（1）我要相信医生，科学的数据就是最好的权威，反复回想医生说的话，医生说孩子的头型很好，不必再担心，我要把头型忽视掉，不再往这方面去想，想着孩子长大以后一定会好的。

（2）相信事情总有两面性，不要单一地想问题，要朝好的一面去想，孩子很好，没任何问题，很可爱，头型也很好看，去肯定孩子，那以后孩子肯定好看。

（3）同样要肯定家人的付出与努力，不能怪责自己怪责家人，学会感恩，肯定别人的能力。

我如何思维（积极思维）：

（1）要学会接纳过去，接纳痛苦，改变自己过去的不良思维，积极乐观有目标地去生活。

（2）分散自己的注意力，把所有精力都放在家庭上，管理好家里的大小事务，照顾好孩子的起居饮食。

（3）相信孩子，也相信自己，给自己一个机会，重新开始，面对新的生活。

总结：

a. 积极思维：要学会接纳过去，接纳痛苦，改变自己过去的不良思维，积极乐观有目标地去生活。

b. 肯定思维：努力积极面对所有事实，相信孩子以后会变好的。

c. 相对/转换思维：相信事情有两面性，要学会从多方面思考，不能单一地想问题，学会聆听，听取接纳他人的不同意见。

作业2　2019年4月1日

开放式积极思维：

故事/实际情况：

　　周末带孩子出去郊外游玩，基本每次都会用拍照这样的形式记录一下。但每拍一张女儿的侧面照，就会从照片中看出头型的问题非常大，感觉每个角度拍摄都有问题，照片拍出来的头型显得特别长，特别窄、尖，特别特别难看。

　　我感到特别纠结，感觉头型越看越有问题，焦虑不安的感觉又突然出现了，心情变得很不好，对所有事物都不太感兴趣，只好勉强地游玩，不敢让老公知道。

　　一直不敢面对孩子头型不好看的问题，拍照时发现孩子低头的时候后脑勺会显得更尖，后脑勺部分比别人要长、窄，这让我特别自责。之前一直跟自己说会变好的，不用担心，可是事实却一直狠狠地打击着我。外出看着其他女孩子扎着可爱的小辫子，每个孩子的头型都睡得很好看，唯独自己的孩子睡得这么难看，这让我更加自责，因为自己的问题把女儿头型睡成这样，这样的头型会跟孩子一辈子，非常非常担心孩子以后与其他人不一样，因为外观上被别人看不起，会不被看好，会受到不一样的对待。就是因为自己不正确的照料，孩子以后就要受这样的罪。

能不能不担心：找到不担心的支撑点

　　看到孩子我没有过多的担忧或者其他负面的情绪，这是因为：

　　（1）肯定女儿头尖的好处和价值

我要肯定头长、头尖的好处和价值，头尖戴帽子好看，头尖的人做事执着。

（2）肯定自己是个好妈妈

我要肯定自己是个好妈妈，告诉自己不能天天提心吊胆的，过度担心地生活，适当地给予孩子爱，共同和孩子成长，呵护孩子，宠爱孩子。应该做一些有意义的事情，做一些自己喜欢或者有意义的事情，或者做对孩子学习上有帮助的事情，让孩子不要跟我小时候一样，我应该给他们温暖和肯定。

（3）转换思维

作为妈妈的我应给予我的孩子爱、温暖，让孩子获得自信，敢于面对自己的不足。

（4）先降低自己，肯定对方，肯定自己的未来

①我必须先要降低自己，意识到我自己本身是有毛病的，因为从小就不被家人肯定，所以我从小自己也就犯下不喜欢肯定自己的毛病。所以自然会把不安全感转嫁给孩子，不肯定孩子，要认识到自己是有毛病的。

②我要肯定女儿的头，肯定头长、头尖的价值，头尖戴帽子好看，头尖的人做事执着。

③我要肯定自己的未来，爱孩子，鼓励自己，让他们健康成长。

总结：因为小时候

（1）因为小时候没有得到安全感，所以一直自卑地生活，否定自己的生活，小时候没有得到爱，所以没有得到安全感。孩子以后长得怎么样不重要，关键是有没有安全感和自

信，有了安全感和自信，就会形成自己的幸福。天天给孩子不安全感，否定孩子，说孩子丑，头型不好，这种焦虑情绪就会传染给孩子，反而让孩子从小和自己一样产生不安全感。如果从小给孩子建立安全感，无论以后长成什么样也不重要，因为孩子已经有了安全感。

（2）定义自己很幸福。如果天天定义痛苦，就会天天活在痛苦中，定义自己很幸福，有两个孩子，孩子各有他们的特色，肯定孩子，体会真正的幸福。

（3）不能犯下妈妈同样的毛病，喜欢去比较，否定孩子，否定孩子的能力、形象。变成妈妈一样，就会像妈妈一样要求孩子，这样有杀伤力的爱，就会让幸福失去，不能重蹈覆辙。去比较的结果很痛苦。我要改变自己的态度，重新定义，追求自己的幸福，用积极思维改变痛苦，改变当下。

（4）学习亲子教育，爱自己，用温暖的爱去给予孩子，建立孩子本我的自信，让孩子自控，让孩子培养自学能力。自知不足，要有自知，现在所做的一切都会害了孩子。

以上案例在完成"积极开放式思维训练"时，经过训练逐步修正了自己内心的冲突和纠结。结合分析他们家族每个人的红黄蓝不安全感人格的各自特征，看清自身、孩子、丈夫和父母之间的关系，原来执着的不自主扭曲信念和不良思维模式得到极大的改善。

《塞利格曼的幸福课》[1]书中提到积极心理学的10个疗程作业，其中多数疗程作业不仅具有理性心理治疗，而且具有感性心理治疗成分。

---

[1]　[美]马丁·塞利格曼著：《塞利格曼的幸福课》，浙江人民出版社，2012年11月版。

积极心理疗法的10个疗程

疗程1：缺少或缺乏积极资源（积极情绪、品格优势以及意义）会引起并维持抑郁，使人虚度一生。作业：来访者写下一页纸（大概400字）的"积极介绍"，讲述一个具体的故事来展示自己最出色的一面，说明自己如何使用了最强的品格优势（如坚毅、善良、勇敢、宽容等24个优势）。注解：有感性的叙事心理治疗的技术渗透此作业。

疗程2：自我思考好事和坏事的记忆在抑郁症中分别起的作用。对怨恨和痛苦往事念念不忘会使抑郁持续，同时降低幸福感。作业：来访者写下怨恨和痛苦的感受，以及它们如何加剧了抑郁。注解：自我倾诉和接纳痛苦。

疗程3：写一封宽恕信，描述自己曾遭受的伤害及相关情绪，并（仅在合适的情况下）表示要宽恕这个罪人，但不需要寄出这封信，给我即可。注解：情感释放技术渗透此作业。

疗程4：探讨感恩。作业：来访者给一个自己从没有充分感谢过的人写一封感恩信，鼓励你将这封信亲自递交给那个人。注解：强化情感体验和联结。

疗程5：讨论来访者的福分日记以及如何发挥他的品格优势，再次强调培养积极情绪的重要性。注解：体验自身小确幸和内在的正能量。

疗程6：我们讨论这样一个事实："知足者"（这已经够好了）比"完美者"（"我必须找到最完美的妻子、洗碗机或旅游景点"）能带来更多的幸福感。我们鼓励来访者做个知足者，而非完

重建幸福力

162

美者。作业：来访者总结提高满足感的方法，并设计一项个人满足计划。注解：强调"放下"欲望和体验幸福的感性体验。

疗程7：我们用解释风格来讨论乐观与希望：乐观风格总是把坏事视为暂时的、可以改变的、局部的。作业：来访者回顾三个塞翁失马、因祸得福的例子。注解：积极认知的核心。

疗程8：来访者找出对他很重要的其他人的品格优势。作业：我们辅导来访者来对别人的好事做出积极主动的回应，来访者还要和自己的重要他人安排一次会面，称赞自己和他人的品格优势。注解：社交中相互尊重和社交行为促进阳光人格的价值。 涉及人本主义心理学、行为学、社会心理学技术。

疗程9：我们讨论品味，将它作为一项使积极情绪更多更持久的技巧。作业：来访者计划一些愉快的活动，并按计划开展这些活动。我们向来访者提供一系列具体的品味技巧。注解：积极行为强化感性的幸福体验。

疗程10：来访者可以给别人一份最重要的礼物——时间。作业：来访者通过做一些需要一定时间并且能使用其品格优势的事情，来赠予别人时间的礼物。注解：让他人体验到自己给予的爱，提高自身感受时间的体验。

在小枫的案例建立开放式思维同时，进行了整合的萨提亚"转化治疗技术"——"期望的转化"，积极心理治疗"宽恕"作业。

（1）萨提亚的"转化治疗技术"——"期望的转化"作业：

a. 希望从父母那里获取哪些期望？

b. 这种期望当年价值何在？现在的价值何在？

c. 作为当下的成人，你需要什么？渴望什么？

d. 如何独立自我？

e. 自己内心想做的是什么？

f. 如何不活在过去，真正为自己而活？

（2）塞利格曼的积极心理疗程3：写一封宽恕父母的信给心理治疗师。我修改了疗程3的要求，融合了疗程2+3，加上意象治疗接纳原生家庭、接纳痛苦和接纳自我。

我修改"宽恕的信"具体要求：

a. 过去经历的痛苦；

b. 自己的怨恨；

c. 看到双方（原生家庭和自己）相互给予的价值；

d. 体验到双方（原生家庭和自己）的情感联结；

e. 接纳原生家庭；

f. 原生家庭是看清自己的一面镜子（看清自己，接纳自我），而不是发泄的玻璃墙（伤害自己和破碎原生家庭），见图4-5（来源于来访者的作品）。

g. 认可或者接纳你怨恨的对象，去宽恕他们。

图4-5　接纳原生家庭和宽恕怨恨的对象

以上认知心理治疗和积极心理治疗，通常并不能完全解决严重的抑郁症和焦虑症患者的内心痛苦。针对这类来访者，在药物足量足疗程干预的前提下，首先采用感性心理治疗方法，如意象治疗、萨提亚家庭心理治疗、情绪释放技术、精神分析治疗可以缓解和清洗这些患者的深层次情感痛苦，再结合积极开放式思维训练，促进内在痛苦的接纳和转化，激发积极行为，再反馈到内心体验，如此循环往复，多数严重抑郁和焦虑来访者，均可以疗愈。

三、积极信念

信念是指人们由于对某些事物、观念抱有坚定的确信感和深刻的信任感而形成的意识倾向。信念就心理过程进行分类可分为信念认知、信念体验与人格倾向。信念会使个体意识到或唤醒意志行为，意志行为从来源上讲它是对自我的本能本性（无条件反射与条件反射）的意识与唤醒的结果，是个体本能本性中可与其行为志向、志趣相统一的结果，或者说是个体意识到的有益于实现其行为志向、志趣的结果，没有信念也就没有个体的意志行为。[①]

信念涉及认知、体验和人格，从而影响意志行为。获得安全感的幸福需要个体内在的积极信念支撑。悲观的信念者，在压力或者危机下，极易产生不自主念头、负性思维、不安全感的痛苦体验和负能量行为。积极的信念者，在压力和危机下，较少不自主念头，较多正念状态和专注当下的感受，利于积极开放式思维的形成，体验到安全感的幸福，激发正能量的行为。

蕾秋·乔伊斯的小说《一个人的朝圣》讲述内心愧疚的男主

---

① 摘自林崇德等编：《心理学大辞典》。

角哈罗德，步行到627英里外的城市，探望患有不治之症的好朋友奎妮。哈罗德的童年生活是没有温暖的。他不被重视，甚至遭人嫌弃，没人关心，几乎感受不到来自父母的爱。父亲是退伍军人，经常酗酒，没有经济能力和社会地位，母亲承受不了这样的生活就弃他们而去。少年的他成为单亲父亲家庭，父亲生活堕落腐败，动辄打骂，没有给他人生增添丝毫的积极信念。他逐渐形成了"少说话、多忍耐、做分内之事、封闭自己情感就是安全"的扭曲信念，退缩在社会的角落里生存。成年后的哈罗德，变成了一个孤独、胆小的人，不善沟通——不和朋友沟通，不和老板沟通，不和妻子沟通，不和儿子沟通，逃避一切。仅有善解人意的奎尼这一个朋友。被老板诘难时，默不作声，没有丝毫勇气。儿子落水的时候，都激发不出自己救孩子的行动，儿子考上牛津大学，也激发不出他的赞扬和喜悦。妻子需要爱，他也无法温暖表达。儿子自杀后，他内心的愧疚和痛心的感情没有表达，也没有给予悲恸的妻子安抚行为。哈罗德呈现的是典型的"蓝（主）黄（次）红（弱）"外冷内热型情感不安全感人格。

他徒步探望将要去世的朋友，这位曾经唯一给予自己温暖和肯定的朋友。曾经温暖他的友谊，点燃了他一个压制的信念"应该用行动表达自己的关心"。徒步行走，表面看是寄予朋友"奎尼"继续生存的希望，传递了勇敢"生"的力量。内在原因，是哈罗德愧疚于儿子的自杀，怨恨自己是一个"缺席的父亲""失败的丈夫"，内疚自己的无能、痛恨自己的懦弱。在徒步过程中，在那些不断相遇而又离开的陌生人身上，他学会了倾听，也学会了把藏在内心的回忆拿出来倾诉，甚至学会了释怀。在徒步后，开始感受到陌生人的无私帮助和爱，逐步获得社会媒体的关注，感受到社会的认可，感受到自己传递了的希望和少许积极能量，感受到妻子没有彻底漠视自己，感受到勇敢表达"爱"的体验，最终夫妻感受到相互的爱和依恋。逐渐他那颗麻木的心开始感受到被爱的体验，感受到爱他人的行动的力量。在一个人徒步中，逐渐成为一个向着自己内心之路，向着爱和被爱的互动，向着自己幸福体验的圣殿，一路朝圣，在晚年收获了整个人生。哈罗德在不可能实现的徒步中实现了不可能的事情，不仅仅完成了徒步之路，还从内心改变了自己的情感体验和扭曲的信念。在友情的情感激发下，产生行为动机和行为治疗，通过持续正能量行为，逆向（如图4-4的双向箭头）促进级联反馈，符合"行知合一"的理念，逐渐触动哈罗德的潜意识创伤和修复了他扭曲的信念。哈罗德通过行动中的感知、觉察、体验，从一个没有情感体验和没有情感表达的人，转变成能够表达关心、尊重、爱，能够接受他人给予的关注、关心、认可、被尊重、爱。从一个拥有"忍让、少交流、少反应、少对抗、少体验就是安全"的扭曲信念的人，转变为"勇于表达、积极用心体验、热爱生命、直面生死就是人生的真谛"的积极信念者。

积极信念的原则是："不会让他人和自己感到痛苦，让自己和他人都可以获取正能量的坚定的价值观。"

四、抗挫折能力（逆商）

逆商（Adversity Quotient），简称AQ，一般被译为挫折商或逆商。心理学家认为，一个人事业成功必须具备高智商、高情商和高挫折商这三个因素。在智商都跟别人相差不大的情况下，挫折商对一个人的事业成功起着决定性的作用。所谓"逆商"是人们面对逆境，在逆境中的成长能力的商数，用来测量每个人面对逆境时的应变和适应能力的大小。逆商高的人在面对困难时往往表现出非凡的勇气和毅力，锲而不舍地将自己塑造成一个立体的人；相反，那些逆商低的人则常常畏畏缩缩、半途而废，最终一败涂地。

逆商严格意义上来说是情商的一部分，但由于它在人生事业成功中的特殊地位，美国职业培训师保罗·史托兹提出了逆商这一概念。他认为逆商包括四部分：控制感、起因和责任归属、影响范围和持续时间。控制感指人们对周围环境的主观控制能力。面对逆境，控制感强的人会尽力改变环境，控制感弱的人则只会逆来顺受，听天由命。起因和责任归属指造成我们陷入困境的原因。高逆商者往往能够清楚地认识到使自己陷入逆境的原因，并愿意承担一切责任，积极采取有效行动，痛定思痛，在跌倒处尽快爬起来。影响范围指困境的负面影响对我们生活的影响面有多大。高逆商者通常能够将某方面逆境所带来的消极影响降至最小，他们不会因为工作中的逆境而影响家庭生活。持续时间指我们主观上认为逆境所带来的负面影响所持续的时间。逆商高者往往相信困难只是暂时的，很快就会过去；逆商低者则会认为逆境将长时间持续，他们甚至会因此丧失努力改变的希望。①

高挫折商不仅在工作中具有价值体现，在人际关系中、在自身疾病中、在危险应激环境下，都能体现高挫折商的价值。高挫折商尤其与安全感的获得密切相关。在战争中，在生命安全受到威胁的状况下，高挫折商者不逃避不退缩，不会通过享乐来麻痹自己的挫折体验，能够精准判断、果断决策、不畏艰险、勇于挑战、敬畏

① ［美］保罗·史托兹（Paul Stoltz）著：《逆商》（*Adversity Quotient*），中国人民大学出版社，2019年3月版。

重建幸福力

生命、直面生死。在2020年疫情期间，高挫折商者，如金银潭医院张定宇院长为代表的白衣战士，表现出勇敢和担当、博爱和独立情感、坦然面对的阳光人格。

高挫折商如何培养?

挫折商高者除摒弃以上负性情绪的范围扩大化、时间持续化、事件逃避性、以享乐麻痹痛苦的四个方面，更加需要拥有独立情感能力（安全感密码A）、开放式思维（安全感密码T）、积极信念（安全感密码C），尚需要自知、自信、自控、自学能力（技能）四种能力。在这些能力的支持下，抗挫折能力（安全感密码G执行力）就会表现出立即行动、不畏惧、不莽撞、不骄不躁，表现勇敢、冷静、宽容、平和等极高的水平（见下图）。

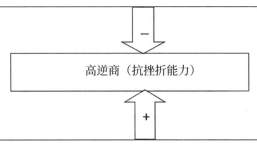

（1）**自知**：人需要自知，才能够产生符合自身的情感表达和行为，才能够知己知彼百战不殆，才有可能做到"知行合一"。自知可以通过静心反思内观认知自我，同样鼓励通过周围的亲朋好友认识自己。

（2）**自信**：自信就是自我认可的体现，经过了成功叛逆，常常可以获得自我认可。自我认可的核心还是情感独立性，尤其是接纳不良事件的能力，还包括各种社会能力的认可、自我身体的认可、坚定的信念、自尊。自尊可以分为四个层次，最低层次是无自尊状态，对应于不自信、委曲求全、阿谀奉承。现代社会极少存在绝对无自尊状态，就是监狱的囚犯，同样需要给予应有的自尊。第二层次是依赖外界给予的自尊，就是依靠名权利或者他人的评价获取自尊。这是多数人获取自尊的方式，在外界条件未满足或者自身欲望没有满足时，就会失去自尊，即自信。在自以为总是能够满足的条件下，产生自信心高涨、自以为是，容易错误低估风险，容易伤害周围的人，同时，获得虚假的自尊。当失去外在条件时，当受到挫折时，常常像钢化玻璃一样突然自尊和自信心崩溃。第三层次的自尊是依赖自我独立定义的积极价值。心理学家弗兰克的自传《活出生命的意义》[1]讲述二战时期，自己在无自尊的奥斯维辛集中营，如何依赖自我定义的利他行为和自己感受到的生命的意义，产生自尊，活出自信。第四层次自尊是无条件自尊，此自尊的获得是自然而然的体验，无须任何条件。持久幸福力和幸福体验者、忘我和无我者，才会拥有无条件自尊。

（3）**自控力**：《自控力》这本书，不仅谈到自知，更加详细描述了如何培养意志力和自控力。知道自己"我要做什么""我不要做什么""我想做什么""我能做什么"，尽可能把"我想做什么""我能做什么"融合为一体，挑战"我要做什么"，直面那些不是很在行或者不太感兴趣或者必须面对的困难。有了自知自控能力，战胜困难和挫折的意志就明显增加，实现精确判断和精准施策。

① ［美］维克多·弗兰克尔著：《活出生命的意义》，华夏出版社，2018年1月版。

（4）自学的能力：因为有挫折，必然存在技不如人或者认知盲点。自学的能力可以较快提高社会技能，更重要的是可以产生自由掌控感，可以产生学习兴趣，从而增加意志力和自信心。在挫折中，找到知识或者认知盲点，自学或者主动请求他人帮助学习，都是抗挫折最重要的内在能力。

其中，自学社会技能是重要的抗挫折能力。面对困难时，需要的专业技能或者寻找专业技能人才，是当今社会面对挫折、战胜挫折的条件。没有实际的技能，高挫折商就是停留在纸面上的讨论和虚拟的假象。面对挫折，不仅需要战略上藐视它，还需要战术上重视它，才能够真正形成高挫折商。在2020年疫情期间，奔赴武汉疫情前线的白衣战士，能够在前期大量医务人员被感染的挫折下，做到4.2万名医务人员零感染，靠的就是重视和熟练掌握防护技能，靠的是自我的自信和积极信念。每个社会成员都需要拥有自己的社会技能，最好是自己"想要"、自己真感兴趣的技能，付出真心和努力，拥有自己的技能，提高抗挫折能力。

抗挫折能力低者，常常表现出比如怕雷声、怕黑暗、怕登高等。之所以怕这些，并不是他没有能力，而是主观心理上的恐惧，是潜在的不安全感。以"黑暗"为例：

　　　小元，女，18岁，1岁成为留守儿童，青春期开始，反复出现情绪低落，睡眠障碍3年。长期害怕黑暗，不敢一人在家。近期，高三成绩严重下降，喜欢做西点烘焙，却被父母批评为不务正业，感受不到父母的尊重，感受到人生极大的挫折，更加害怕"黑暗"，属于黄（主）蓝（次）红（弱）被动依恋——

柔弱型不安全感人格。在心理治疗中通过以下步骤提高她的安全感，提高她的挫折商。（1）自知：认识到自身恐惧"黑暗"的心理，来自幼小时期晚上一个人在家中的孤独；看清自己"我不要孤独""我要亲密关系的依赖和陪伴""我想要独立""我担心自己无法独立"这些意志力之间的矛盾；分析自己的红黄蓝人格特征。（2）接纳"孤独"：孤独是自己内心恐惧的对象，反复用心体验父母给予的爱的感受，勇敢地用心体验孤独，不执着于即刻消除孤独。（3）自信：相信自己的能力，树立积极信念，建立自身独立的生存意义和奋斗方向。（4）探寻自己的真兴趣和真爱好，专注发展自己爱好的社会技能学习，提高自己好强（红）的特征。（5）在家长不支持的条件下，自学喜爱的"西点烘焙"技术，把高中学业的努力和实现自己做"烘焙师"的愿望结合起来。小元逐渐体会到被父母爱的感受（安全依恋），敢于表达与父母不一致的意见（减少回避），很快激发出学习动力和自学的兴趣（好强增加），做出较好的西点作品，文化成绩上升，自己对于将要来到的高考，自信心大幅提高。

抗挫折能力高者，常常表现出勇敢、大无畏精神、自控力强、自我强大、独立生存意识等特征。高挫折商的核心是情感独立性，其中需要大爱之心、仁爱之心。斯巴达战士表面抗挫折能力极强，但是，内心情感独立性缺乏，尤其缺乏被爱的体验和仁爱的精神，在集体无意识自恋中，最终种族灭亡。

经典的电影《斯巴达300勇士》反映，斯巴达男人在7岁后被交给政府，从小就接受严格的军事训练和残酷的野外生存训练，培养坚强的意志力和战斗力，成为勇敢的战士，以一敌十，非常勇猛。母亲知道儿子很快就要分离，因舍不得而给予溺爱，能够获得较好的基础安全感。父亲知道训练的残酷性，必须具有坚强的体魄才能活下来，于是给予严格训练，缺乏父爱，缺乏人际安全感。他们从小就接受父母倒错的爱，并且过早与父母分离，成为近似孤儿的原生家庭。7岁后的集体训练过早体验社会的残酷竞争，具有极高人际关系不安全感。在经过残酷训练后，获得自控和自我独立生存能力，同时经历了同伴被过度训练而死，在竞争中被残杀的场景，逐渐封闭自我情感，极度麻痹自己人性"爱的体验"。

这样的成长环境，大多数人被强化了好强（红）或冷漠（蓝），铸就了红（主）蓝（次）自恋—他责型不安全感人格或者蓝（主）红（次）的冷漠—讨好型。少数人，始终和真心爱自己的母爱有连接，形成蓝（主）黄（次）的外冷内热型。更重要的是，在与母爱分离后，每个斯巴达战士都被灌输死得其所的信念，灌输了斯巴达人是最高贵高等的民族、周围被统治的民族都是劣等人的观念。他们认为只有自己拥有足够强大的外在力量，才能获得社会尊重和地位，为家园和母亲而战斗，为民族安全而战是自己的天职。这些理念和二战时期希特勒的"日耳曼人是优等民族"理念极其相似。但是，他们内心的情感缺乏爱，就不具有阳光人格，外表的勇猛或残忍，其实是过度自恋，是人性的毁灭。

斯巴达人的成长训练理念来自斯多葛学派哲学[①]。斯多葛学派强调建立自我的信念，建立守护亲密关系安全的信念，然后才制定严格的自控行为锻炼、完美性要求。中国朱熹提倡的"格物致知"

---

① 　[英]朱尔斯·埃文斯著：《生活的哲学》，中信出版社，2016年11月版。

具有类似理念。这些理念不足之处在于：（1）目标和目的性太强；（2）利他局限在亲密关系和族人；（3）过于强调自我自控和完美；（4）情感体验被忽略；（5）个体人性自由的压制；（6）狭隘集体主义意识。这些不足恰恰导致斯巴达人民族的灭亡。

斯巴达人信仰的神是赫拉之子战神阿瑞斯，阿瑞斯也被称作是军神，这也和斯巴达人好战、残忍的习惯有很大的关系。在斯巴达克人的后期成长中，存在过于残忍和非人性的军事训练，因为从童年后期就缺乏母爱的互动，仍然存在渴望母爱而不可即的感受。成年时，内心的恋母情结已经不允许表达，情感被压抑，情感表达爱的能力不足，因而结婚后的夫妻亲密关系不足，情感表达能力和自由意识不足。在残酷社会战争的影响下，多数斯巴达战士成为僵化、暴虐、残忍的战争机器人，集体呈现自恋型或冷漠型不安全感。当需要捍卫母亲的安全和斯巴达民族的安危时，可以表现出异常的勇敢和独立抗挫折能力。斯巴达战士只是拥有为斯巴达民族而战的国家意识，极少有为自己内在的情感体验而战的意识。翻看历史可见，斯巴达人总是在维持自己高高在上的民族体验，不和社会其他民族平等、尊重、友爱地互动，没有社会人群情感的流动，自然就会成为孤芳自赏的民族，总是担心被压迫的民族反抗，因此，出现过度军事化的民族管理，斯巴达人是典型民族"不安全感"的外在表现，最终在世界的舞台上谢幕。

当今世界同样存在民族"不安全感"，虽然这个话题不是本书讨论的主题，但是，从分析斯巴达人的民族"不安全感"的方法和视角，来分析个体的不安全感人格，就会更加清晰地看到，没有"爱的体验"，就没有生命的意义，只能成为僵化的人。一味追求外在名权利的强大，获得过度"自由"体验，没有内心世界的安全感，享乐和欲望就会不断膨胀，最终不是被社会自然惩罚，就是被没有限制的"自由"毁灭自身。

情感体验较麻木或失去了自我情感体验的人，其表现的"安全感"为集体无意识的自恋式强大，在不可战胜的困难面前容易集体无意识恐慌。二战时期，德国法西斯分子在希特勒自恋人格的影响下，出现集体无意识的强大表现。在被苏联红军扭转战况和联合国军队追击下，出现集体无意识恐慌，很快就溃不成军，自动投降。总之，没有体验到爱的人，意志力行为训练不会获得真实的安全感。拥有爱的能力和基础安全感的人，进行意志力行为训练，具有较多的安全感获得。在获得人际安全感期间，爱的连接不能中断，否则严格地自制自控，带来的是自我人性的消磨，是丧失自我。

没有独立的情感体验能力，谈何个体自我"安全感"？一个被过度溺爱或者过度压抑主动性或者被控制欲较强的父母情感绑架等，缺少独立表达爱、愤怒、拒绝、勇气等情感的能力，当然就缺乏接纳负面情绪的能力，就失去了独立面对挫折的机会，难以形成抗挫折心理、独立性方面的心理体验。

第三节 修正不安全感人格，树立阳光人格

每个人出生就存在人格特征，在后天成长中，均会形成不安全感人格的红黄蓝组合，同时逐步出现阳光人格的勇敢、独立、平和。不安全感人格和阳光人格在个体身上是共存的，只是显现的时间、对象、频率、场所、环境有所不同。

不安全感人格的特征因人而异，修正不安全感人格的策略，却有相应的规律。

我们以几个案例阐述不安全感人格的识别、修正和阳光人格的培养。

天郁和天真是同胞姐妹，天郁是妹妹，天真是姐姐，有一个哥哥。父母婚姻早期感情尚可，爸爸事业心较强，工作积极努力，成为当地最富有的人之一。

天真为长女，出生时爸爸妈妈感情和睦，从小被爸爸溺爱，需要的物质没有不被满足的，在童年时感受到爸爸妈妈的爱。天真天性活泼开朗，学习成绩时好时坏，爸爸妈妈从不指责。在小学时，感受到父亲的情感矛盾，知晓父母关系不良，不管不问。在成长中，逐步形成红（主）黄（次）蓝（弱）的

热情—控制型不安全感人格特征。初中贪玩，高中时期通过努力考上二本大学，认识了第一个男朋友，相处的感受不错。感受到对方的真情爱意，可是，男朋友的家庭经济条件较差，当时年纪小，感到对方没有经济能力被自己依赖，朋友们也说，他们门不当户不对，可能是看上天真的家产，于是主动和对方分手。分手后，曾经短暂伤心过，很快被新的事物转移了不良情绪。大学毕业，在行政单位工作，开始第二段恋爱，对方强势，有男子汉气概。恋爱时期，找到依赖感受和被爱的体验。婚后，天真在家里表现有爱心、浪漫和强势，同时，要求和控制老公要按照她的标准原则生活。但是，老公也是较为好强（红主）的人，对此不予理睬，两个人经常争吵，互不相让。天真感受不到家庭的温暖，找不到曾经爸爸给予的宠爱、呵护和体贴感受。天真在遇到情感挫折后，心理防线感到崩溃，开始经常泡酒吧和朋友们玩耍，消磨时光。老公反复劝阻，效果不佳。其间天真已经怀孕，却还出去喝酒，被老公愤怒辱骂和推搡。自己感到委屈万分，离家出走，在朋友家居住。在此期间，认识新的男朋友，出现情感依恋，于是闪离原来家庭，闪婚新的男朋友。在新婚前，新任老公要求她流产才能结婚，于是忍痛流产了6个月的胎儿。在流产后，自己亲眼所见初步成形的胎儿，感到刻骨铭心的痛。 第二次婚后不久，再次出现夫妻关系不良，老公感受到此人没有责任心，就想从自己原生家庭获取财产，没有得逞，就移情别恋，再次伤害了天真。再次离婚后，天真感觉情感痛苦，主动辞职，封闭自我情感，也不和爸爸妈妈沟通，为了减少痛苦，沉迷于游戏、酒吧、赌博的自我享乐和自暴自弃中，开始转变为蓝（主）红（次）黄（弱）

的冷漠—讨好型人格。在赌博中，欠下大量赌债，为此内疚而不能自拔，实行自杀行为被救，来接受心理治疗。在足量使用药物后，精神症状部分缓解，但仍时有情绪波动，沮丧、自残和兴奋暴躁交替发生，没有明确生活和工作方向。在治疗中，通过了解原生家庭的关系结构，天真认识自身的不安全感人格特征，认识自己的优势人格和人性的弱点。意识到自己潜意识中依赖父爱，又不愿意接纳父亲情感的不完美；认识到"在恋爱和婚姻中，反复出现过度要求配偶完美性，同时，看不到自身的控制欲强、自以为是、我行我素的没有责任心的缺点。在痛苦体验中，采取的是逃避行为、享乐式或堕落行为，逐渐转变成蓝色主基调情感人格"。嘱咐其在现实中开始重新树立好强（红色）人格，专注当下的律师考证和职业规划，加强和父母、亲人的情感沟通。在引导执行期间，时有痛苦情绪和暴躁行为，执行力不足或偏离轨道。在意象治疗中，反复进行情绪释放、自我内心世界的修正、清洗既往的痛苦体验、接纳自己和原生家庭、宽恕自己和爸爸过去的一切。在此期间，尽管爸爸的企业经营已经今非昔比，爸爸毅然决然地卖了家里的房产，帮助天真还清赌债。看着爸爸变老了、变驼了的背影，再次感受到爸爸的呵护。引导天真体验愧疚于心的感受，然后，放下自己的内疚，主动依恋爸爸的温暖，成为独立生存的自己，以此尊重爸爸和回馈爸爸的爱。天真的情感体验和沟通能力逐步恢复，主动体验原生家庭的关爱，自知自我控制力明显改善，意志力逐渐增强，对未来的信心和希望重新点燃，能够专注当下的学习和生活。其间再次出现情感波动，放不下曾经的过去，好强的人格迫使她不断纠结自己的自以为是，情感人

重建幸福力

178

格在向黄（主）红（次）蓝（弱）的主动依赖—温柔型特征转化时，受到极大的阻碍。虽然她开始意识到寻找自己内心感觉对的人，是需要不断地改变自己，向着安全依赖型的状态改进，但是，常常力不从心。天真父亲始终未参与家庭心理治疗，呵护和溺爱天真，没有进行父女情感分离。近期天真再次出现"病理性赌博"行为。

天郁在家排行最小，出生时爸爸妈妈感情开始不和睦，爸爸基本不在家，从小被爸爸忽略和漠视。在童年时感受到妈妈的矛盾性的爱，有时对自己关爱，有时对自己无故发火和打骂。天郁天性安静乖巧、懂事，学习成绩优秀。在小学前，就看到妈妈独自流泪，感受到妈妈情感的痛苦，看到父亲和其他女性的亲密关系，对爸爸厌恶和排斥。知晓父母关系不良，内心要求自己做个乖女儿，避免给妈妈带来麻烦。在家中，经常不理睬爸爸，甚至对抗，导致爸爸在物质和情感上长期忽略她。在成长中，逐步形成蓝（主）红（次）黄（弱）的不安全感人格特征，和家人相处为冷漠型，和朋友交往多数是讨好或付出型。初中、高中喜欢上绘画，通过绘画表达内心的情感，以优异成绩考上名牌大学。大学期间，认识了男朋友，也就是老公，表现温和、随意、听话，相处的感受不错，感受到对方的真情爱意。毕业后，就和老公一起创业，结果创业失败，还欠了债。老公的家庭经济条件较差，不得不请求爸爸代为救济，感到自己颜面扫地，怨恨老公的无能。婚后的创业期间，天郁认为老公没有担当、没有勇气、懦弱、依赖性强。从争吵，到冷暴力，到看不起老公。创业失败，有了孩子。老公没有生存技能，只能在岳父公司就职，导致天郁更加否定自己的老公，直到与老公分居。在此期间，天郁感受到自己的痛苦，多次想离家出走，愿意丢下孩子和老公，独自去远方，多次尝试轻生未遂。在不规则抗抑郁药物和间断心理治疗条件下，天郁逐渐接纳自己的痛苦和现实的状态。在家人和朋友劝说下，在感到孩子依恋的情感后，没有独自远离。反复要求离婚，老公百般屈从和忍让，仍然坚决要求离婚。最终在家人调和下，为了避免孩子感受到家庭的破裂和精神创伤，办理了离婚手续，过上了同屋分居同家庭的生活，天郁抑郁症状明显缓解。

一年后，因为姐姐天真出现双相情感障碍的疾病表现，再次陪同进行共同心理治疗。在治疗期间，开始认识到，自己始终没有认可自己的父亲，也没有感受到父亲对自己的爱和认可，内心对父亲的怨恨一直埋藏在心底深处。在爱情期，老公具有父亲没有的特征，温暖、随和、包容，正是自己内心渴望的父爱体验，两人相互爱恋进入婚姻。婚姻中，把内心假设的理想化的爸爸形象投射在老公身上。因为创业失败，感受不到老公身上具有爸爸的果敢、聪明、热衷于事业的优势人格，渴望被爸爸呵护的安全感，在老公身上同样无法感受。感受到的是老公的无能，是不得不接受爸爸的施舍，感受到的是屈辱。开始不断指责老公的不足和缺点，进一步否定老公的价值和存在的必要性。在此期间蓝色主基调的回避人格凸显，直到和老公离婚手续办完，求得自我深层次情感保护和屏蔽亲密情感交流，方感到安全。在进一步心理辅导中，按照增加黄、降低红的策略，倾听爸爸和老公的心声，重新倾诉自身的痛苦经历和怨恨，重新在原生家庭的镜子里看清自己和家人，不再把痛苦、不怨、怨恨发泄在原生家庭这面玻璃墙上，接纳自我，接纳爸爸和老公，写了宽恕爸爸和老公的信给心理治疗师。在后期进一步心理创伤清洗后，重新点燃生命的活力。天郁的人格特征转变为蓝（主）黄（次）红（弱）的状态，外表冷峻，内心逐渐依赖老公。半年后，和老公复婚，开始了人生第二次爱情故事。她在爱的滋润下，在被自己孩子依赖下，在陪伴孩子成长的同时，在重新体验到被老公爱的感受后，现在已经成长为一个黄（主）蓝（次）红（弱）的被动依赖的娇小柔弱的女性。希望今后进一步降低回避（蓝），再成长为黄（主）红（次）蓝（弱）的情感主动依赖—温柔型。

* * *

两个姐妹在同一个家庭环境成长，因为天生性格的差异、在家庭排行的不同、童年时期父母情感关系的变化、自我体验父爱的迥异，导致两个人后天情感不安全感人格差异明显，一个为典型热情—控制欲型，一个为典型冷漠—讨好型。共同点，均存在自我中心意识和好强的特征，内心对于爸爸理想化的模式均存在，把此理想化都投射到自己的老公身上，导致爱情甜蜜和快乐、婚姻痛苦和失败的反差。经过心理治疗，两个人的不安全感人格，转化和变化的过程和形式不同，最终天郁恢复到增加情感体验和依恋的互动中，形成或向着黄（主）红（次）蓝（弱）的人格特征演变。天真还在处理恋父情绪和进一步清除创伤的治疗当中。

两个人经历了人生的痛苦，痛定思痛，放下自己折磨自己，均希望自己的人生能够获得"安全型依恋（嫩绿）"，然后不断向着阳光人格"勇敢—独立—平和"发展。

在来访者修正不安全感人格期间，需要邀请来访者原生家庭的父母、姐妹共同建立家庭治疗同盟，系统性指导家庭的每一位成员修正自身的家庭角色，与自身的不安全感人格（如案例小梦）。现实生活中，因为各种原因，家庭成员总有不能参与到家庭结构调整和再成长的环节中。如在下面来访者小莱案例，爸爸已经去世，无法配合家庭结构改造。尽管如此，通过分析原生家庭成员的红黄蓝不安全感人格特征，对于来访者来说，已经足以看清原生家庭成员的结构特征和自身的特征，将会触动她内在的情感体验，促使她勇于改变，修正不安全感人格，超越原生家庭的影响，成为情感独立的自己。

小莱，女28岁，自觉天性开朗乐观，职业律师，原生家庭爸爸没有关爱，妈妈给予较多情感联结。以下是首次心理治疗前的个人成长史、情感经历、当下的困惑、个人十个优缺点的原文资料（经其本人授权）。

个人成长史：

四岁前基本由妈妈、外公外婆及阿姨舅舅照顾，奶奶家比较重男轻女，爸爸是家里唯一个儿子，一直就都想让爸妈再生一个男孩，所以小时候不喜欢去奶奶家。爸爸的性格比较多疑易怒，醉酒以后有家暴行为，小时候挺害怕跟爸爸在一起的。七岁的时候第一次劝妈妈离婚，十岁父母离异，办离婚手续期间和爸爸生活在一起，其间爸爸也说过让我去劝妈妈不要离婚。确实这两个月期间他为了我没有喝酒，但是我还是选择跟我妈妈一起生活。父母离异后我很少去见爸爸，总觉得一见面奶奶家的人就说我妈的不好，心里不舒服。初三的时候，妈妈和继父再婚，我与继父交流不多，只觉得他对妈妈不错，可以分担家务和经济负担，所以我也没有什么意见。到高三，父亲突然去世，他去世的前两个月我见过他，那时候就觉得他身体不好，但是知道爸爸去世的时候还是觉得很突然。之后外出上大学，毕业后从东北到广东工作，工作五年。

感情史：

初恋在初二，在一起近七年的时间，大二分手。刚在一起的时候是觉得他很优秀，比我学习好、家境好、长得帅，对我也很好，而且都是单亲家庭，开始的时候他说他母亲去世了，我也很同情，就这样在一起（后来知道他母亲没有去世，是精神状态不好），慢慢在一起后觉得很多地方不可以融合在一起的，比如我会觉得他没主见、性子慢，还对他缺乏信任这些。也确实是我诸多挑剔导致关系破裂，经常会发脾气、有争吵，后来也试着改变这样的状态，但是结果不理想，好像彼此都朝着不同的方向努力，最后快要分手的时候我自己有感觉，觉得走不长了，当他委婉地表达分开的想法时我就果断决定分开，之后他也通过其他方式挽回过，但我没有答应。我当时觉得不能和好的主要原因是因为双方父母，他父亲知道我是单亲以后就对我的家庭状况很不满意，我也多次听到这样的声音，我当时觉得我思考过，这样的状况我俩可能不会走得太远，当时的那份自尊觉得不能允许他家里有这样的想法。刚开始觉得分手以后好轻松，终于不再吵架、不会互相限制，但是后来反应过来也难过了一段时间。

第二段我觉得是我抑郁的主要原因，因为男方有家庭。我刚毕业，当时人生地不熟，开始觉得他是长辈，对他有事业上的崇拜，他对我的照顾我开始没有意识到是男女之间的感觉，也没有什么心理准备，其间也试过搬家断开联系，但是还是决心不够，没断开。但是这件事让我内心很受折磨，我觉得自己在做一件错的事，对不起他的家人，但是又控制不好我自己。在一起的时候他也试过经济上给我帮助，但是我没接受，也跟他说不想有这方面的瓜葛，包括他开始的时候让我跟他小孩接触，我和她女儿感情也不错，但是后来我就觉得不可以，我不想再接触他的孩子，不想把感情变得不可控。一是我觉得我不可能接受他离婚跟我在一起，而且就这样接触他小孩我也觉得内疚，也更觉得对不起他家里，最开始是负罪感占大部分。这种负罪感就让我回忆或者想到许多，总觉得当初如果是另外的选择是不是就不是现在这种状况，包括我会联想到父亲去世，如果说爸妈没有离婚会不会我爸就不会那么早去世。但是现在时间长了我就不只是负罪感，还有纠结、难过，觉得自己浪费了时间和感情，放弃了很多段可能，但是这段注定没有结果的感情，我就这样断不开很不争气，会做选择本来是我性格里好的部分，但是我却没办法做决断，越这样就越怪自己。很长一段时间我不喜欢日常生活，除了工作不想做其他的时候，有假期就睡觉或者在家里不出门。

工作方面：

我之前在做刑事辩护方面的业务。当初决定做这个方向，是觉得自己就算力量微薄也可以为法治作出一点点的贡献，但是实际工作里，就太多无力甚至让我觉得疑问的东西，对案件投入太多没有办法抽离，开始是愤怒的情绪，慢慢会发展成无力、失望还有不断地问为什么的状态。开始觉得工作里找不到成就感，就算是拿到比较好的判决结果可能开心十分钟，但立刻就情绪低落，想一些其他案件里面难做和不可控的部分。

现在我换了工作和生活地，最近也不知道是因为药物的关系，还是因为环境改变了，开始觉得没那么多想法，也不会想很多东西。以前我就是脑子不能停的状态，包括晚上睡觉，多梦，特别多梦，入睡困难，一晚上醒几次，睡不够，睡多久都不够，现在就可以一晚上不做梦，晚上醒的话也可以比较快入睡。但是觉得最近记忆力变差……

缺点：

①敏感；②易怒；③没耐心；④没有恒心；⑤慢热（自己觉得交朋友慢）；⑥固执；⑦控制欲强；⑧悲观；⑨脆弱；⑩容易对他人下判断并且对他人的喜恶表现明显。

优点：

①学习能力强；②因为敏感比较容易感受到周围人的情绪；③愿意帮助别人；④倔强；⑤果断（判断力好）；⑥做事有条理，善于规划；⑦是好的聆听者和建议者；⑧可信赖；⑨率直；⑩独立。

通过以上信息分析，小莱看到自己的原生家庭情感结构，属于近似单亲母亲温暖型的家庭结构，厌恶和不认可亲生父亲，同时，后悔和埋怨自己拆散了父母的婚姻，把父亲的早逝归结到自己身上，过度自责自罪。看到自己在没有爸爸呵护的家庭中，体验不到安全感，内心渴望有个强大的、成熟的、有力的男人给予依靠，因此出现早恋，感受到男朋友的温暖和体贴，形成的情感人格特征为黄（主）蓝（次）红（弱）的被动依恋—柔弱型。没有接纳原生家庭成长中带来的痛苦，自然激发了她内在的情感矛盾。在第一段感情中，小莱就出现把内心虚拟的完美爸爸要求投射到男朋友身上，不断地完美要求对方努力、勇敢、有魄力，给予对方太多的否定——其实是在否定自己内心深处的爸爸。男朋友感受到被控制的压抑，情感出现逃避。两人分手后，小莱不断责备对方的不是，在情感失落后，仍然没有看清自己内心的情感需求，尽管努力工作，事业进步，得到社会认可，但内心依赖的情感仍在发展。

　　在工作生活中，遇到自认为符合内心标准的男性（成熟、有担当、责任心、温和、大方）。但是，对方已有家庭和孩子，知道这一点，自己仍然不能自控地接近对方，主动依靠对方，主动关心对方，对方表示也爱她，逐渐感情不能自拔。随着亲密关系的深入、自己独立性的成长、父亲的缺位，小莱的好强（红）越来越强，此时其黄（主）红（次）蓝（弱）的主动依赖—温暖型情感特征出现。如果对方单身，这将有利于小莱人格向着情感独立的阳光人格发展。作为第三者的身份，良知和道德观不允许自己如此行为，她的内心再次出现折磨自己的痛苦。为了避免亲密情感进一步发展，选择了远离家乡，只身漂泊海外工作，但是痛苦体验丝毫未减，逐渐产生抑郁，呈现出蓝（主）红（次）黄（弱）的冷漠—讨好型特征。这种人格让她在异国他乡过着讨好他人、忍气吞声、不愿意交朋友、孤独的生活。当认识到自身内在的情感是渴望找到父爱，是不认可原生家庭，是希望找到理想化父爱的伴侣，小莱内心开始释然了。她认识到即使和第二段男朋友发展为婚姻关系，婚后还是存在再次否定对方、指责对方的行为。心理治疗中，通过意象治疗清除过去痛苦的画面和潜意识的痛苦体验。引导她，重新认识原生家庭，从这面镜子看清自己，看清自己和爸爸的情感关系，宽恕爸爸，宽恕自己。在意象治疗中，学习到意象中的8种神奇的内在力量，并且把8种神奇的力量付诸实际工作生活中。三个月后，小莱放下了自己痛苦的情感经历，接纳了原生家庭，接纳了自我，体验到从来没有的轻松和释怀的感受。抗抑郁的药物逐渐减少，温暖开朗的个性自然体现，能够执行心理治疗师布置的长跑、冥想、健体的运动，开始敞开胸怀表达自己的情感和接纳他人的爱，再次恢复为黄（主）红（次）蓝（弱）的主动依赖—温柔型特征。小莱在近半年，工作积极，有动力，结识了好几个新朋友，感觉到生活的充实，对自己的未来充满信心。

原创的"意象治疗中的8种力量"

意念中的8种神奇的力量，其实是我们每个人内在都拥有的，在挫折和痛苦中，常常忘记了应用。

第1种，指南针——象征着人生的方向。只要有人生的方向，无论在什么恶劣的环境里，你都不会迷失。现实中，需要树立自己的当下或者远期的人生方向。

第2种，火种火炬——相当于我们的能量，它总能点亮光明，把黑暗照亮。人生中遇到黑暗（问题），其实就是需要我们敢于在黑暗中向前走。每个人的心里其实都有照亮黑暗的能量，只要你生命尚存，什么都有希望。

第3种，铁铲——象征我们的执行力和行动的力量。只要你敢去做，其实都可以去做到。大胆表达和合理处置，不怕失败和别人的评价。

第4种，绳子——象征着宽容隔离。当你觉得有困难的时候，或者你特别觉得某样东西非常讨厌，又不愿意伤害它时，我们可以用绳子把它捆起来，放在一边，可以隔离，甚至转给别人处理。现实环境中，在处理恐惧或者纠结的亲密关系时，早期常常需要隔离，后期需要宽恕。

第5种，白色魔粉——象征清洗、冷静，即放下内心不好的过去经历，敢于暴露自己，清洗自己，把痛苦不安和创伤给清洗掉。它还可以变成水，可以滋润自己，学会爱自己。不要总是觉得自己身边如此黑暗，带着黑暗的心态生活。在心情急躁、愤怒时，此意象可以给予自己平静、平和。

第6种，绿色魔粉——生命的象征。当你觉得自己或者周围的人生命力不够的时候，就要去增加生命力。生命力靠什么？靠我们的运动，靠我们正能量，与开放式思维、亲密关系建立、爱情婚姻传宗接代，养育你的孩子或者小宠物——孩子就是绿色魔粉的象征。

第7种，黄色魔粉——象征阳光和金钱。我们始终能在外界找到阳光，也能找到金钱等物质。人是离不开物质的，不能光活在精神世界，只要用自己的能力去争取物质，那我们就会有底气去活好，去找到阳光。阳光怎么找？只要体验周围人的温暖，就是体验阳光，阳光的温暖包括旅游、去沙滩晒太阳，其实就是幸福，只要我们去体验它就行。所以黄色粉其实还带着自然的意思，只要你去体验自然的世界。

第8种，粉色魔粉——象征爱，我们要敢于给别人尊重，要关心别人，同时敢于接纳他人的关心和爱。首先让自己成为一个更健康的人、心理能量更加强大的人，才可以做到给别人爱，然后也要让自己能够体验到别人的爱。

这8种能力其实都是我们拥有的，运用它们不断地去排除人生的困难，面对内心的自己和改造自我。

阳光人格的培养和表达：

驰名全球的星巴克老总舒尔茨勤奋努力的励志故事，众所周知。从小虽然贫穷，却能够得到爸爸妈妈的爱，感受到爸爸工作的努力和家庭责任的担当。自己8岁时，当卡车司机的父亲出了车祸，失去了一条腿，家庭失去了经济来源。每天的餐桌上，都是母亲捡来的菜叶和打折处理的咖啡，餐餐都难以下咽。失去工作的同时，父亲还失去了生活的信心和勇气，每日借酒消愁，变成了一个酒鬼。只要他稍不听话，父亲便大发雷霆，挨打对他而言就是家常便饭。12岁那年的圣诞夜，家家灯火璀璨，美食飘香，唯有他的母亲因借不到钱而愁眉不展，父亲大发雷霆，骂他们都是笨蛋。无奈的母亲，只得驱赶他们到街上玩。肚子饿得咕咕叫的三个孩子，发现一家商场门口的促销商品琳琅满目，一个念头瞬间在他心中产生，他让弟弟妹妹先回家，而自己一直注视着那罐包装精美的咖啡，他太想让父亲开心一下了。瞅准时机，他快速拿起那罐咖啡塞到棉衣里，却不巧被店主看到。店主大声喊着抓小偷，他撒腿就跑，并回家将咖啡送给了父亲。父亲很开心，打开那罐咖啡，香浓的气息飘溢而出。还没来得及品尝，店主就追到了家里，事情败露之后，他遭到一顿毒打。这个圣诞节对他来说是刻骨铭心的，痛苦的滋味，让他发誓努力奋斗，一定要买得起上好的咖啡。为了减轻母亲的负担，他早上送报纸，放学后去小餐馆打工。只是这微薄的收入还有一部分被父亲偷去买酒，这让他对父亲由惧怕变为厌恶，他们之间很少说话。此后的日子，他为皮衣生产商拉拽过动物皮，为运动鞋店处理过纱线，打过无数零工，只是和父亲的矛盾却一直未变。磕磕绊绊中，他以优异的成绩考上了大学。家里贫困如洗，父亲坚决反对他去上大学，要他去打工挣钱。他咆哮着说："你无权决定我的人生，我才不要过和你一样没有梦想、毫无动力、朝不保夕的日子，我为你感到可耻。"他进入了北密歇根大学，为了节省路费，上学期间他从没回过家，所有的节假日都在打工。他每个月都给母亲写信，却从不问父亲的状况。毕业后，他成了一名出色的销售员，拼搏努力的原因，只是想向父亲证明自己的人生选择没有错。

　　毕业那一年，他挣到一笔可观的佣金，破天荒地给父亲买了箱上等的巴西黑咖啡豆。他以为父亲会很开心，谁知却遭到父亲的讥讽："你拼命上学，就是为了能买得起上好的咖啡？"为了不被父亲看扁，他决心做出更大的成就来向父亲证明。他忙于工作，没有见到因病过世的父亲，后来在整理父亲遗物的时候，他发现一个锈迹斑斑的咖啡桶，他认得那是12岁那年偷的那罐咖啡。盖上有父亲的字迹：儿子送的礼物，1964年圣诞节。里面还有一封信，上面写着："亲爱的儿子，作为一个父亲，我很失败，没能提供给你优越的生活环境，但是我也有梦想，最大的梦想就是拥有一间咖啡屋，悠闲地为你们研磨、冲泡香浓的咖啡。这个愿望无法实现了，我希望你能拥有这样的幸福。"舒尔茨鼻酸：原来父亲如此珍视自己对他的心意。一瞬间，所有的恨意消散，涌上心头的是无尽的悔意。但天人两隔，这种遗憾，如何弥补？

　　昔日的打骂成了珍贵的记忆，悲伤顿时占据了他整个内心。妻子鼓励他说："既然父亲的愿望是开间咖啡厅，那么我们就替他完成愿望吧！"凑巧的是，西雅图有个咖啡馆想要转让，他毅然辞去年薪7.5万美元的职位，盘下了那家咖啡馆，并用短短20多年时间从一个小作坊发展成跨国公司。[①]

━━━━━━━━━━━━━━━━━━━━━━━━

　　通过他的自传《一路向前》，分析他的原生家庭可知，舒尔茨从小体验到爸爸妈妈的呵护和温暖，认可爸爸的工作努力精神，呈现黄（主）红（次）蓝（弱）的情感人格。在圣诞节为了安慰自己的父亲，冒险偷咖啡，显示他的主动依赖—温柔型的情感。在爸爸颓废人生，成为酒鬼后，感受不到爸爸的认可，自己同样不认可爸爸，妈妈同样没有能力给予母爱。存在持续的叛逆爸爸和原生家庭的心理，认为只有不断地变得强大，才不必苟且偷生，不必像爸爸那样颓废。在大学期间，广泛交友，积极勤工俭学，为了获得社会

──────────

① 摘自百度文库和舒尔茨自传《一路向前》。

认可，逐渐成为蓝（主）红（次）黄（弱）的冷漠—讨好型人格。他不轻易和家人交流自己的情感，不认可爸爸和原生家庭，在父亲病重期间，表现了他情感的冷漠。在工作中，积极主动，任劳任怨，尽管压力巨大，讨好型付出自己的热情，但销售事业做得很不错。在工作得到一定的经济和社会地位，家庭中得到母亲的认可、爱情的幸福、婚姻的亲密关系的滋润下，逐渐恢复为黄（主）红（次）蓝（弱）的情感特征。在父亲去世后，发现父亲一直珍藏着自己当年偷来的圣诞节礼物"咖啡罐"，感受到父亲才是真正认可自己和铭记自己爱心的人，舒尔茨的情感人格进一步得到升华。在事业上，促进他下决心买下西雅图咖啡店+星巴克咖啡豆股权，完成爸爸的心愿。在内心情感上，做到接纳爸爸，接纳自己原生家庭，宽恕爸爸，认可爸爸的真情的爱。他从内心领悟到爱的意义，深刻体验到给予他人，包括陌生人、每一个身边的人关心、爱和尊重的价值。星巴克办店的精髓文化就在于给予来访者舒适的交流空间、可口的咖啡，星巴克成为传递情感的媒介。在此创意引导下，让他人感受到幸福，同时让自己体验到幸福的互动。霍华德·舒尔茨在《一路向前》一书中专门用一章节写"慈善之心"时说道："社会责任不该是一个空的概念，也不单纯局限于慈善、捐款，而是与企业的价值观、用人机制、商业模式等息息相关。"舒尔茨在功成名就前，已经长期从事慈善事业。2018年他辞去星巴克董事长职务，专注于社会公共事业和慈善工作。从贫民窟成长的他，深刻理解和体验到勇敢、积极向上、爱的力量、坦然面对成就的价值，他的情感人格已经成为或正向着勇敢—独立—平和的阳光人格方向发展。

　　可见，阳光人格的形成和表达，需要人生的历练和感悟，需要不断地自我修正不安全感人格。

六种不安全情感人格类型，建议按照先成为嫩绿（主）红（次）蓝（弱）安全依恋型，再向着阳光人格（安全感人格）修正。具体每一种类型，给予以下日常训练策略。

不同不安全情感人格的日常训练

（1）红（主）黄（次）蓝（弱）不安全感人格，属于热情—控制型。建议降低好强性格和完美人格。案例小说《飘》的主角斯佳丽在战争和爱情的磨炼下，最终学习到不需要一味追求社会的认可，降低自己的争胜好强（不透明的红色），改变为敢于利他的勇敢行为（透明的红色）。平时多练习书法、中国传统弦乐、太极拳等静心活动。在亲密关系中，减少控制欲，提高自身的情感同理心（黄），换位思考和体验亲人的内心爱的真实需求，学会示弱和低姿态（降低红色），学习倾听，给予耐心和宽容性（嫩绿色）。

（2）红（主）蓝（次）黄（弱）不安全感人格，属于自恋—他责型。此类型是最难以修正的类型，因为自恋，个体主动内省和觉察自我的能力很低。通常需要在人生挫折中，减低好强（红色），修正自恋人格，否则，极易形成犯罪人格或者反社会人格。需要外界能够有较高能量情感滋润，有高能量和权威人士给予关怀、共情，慢慢提高自身情感依赖和被依恋能力（黄色），多进行冥想和反思，才有可能学会自我内省和自我觉察，慢慢修正自恋人格和他责行为。

（3）黄（主）红（次）蓝（弱）不安全感人格，属于主动依赖—温柔型。建议训练情感分离能力和自我独处能力。具体措施包括多参加逝者的追悼会，敢于一个人独自短途旅行，再到独自长途旅行，进行拓展挫折训练（提高绿色或嫩绿色）。亲密关系中，敢于尝试主动和亲密关系短时期中断联系或者减少联系频率，耐心等待他人的请求到来，不轻易主动给予帮助，提高被依赖，形成相互依赖的依恋关系。

（4）黄（主）蓝（次）红（弱）不安全感人格，属于被动依赖—怯懦型。建议加强身体体魄、爱他人的能力和被社会认可的技能。建立自己详细的健身和运动计划，学习演讲和公众表达能力和技巧（提高红色）。学习热情和积极主动对他人帮助，多参加公益事业或者公益活动，体验利他行为中的情感感受和社会价值（提高绿色）。这样"黄色被动依赖"可以转为"嫩绿色的安全依恋"。

（5）蓝（主）黄（次）红（弱）不安全感人格，属于外冷内热型。因为情感的封闭，靠自身难以降低蓝色回避人格。因为难以产生情感共鸣，不容易获得亲密关系，因此，首先必须增加社会认可，培养自身的社会生存技能和价值（提高红色），否则极易都成为被社会抛弃或者众人遗弃的人，较容易转化为被欺凌者或者虐待弱者或者反社会的人格。自身需要在友情、爱情等亲密关系中，学习仪式性表达爱的语言、动作等情感，需要周围亲密关系的积极反馈和主动给予无私的真情关爱。通常在婚恋中情感专一，需要在孩子的抚育中逐渐获得孩子的爱和依恋的反馈，逐步打开自己封闭的情感，逐步获得安全依恋感（嫩绿色）。

（6）蓝（主）红（次）黄（弱）不安全感人格，属于冷漠—讨好型。此类型在亲密关系的情感沟通中存在困难，需要配偶无私的温暖和宽容心（提高黄色）。在和亲密关系相处时，用心体验被爱的感受，敢于学习坦露自己内心的感受，学习仪式性爱的表达、清晰的爱的需求，多营造家庭互动活动（降低蓝色）。建议在人际关系中，改变讨好他人的行为和人格，学习索取或者请求帮忙，减少过多的主动帮助行为。在易获得社会成就的同时，适当进行慈善事业，有利于人格向阳光人格转化（提高嫩绿色）。

从以上建议可以看到，无论哪种类型不安全感情感人格，在人生的成长中都需要提高情感依赖（黄色）或依恋（嫩绿色），降低回避（蓝色），适当调整好强（红色），其中修正的核心力量来自"爱"，包括亲密关系的爱的流动、人际关系的良好体验、博爱的表达。"爱"是一切不良情感修正的原动力，是幸福的源泉。

在目标化和需求论的人生模式下，人们体验到的是压力、冲动、失望和沮丧。能否改变人生的生存模式，让"爱"流动起来，从幸福的7层次角度，体验和感受生活的"正能量"，请不要浪费时间在痛苦中，珍惜每一天每一刻的爱。

幸福7层次论

——被爱的幸福，是基底层

hapter5

第一节　幸福的概念

幸福是什么？每个人的体验和感受可能都不一样，给出的答案也不同。有人觉得，做成一件有意义的事，可能我会很幸福；有人感到，今天我尝到了非常美味的食物，我会幸福；有人感到，今天我获得朋友的赞扬，我也会幸福。这些真的是幸福吗？幸福就是一时的开心或者忘乎所以的快乐吗？幸福就是物质的奖励或者精神的奖赏吗？快乐和幸福之间存在怎么样的关系？幸福的对立面是痛苦体验吗？两者存在如何的关联？

有关"幸福"概念或者"幸福哲学"的书已经出现很多，如《幸福的方法：哈佛大学最受欢迎的幸福课》《破解幸福密码》《活在当下》等一系列书籍，谈到幸福需要"爱心""尊重""知足常乐""活在当下""专注自己喜爱的事业""需要积极社交""积极的心态""战胜困难"等多种不同的概念。极简主义哲学认为幸福就是放弃追求物质生活，极简生活就是幸福。印度哲学家克里希那穆提的《最初和最终的自由》一书[1]中提到的"自由和创造性"是"获得幸福感受"始终需要的核心内容。因为"自由"是体验幸福的本能。人没有自由，就存在压抑，自然存在痛苦体验。

重建幸福力

---

[1]　[印度]克里希那穆提著：《最初和最终的自由》，重庆出版社，2013年7月版。

获得自由必须具有自我独自生存的意义和独立的情感体验，有了自由，人才能够打开心扉，体验幸福，才能具有爱心和创造性。"创造性"是自由、利他性和成就自我的体现。创造性是为社会的大众而创造，具有利他性，同时，是自由和自我社会价值的体现。脱离了社会价值的创造，没有利他性质的创造，都容易产生怀才不遇、不被认可、沮丧、无奈的痛苦情感体验。"自由和创造性"的对立面是"限制和阻力"，它们形成两对矛盾体。

　　自由的需求原本来自人的动物本能。在人类发展中，从追求满足生理自由需求，发展为包含追求物质以外的精神世界的自由需求。限制包括外在的限制和内在的限制。外在的限制可以是外在的时空、社会环境、名权利等各种安全条件，内在的限制来自自己心态、思维模式、情绪反应、行动力等内心的心理能量和心理冲突。获取"自由"关键是认知自我内在的限制，坦然接纳自我内心的冲突，减少内心纠结导致心理能量的耗竭，勇于突破自己内心限制。理性看待"外在的限制"，在突破内心限制的基础上，调动周围资源，顺其自然，解决外在的限制。认知、接纳突破了内外限制，并且把它融合在内心，才能获得"自由"。

　　创造性的需求来自人类作为高级生物的需求。只有体验到自我的创造性，人类作为智能动物，才能不断发展，站在已知空间的生物领域的顶端。作为个体拥有创造性才能发挥自己的潜能，战胜困难，获得不断的"心流"（也称福流），感受到自己短暂生命周期（相对于地球生命周期）的价值。创造性的体验就是需要突破阻力。阻力来自原有自然法则、社会规则、认知结构、情感体验、行为方式的固定模式。每个个体发挥自身的优势人格和可运用资源，按照自己内心所向，探寻自身兴趣，一路向前，在遇到险阻时，他能够有效运用高逆商，突破阻力，实现自我的创造性，为人类社会贡献的同时，实现自我生存的意义。创造性有时甚至不需要突破太多现有的社会框架等，更多是突破自身内在的某个限制和内在心理的阻力，如突破自己"太在意他人的意见"或"讨好型人格"。心理成长，就是需要自我创造性地突破自己的认知结构、情感体验、行为方式的不恰当的固定模式。

幸福都是通过自由和创造性获得，因为隐含着反叛原有的框架和权威、战胜各种困难和挫折的内容，因此，必须接纳和融合"自由—限制"这一矛盾体，需要高逆商战胜"创造性—阻力"这一矛盾体。在解决所有现实矛盾体时，均需要"爱"的力量。拥有"爱的力量"，"自由—限制"这一矛盾体，就不会过度追求自由，不会通过损人利己，获得自由，不会过度压抑自我，不会总是为别人活，就容易被认知、接纳融合为一体。拥有"爱的力量""创造性—阻力"这一矛盾体，才能在高逆商条件下突破，就会出现利他利己的社会认可的创造。两个矛盾体的化解，就将产生安全感的体验，获得持久的幸福（图5-1）。

矛盾体的具体对象可以是名权利、情感、思维、时间、期望、愿望、价值观等，甚至包括人体的诞生。人类生命的诞生，来自父母爱的体验，来自精子和卵子的自由运动，来自它们战胜各种挑战后，创造性地结合在一起。"爱"的存在是幸福前提和永恒的因素，人们所有的幸福都来自"爱、自由和创造性"。

通过对不安全感人格的剖析和追根溯源，我在此提出幸福层次理论：每个人的幸福层次体验不同，可以同时享受多层次幸福。每个人内在都拥有幸福，勇于展示阳光人格，体验当下的幸福。坚定"爱、自由和创造性"是持久幸福的核心内容。

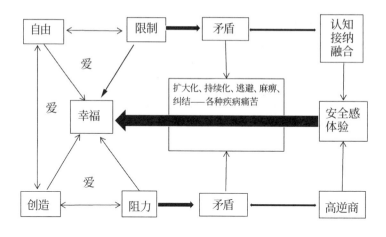

图5-1　幸福来自爱、自由和创造性的示意图

　　幸福在现实社会中，常常表现为个体的微笑、淡定、宽容、平和、独立、仁慈、勇敢等人格特征。从心理、生理、社会的不同角度，我们可以进一步看见幸福的内涵。

一、从心理角度看幸福

　　幸福，它是人的一种深刻的情感体验，而非一时的情绪表达或者感受。心理学术语已经给出情绪与情感的定义和两者之间的关系。情绪是人类对外界事物的短期的、一时的心理体验，喜怒哀乐都是情绪的常见表达形式。情感是大脑对客观世界的持久性情绪反映，是长期的经历和情绪体验积淀所形成。情感常常影响当下的情绪体验，甚至影响未来情绪的表达。爱和恨就是情感的代表。幸福是深刻自我情感体验，是一种心境或者说是一种个人的心理深层次的背景。幸福是自身一种平和的心态和心境，表现为快乐的情绪、愉悦的表情，常常伴随着敏锐的思维、轻松的动作、注意力的专注、淡定的行为、大爱的胸怀、自信的自我。

幸福不是一种单纯的、一时的、开心的体验或者表现。日常生活中，我们接触到的外界物质的、思想的和自身身体的快乐情绪体验，它是我们幸福情感形成的一个过程，或者形象地说，是幸福长河的一滴水、一个表象。长期的一种轻度愉悦、一种平和状态下的行为，渐渐就会在我们身体中，积淀成一种幸福体验。

最近，著名心理学家David R. Hawkins①的研究证实不同的心境和情感对人体的正能量价值明显不同。勇气、淡定、主动、宽容、明智、爱、喜悦、平和、开悟都是不同级别（顺序由低到高）的正能量，持久的幸福就是这些情感和个性的表达所组成。但是，要想获得这些情感体验和人格素质的能力，是需要人在活着的每个时间，从情感、思想、行为、人格等方面去体验、去修正的。幸福不是毛毛雨，不会从天而降，需要自身的人格历练和修身进取来获得。

幸福的对立面是痛苦吗？答案是肯定的。但是，从幸福体验突然转换成痛苦体验，并非痛苦的主要来源。David R. Hawkins研究分析了人类的各类情感能量等级，证实骄傲、愤怒、欲望、恐惧、悲伤、冷淡、内疚、羞愧、毁灭都是不同级别（顺序由低到高）的负能量，持久的痛苦就是这些情感和个性的表达所组成。痛苦主要来源于欲望的鸿沟、被爱的缺乏、体验爱的能力不足、不安全感，以及追求需求的执着。克里希那穆提对痛苦的描述："先是有孤独，然后又有逃避这份孤独的执着活动，接着这份执着就变得非常重要，他操纵了你整个人，使你无法看清真相。"我把原文"它"改为心理学的"他"，这个"他"就是另外一个有执念的自己。痛苦

重建幸福力

① ［美］David R.Hawkins M.D.*Power vs. Force*,Hay House，2014年1月。

主要来自想获得的"情感需求"得不到，更加来自心中的"他"对自己的折磨。痛苦不是来自"幸福"丧失，而是来自不去体验身边的幸福，忽略当下的幸福，是来自不摒弃自身不安全感体验和人格。痛苦来自面对"自由—限制""创造性—阻力"矛盾体的逃避、执着、泛化等不良的应对方式。

按照马斯洛需求层次理论追求，容易误入满足欲望的追求，忽略了当下"情感"体验和提升"情感体验"能力。而我在本书中提出的"幸福七个层次理论"，强调幸福是与生俱来的，"被爱的体验"就是最基本的幸福，并且支撑着幸福的各个层次。

二、从生理角度看幸福

幸福与开心（兴奋的）区别，从生理学分析最为清晰。

为什么一时的快乐、一时的开心不等于真正的幸福呢？现实生活中我们经常看到一个人非常开心，但转眼第二天你就可能看到他忧伤的表情和痛苦的行为表现。

曾经有一个来访者，每周都会去买一件新衣服，在购买新衣和当下穿戴新衣的过程中，她感觉到非常愉悦，但很快，一周后甚至第二天，她就开始厌倦这件衣服，觉得它其实并没有那么好看。且因为反复花很多钱买衣服，她财政的支出过大，负债累累，她很痛苦，也为自己的这种行为感到自责。现实中的她，无法体会到心境平和，很难有持久的愉悦感。她通过频繁买漂亮衣服的这种方式，只能换取一时的快乐，成为成瘾的购物狂，并没有解决自身痛苦的根源，更加不可能获得幸福。举个极端的例子，比如，吸毒的瘾君子们，在吸毒的过程中，他们体验到飘然若仙的感觉，那种欣快的体验、那种愉悦、那种短时间内非常极端的开心感，让他们欲罢不能；但是，当他们停止了吸毒，他们即刻就堕入到痛苦和忧伤，表现出戒断综合征，全身的卡他症状，如哈气连天、全身乏力、流涕流泪、大汗淋漓等，甚至有的会出现胃肠道不适，不停地兴奋躁动，不停地呻吟。为了避免这种煎熬的痛苦和再次追求欣快体验的双重强烈的欲望驱使下，瘾君子们又会难以自控地不断地去索取和吸食毒品。在吸食毒品时，脑细胞可以释放大量的兴奋递质，但是，毒品通常会使这种兴奋递质耗竭殆尽，若想再次获得之前的欣快体验，毒品剂量需要不停增加，而毒品在耗竭兴奋递质的同时，也在极大地损害脑细胞，脑细胞逐渐出现萎缩或者坏死或者变态反应，吸毒获取欣快最终必然会导致智能下降、学习工作能力下降，也常出现戒断综合征、难治性失眠症、双相情感障碍、脑萎缩甚至如海洛因脑病。

　　上述现象，是可以从人体生理学的科学角度来解释的。我们人类从一个受精卵，在母体中培养发育，到成长为一个单独的个体，对外界事物的反应主要依赖于自身的大脑。在人类大脑中有一个系统，叫边缘叶系统。边缘叶系统连接着大脑的所有高级活动的皮层区域，包括我们的额叶、颞叶、顶叶、枕叶（分别负责调控人体的运动、感知、记忆、视听），整合皮质和皮层下信息，它是人体植物神经功能、情绪体验及其调控反馈的中枢。边缘叶系统和大脑皮质共同构成人体（包括动物）的"犒赏系统"（reward system）。生物学家发现边缘系统和丘脑下部存在内源性阿片肽及其受体，当我们体验到开心、愉悦的时候，边缘叶系统细胞的活动度就会明显提高，它会释放一种兴奋性物质（如神经递质多巴胺）。当然，在边缘叶系统还有其他兴奋性的细胞、神经递质或者受体，当这些通道同时被激活时，也会促使其他兴奋性物质的释放。兴奋递质传递着"愉悦"，通过植物神经系统产生本能的感知、通过皮层产生有意识的感知觉和对应的情绪行为表达，并储存此类体验。所以，激发开心和愉悦体验的现实活动方式很多，包括一片美丽的风景、一个笑话、一个拥抱、一个思想的碰撞、一个奖励、一次运动等。

但是，作为一个细胞，它的能量是有极限的；作为一种兴奋物质，它的数量亦是有限的。当我们一味持续不断地或者每次高刺激量时，促进兴奋递质大量释放，激活下游细胞的匹配受体，产生持续兴奋冲动的生物电活动，这种兴奋性递质很快就被消耗殆尽，同时下游受体被反复过度刺激后，会出现不敏感现象（受体脱敏）。现实中，再次给予兴奋事件时，兴奋递质产生困难和释放不足，甚至因为受体脱敏而无法形成生物电兴奋活动。同样，过度消耗这个细胞的能量，它就会出现过度疲劳或者衰竭的状态。细胞得不到能量恢复，那么这个细胞就可能会出现应激后的萎缩死亡，而这种兴奋性递质再产生的机会或者概率就会大大下降，甚至机体神经细胞反向抑制兴奋的递质大量释放，产生抑郁等精神障碍。吸食毒品、网络游戏成瘾都是存在相似的生物学机制。①

如果机体神经细胞能够得到较为平稳、适中能量、间断的兴奋刺激，将有利于神经细胞的活性，可以使得机体获取较持久、平和的愉悦感，长期如此开心的经历和体验，最终将形成持续性幸福。

---

① 郝伟，赵敏，李锦：《成瘾医学：理论与实践》，人民卫生出版社，2015年6月版。

三、从社会角度看幸福

社会环境的和谐影响个人幸福度和幸福的获取，社会环境安全同样是幸福获得的关键因素。社会环境的不良因素，对于未成年人具有重要的影响作用，它可以激发未成年人的不安全感人格和诱导负性思维，甚至反社会人格，导致未成年人终身的不幸福感；对于成年人格健全者，只是起着不良影响作用，幸福体验会轻度下降。社会环境和谐的状况下，未成年人容易形成平和、温暖、善良的人格，幸福指数较高，但是抗挫折能力可能并不高；成年人自我实现的机会较高，幸福层次较高。

具体到个体，社会环境对幸福感的影响，起决定性作用的还是个体体验幸福的能力和心理能量。社会的和谐安全来自每个社会个体的"安全感"幸福体验的表达，社会中，拥有安全感的个体越多，社会整体的幸福度越高，社会整体安全系数越高；人与人之间相互传递的爱越多，社会整体抗压能力越强。

幸福体验的获得离不开社会价值。但一味追求社会价值和被尊重就会失去社会价值的幸福体验，更多追求名利的享受和随之而来的更多的名利欲望，会使人走向利欲熏心和爱好虚荣的自尊；相反，不接纳社会价值带来的荣誉和被尊重体验，会让个体与社会环境、社会价值割裂，容易导致孤芳自赏、自以为是。这种怀才不遇的痛苦和不满，会让自己失去体验幸福的机会，而周围人也失去由你带来的社会价值。获得社会认可和尊重的幸福就是幸福7层次论的第5层次幸福。

第二节 从"需求五层次论"到"幸福 7 层次论"

　　结合临床心理治疗期间的体验，我认为马斯洛"人的动机—需求"理论存在局限，需要对其进行修正。人们按照马斯洛需求五层次理论，在生活中追求和索取需求，得不到就会沮丧、痛苦，如想得到爸爸妈妈的爱，得不到就会不开心，反复纠结过去原生家庭的缺爱经历，就会持续痛苦。如果人们欲望得到满足，就会拥有短时的快乐或成就，但是，很快就会有更多的欲望产生，压力、焦虑自然应运而生。反之，如果人们在年轻时期，降低需求和欲望，过早知足常乐，过着享乐生活的日子，个人的"自由"短期能够相对获得。但是，忽视"自由"存在"限制"的矛盾，忽视真正的"自由"需要"创造性"突破"限制或阻力"，一味享乐，或者成瘾于某种行为，麻痹自我，那么，"创造性"就会丢失，社会认可难以实现，利他行为难以体现，"自由"体验终将难以实现，"知足常乐"变为"享乐主义"，甚至"自甘堕落"，痛苦自然随影而至，幸福难以获得。

　　如果把马斯洛关于"人的动机"是"需求的满足"修正为"幸福的体验"。按照体验"幸福"的感受去生活，从被爱的体验开始，体验当下的积极生活和幸福，你的幸福就会来到。欲望得不到就有沮丧的痛苦，需求得到仍然带来不满足、焦虑的痛苦，你的幸福就失去。人们持久的幸福，来自尽可能体验生活中的舒适、自在和不断的创造性。体验到时，就持续在幸福体验中，从事当下的学习、工作和生活。体验不到幸福，就暂停脚步，专注当下的活动，专注当下困难的挑战，在持续专注中获得"创造性"和"心流"，直到幸福体验来到，再向前迈进。体验不到幸福，也可以自己转身进行能够获得幸福体验的活动，或者体验身边的小确幸和小自在，朝着持续体验幸福的理念生活。

三点修正意见：

一、修改马斯洛"机体需求五层次理论"为"个人幸福7层次理论"

人本主义心理学家马斯洛在1943年发表的《人类动机的理论》（*A Theory of Human Motivation Psychological Review*）一书中提出了需要层次论（图5-2）。这种理论的构成根据3个基本假设：①人要

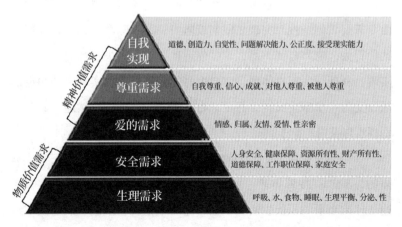

图5-2 马斯洛需求层次论

生存，他的需要能够影响他的行为。只有未满足的需要能够影响行为，满足了的需要不能充当激励工具。②人的需要按重要性和层次性排成一定的次序，从基本的（如食物和住房）到复杂的（如自我实现）。③当人的某一级的需要得到最低限度满足后，才会追求高一级的需要，如此逐级上升，成为推动继续努力的内在动力。马斯洛理论把需求分成生理需求、安全需求、社会需求、尊重需求和自我实现需求五类，依次由较低层次到较高层次。现代心理学研究对此由低向高逐层次发展的理论已经进行了修改，认为个体可以从较低层次，直接到达较高的层次需求，或者同时具有多层次需求满足。

马斯洛人类动机理论围绕"需求层次"获得与否的阐述，偏离了人的生存本能是体验"幸福"感。需求等同于欲望，或者某个目标，或者所谓的理想，是会不断增加和变换的，是无止境的。按照需求论生存，无论你的人生需求获得满足还是不满足，都容易失去幸福，常常感受到的是不良情绪。如物质需求，满足一种物质，得到一时快感，但很快欲望就会增加，需要更多新的物质，就算是富甲天下，满足所有物质需求，体验到的很可能是随之而来的无聊和无趣。为此，一些人沉醉于物质带来的各种更高的快感刺激，如挥霍、赌博、吸毒等。物质需求得不到满足，就会产生自责、失望、自卑等痛苦情绪。如安全感的需求未能满足时，就会产生害怕、担心、焦虑、恐慌、退缩。当安全需求获得满足时，会有一时的放松、踏实和快乐，但是很快就会需要更多的安全条件。如人身安全满足后，就会要求更加健康的安全；财产安全满足后，就会要求社会安全。按照需求论生活和工作，迟早会伤害自己和他人，自己就会不断纠结，执着于捕捉"需求"，出现偏离人生自然轨迹的痛苦。

人生自然轨迹是什么？人生生存的意义是什么？答案是："幸福。"因为体验到幸福，就会感到舒心，在生活中体验到行云流水、阳光雨露、和风细雨的自然。马斯洛的需求论的满足就是为了获得幸福，获得生存的最高需求的满足，自我实现。它认为只要自我实现了，就会获得成就感、社会价值感、情感归属，就应该获得幸福。可是，这种追求方式，本身就会失去当下的幸福，最终追求到的满足还是不"幸福"。你如果按照需求和欲望的初心，追求目标明确的"自我实现"，实现目标时，虽然能够体验到成就和短时的满足，但是，更多体验的是压力、矛盾、痛苦。在获得社会价值时，虽然体验到了"快乐"和被满足感，有优越感和竞争获胜的喜悦，甚至看到周围竞争失败者的痛苦，但是，这种体验不是持久的幸福感。

　　在童年期，为了小升初的成绩，小孩子开始被催促认真学习，不辜负爸爸妈妈的期望，或者自己好强，必须争取学习第一名，而失去童年当下应该体验的被爱的幸福和寻找真正兴趣的机会；在青少年，为了更加重要的大学和未来的职业，而加倍刻苦学习，倍感压力和身心疲惫，放弃了自己的爱好和真兴趣，终生纠结；在婚姻中，追求情感的需求，控制或者反控制对方，改变对方成为自己想要的样子，慢慢失去爱情的甜蜜；在亲子关系中，强加自己的理想和欲望给予孩子，忘记了用真情去赞赏孩子、去爱孩子，孩子体验不到被爱，而是体验到痛苦，自己的爱也付之东流；在中晚年，甚至在悔恨没有实现的欲望和需求，只求身体健康的安全需求，而失去体验当下健康的幸福；在晚年，还有不少愿望和需求，但是，已经力不从心，感叹人生苦短和悲凉——幸福体验就这样在人生的长河中，在自己的身边流失。

　　幸福的童年，是在体验被父母宠爱的基础上，自觉自愿地学习，体验当下应该体验的被爱的幸福和尝试寻找自我真兴趣；在青少年，体验到自学的乐趣和努力战胜困难后的幸福，开始品尝并存的痛和快乐，知道并坚持自己的爱好和真兴趣，开始体验友谊的情感幸福，沉浸在其中；在婚姻中，把爱情的体验延续，依恋爱人和被爱人依恋，改变自己成为双方想要的样子，拥有持久的爱情；在亲子关系中，体验到孩子的情感感受，只有不带任何欲望的爱，才是动"真情"的爱，用真情去赞赏孩子、去爱孩子，这里的"爱"不反对制定家庭游戏规则和道德品格的榜样化展示；在中老年，继续体验当下的生活和爱自己的工作，保持心身健康，拥有自己的终身兴趣和爱好，尽可能和周围人相互正能量影响，体验人人为我、我为人人的幸福；在晚年，无欲无求，知足常乐，敬畏生命，直面生死，这样生活的一生，就是持久幸福的，在自己的体验中幸福一生。

真正的幸福，是顺应生存的自然大道，你和周围的人都感到舒心、平和、自在，用心体验为先导，必须有利他的初心和爱自己的本能，需求或目标会顺其自然来到身边。在被爱时，全身心体验被爱的幸福，积极反馈给爱你的人，感恩她；在面对物质时，体验物质的内在美感，体验这种美感带来的幸福；在危机下，体验内在安全感带来的淡定与平和的幸福；在爱情婚姻中，体验情感独立的幸福感，敢于坦露自己的深层情感，也能用心呵护配偶袒露的深层情感；在社会中，建立自信自尊，为他人服务，体验服务中的幸福，自然体验到被尊重；在实现自我的当下，体验到利他的初心，体验到周围人的幸福，体验到自身的幸福，这才是"幸福"。

在低层次获得的幸福感，不会轻易消失，会继续延伸到高一层次，促进高一层次幸福体验。高层次幸福体验，同样不会轻易消失，会继续延伸到更高一层次，而且，产生的幸福感会向下渗透到低层次幸福，促进低层次需求满足形式的改变和满足后幸福感的延续。

例如，一个获得充分母爱，体验到"被爱的幸福"的孩子，就容易喂养，孩子自身常常表现品尝美食的愉快样子，能够体验到"基于物质的幸福"，进一步促进他基础安全感的获得。[①]有了基础安全感的幸福体验，在父爱的支撑下，青少年可进一步体验到人际关系的社会安全感，就容易在高一个层次体验到"归属感—友谊—爱情—婚姻的幸福"，在感受被爱、物质满足和拥有安全感的幸福基础上，敢于主动交朋友和热情帮助他人，敢于和心仪的异性朋友产生爱情火花，逐步获得爱情的幸福感。与此同时，爱情的幸福促进"安全感"的提升，并且把"安全感"和"爱情"的幸福延续到"被尊重的幸福"层次。这个获得基础安全感的青少年，向下的低一层次"物质的需求"的追求欲望仍然存在，不可能成为对物质满足不感兴趣的人，更不可能做到"无我无欲"状态，物质的满足仍然可以带给他幸福体验。在获得较高水平安全感后，对物质的追求，已经不是仅仅停留在婴幼儿时期的满足生存、满足原始口欲的低层次需求状态，而是提升到品尝食物的美味、穿着品位、住出文化的感受，这些精神的幸福追求和低层次物质满足紧密相连，是不同形式第2层次体验"物质的幸福"。

以上阐述，归纳为：

（1）幸福的体验是我们真实的需要和生活的动机；

（2）用"需求"一词表达的是一时的欲望被激发的动机，忽略了人类情感需求的持续性，忽略每个层次的情感体验延续性；

① 安莉娟，丛中著：《安全感研究评述》，中国行为医学科学［J］，2003，12（6）:698–699.

（3）"需求"容易误导个人追求外在的物质、安全、名权利等自私的目标；

（4）需求的满足不能等同于幸福情感，常常带来不断的压力和痛苦。

这样修改"机体需求层次论"为"人类幸福层次理论"，可以更加直观体验到人类追求的是"幸福"。强调"当下的体验""当下的幸福"，强调每个人都可以获得幸福和体验幸福，强调不同的人可以获得不同层次的幸福，每个层次的幸福都可以不断延伸和渗透到其他幸福的层次。

拥有"幸福层次"理论，用心体验自己的幸福。你只要不自欺欺人，就不会迷失在各个层次的需求追逐中。如果你放下执着于各种欲望和需求的追求，就可以纠正自我已经偏离的自然大道。用"爱自己的情感"弥补我们未能获得的低层次和当下层次的幸福，及时给自己心理充电，给心理充满能量再继续向高层次幸福体验迈进，专注于获得各个层次的幸福体验，自然获取持久的幸福。

幸福不是放弃一切，遁入空门。幸福是一种体验，痛苦也是一种体验，人就是幸福和痛苦的组合体。借用台湾作家林清玄语录[1]表达幸福和痛苦的关系："一尘不染，不是不再有尘埃，而是尘埃让它飞扬，我自做我的阳光。"我转换为："幸福，不是不再有痛苦，而是痛苦体验让它自然展现，我自做我的阳光。"用自己的阳光人格照耀自己，体验不断的幸福。

---

[1] 林清玄：《林清玄经典散文集：心无挂碍，无有恐惧》，江苏文艺出版社，2017年3月版。

二、幸福层次为7个层次

　　人的诞生需要父母爱的结合和胎儿期被母亲爱的抚摸、血液的滋养。马斯洛提出的人类第一层次物质需求"衣食住行"之前，似乎遗忘了生命的诞生和胎儿未出生前"被爱的本能"，感受被爱的体验就是"被爱的幸福"。被爱的幸福应该是第一层次物质需求的基底层，好比地面之上楼房的地基。在马斯洛需求理论的第一层次需求的底层，加上"基底层的需求"。按照"个人幸福7层次理论"那就是"被爱的幸福"（如图5-3）。而在马斯洛第五层次"自我实现"需求上面，建议加上佛学概念"无我"的状态，那是"安全感""自我实现"理想化的极致表现，是人们在"自我实现"和

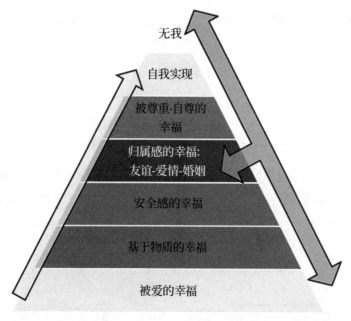

图5-3　个人幸福7层次理论

安全感不断提升后，不断靠近的方向。只要"被爱的需求"能够满足，获得"被爱的幸福"，一个人的生存就顺其自然，一个人的安全感就会建立，一个人的爱的能力就会出现，一个人的社会价值就能实现，一个人的痛苦就会消除，一个人的幸福就会来到，一个人的自我实现才有可能。树立更高层次的"无我"目标，是给予大众在"自我实现"基础上，拥有不断获取持久幸福的方向，强化利他人格和心理能量的培养。

从"被爱的幸福"这一基底层开始，"被爱的体验"是贯穿马斯洛各个层次需求的。"被爱的幸福"都是和不同形式、不同层次的幸福相关，都是较为持久的情绪体验，不是一时的需求和满足，是多层次多种形式的幸福体验共存。幸福是一种情感体验，是持久性体验，具有时间和空间的延伸性。任一个层次的幸福都会影响到其他层次的幸福。尤其是第3层次"安全感的幸福"。拥有第3层次"安全感的幸福"自然已经拥有基底层的"被爱的幸福"和第2层次"基于物质的幸福"。安全感的幸福体验，必须具有第4层次"情感归属感的幸福"，并且成长为情感独立者。有了安全感的幸福，自尊的形成才是真实的，不是虚假的。有了安全感的幸福，自我实现才具有创造性和利他性，才不会披着伪善外衣，才不会在意名利得失。有了绝对安全感的幸福，才有"无我"的可能。因此，如图5-3标识了7个层次的幸福，两个灰色箭头表示各个层次的幸福是相互影响和流动的，这也符合生命就是流动的自然大道。"幸福7层次"分别为：第1层次（基底层）为"被爱的幸福"，第2层次为"基于物质的幸福"，第3层次为"安全感的幸福"，第4层次为"情感归属感的幸福：友谊—爱情—婚姻"，第5层次为"被尊重—自尊的幸福"，第6层次为"自我实现"的幸福，第7层次（最高层）为"无我"的极乐。后文中讲述马斯洛需求层次使用汉字数字表示，"幸福的层次"均使用阿拉伯数字表示。

三、"情感归属感的幸福"是幸福体验层次理论的核心价值

幸福是一种情感体验。第4层次的"归属感：友谊—爱情—婚姻"的幸福就是幸福层次理论的关键点，恰巧也是7个层次的中间层。它起着上传下达各个层次幸福的作用，幸福体验的追求是个体当下和永久需要的。拥有第4层次幸福者，通常已经拥有低层次的各类幸福体验，包括基底层的"被爱的幸福"、第2层的"基于物质的幸福"，部分第3层的"安全感的幸福"。在友爱、爱情的滋润下，你感受被爱的能力获得提高，即使爱你的人偶尔骂了你，你也能感受到幸福。这时期，你的社交能力提高，能够融入社会之中，独立获得社会物质的能力增加，物质满足感得到提升，更重要的是可以按照自己的喜好和意愿消费，不再受父母的控制，开始体验基于物质的幸福、在母爱父爱的滋润下，在社会环境的挫折中，逐步获得部分"安全感的幸福"。在爱情和婚姻的进行曲中，经历的酸甜苦辣、痛苦和快乐，逐渐把你的脆弱情感向着较完整的情感独立性发展，独立的情感成为反哺安全感的核心力量，安全感再次获得巩固和提升。拥有第4层次幸福者，向着高层次第5层被尊重的幸福，同样传递着情感的能量。在拥有家庭和社会团体的归属感后，在社会的价值逐渐被认可，在家庭和社会团体中，逐步获得被尊重的幸福和尊重他人的能力。即使在第6层次的"自我实现"幸福中，它仍然需要强大的第4层次的爱的幸福动力。实现自我就是专注自己热爱

的有社会价值的事业，不是以获取物质、安全、爱情、被尊重为主要目的，而是为了实现自己认定的人生目标和理想，把自己创造的价值服务于社会大众、博爱于他人。在此期间，间断出现忘我的场景和时间，长期坚持走在自我实现中，就是在向着"无我"靠近。在打击贪腐的案件中，发现贪腐者多数存在情感归属感的错乱，没有爱情和婚姻的幸福，常常出现情色贪腐，追求名权利的享受，忘了自我实现的初心。用幸福层次理论解释，就是没有获得第4层次的"归属感：友谊—爱情—婚姻"的幸福者，会扭曲自己的人格，放大自己的低层次欲望，通过获得这些低层次的物质、性的欲望来填补第4层次的空虚和孤独。没有获得第4层次的幸福，一定存在基底层的"被爱的幸福"和第3层的"安全感的幸福"的不足或者缺乏，甚至降低已经获得的"安全感的幸福"，因此，需要通过名权利、虚假的被尊重，与自以为是的"自我实现"来弥补自己的不安全感和缺乏被爱的体验。人们高层次的幸福取决于是否拥有情感独立性，拥有了被爱的体验、各种情感的表达，才能够真心、善意地实现利他行为和服务于社会的心。

第三节 幸福7层次的特征

一、第1层次幸福——被爱的幸福，是基底层

马斯洛生活的时代，物质尚缺乏。大多数人都在忙碌于获取生存的物质。在那个食物匮乏的时代，从出生后的孩子需要珍贵的食物才能生存的角度分析，他自然提出人类第一层次需求为"生存的物质需求"，继而提出马斯洛需求层次理论。在感叹马斯洛动机—需求的伟大理论同时，在物质较为丰富乃至过剩的今天，精神需求越来越突出。作者想到人成为生命体，应该开始于爱情，应该开始于受精卵。在部分国家，当胚胎达到28天，就被作为活体生命对待，受到法律的保护。所以，分析人的真实需求，应该从受精卵形成前开始。

在受精卵细胞体存在的那一刻前，生命诞生的前提条件首先需要的是相互"被爱"，其次，相互表达爱。在生命诞生的那一刹那来看，精子和卵子的结合，是父母爱的结晶，是他们相互被爱和爱的表达的象征。当受精卵着床在子宫内膜，小生命就开始独自享受"被爱"，在爱的滋润下成长发育。因此，"被爱的需求"是人类生命体必须首先满足的。随着胎儿成熟后出生，逐步开始有了主动意识的体验。当获得母爱，就会开始产生"被爱的幸福"。没有"被爱的体验"就不会有爱情，就不会有生命。没有生命的客观主体，其他幸福

的来源就不存在，因此，"被爱的幸福"存在于胚胎和生命体的早期，优先于"物质的需求"的出现或"基于物质的幸福"的体验。"被爱的幸福"作为"幸福层次"论的基底层，无可争议。

　　"被爱的幸福"是被需要和被关注的体验，它作为幸福的基底层，应该在马斯洛需求论的各个层次均可以体现。第一层次"生理的需求"：在母亲提供胎儿营养和婴儿食物时，其实就是在给予孩子爱。在马斯洛生活的时代，因为物质的匮乏，这种喂养常常是母亲用自己的生命爱孩子，母亲通过辛勤劳作才能换取少量的珍贵饮食喂养孩子，宁愿自己忍饥挨饿，宁愿献出自己的一切包括生命。雨果小说《悲惨世界》女主角珂赛特的妈妈芳汀，为了养育孩子，就是这样奉献自己的母爱和生命的。第二层次"安全感的需求"：胎儿出生后，孩子还没有爱的表达能力，孩子的感受就是"被母爱"，这就是母爱让孩子产生的"基础安全感"。孩子人际交往期间"被父爱"，感受到父亲的保护和力量，这就是父爱让孩子产生的"人际安全感"。在第三层次"归属感—爱情的需求"：就是在成长到青春期，拥有被爱的体验者才能激发出归属感和爱情。在被爱中，产生或强化被爱的感受能力，产生依赖的情感和情感连接。逐渐从被母爱的体验，过渡到被"恋人"所爱，"被爱的幸福"在延续，同时，爱的表达能力得到发展，也提升了原有的安全感。在马斯洛第四、五层次"被尊重的需求"和"自我实现的需求"：就是体验到被社会认可、被亲人认可的价值，就是体验自我认可的价值，体验被社会爱、被亲人爱、被自己爱，都是一种体验隐性的"被爱的幸福"。

　　"被爱的幸福"几乎贯穿马斯洛需求理论提出的各个层次。基础安全感体验的初次获得和原始"被爱的幸福"本能更加密切。

"被爱的幸福"在生命体诞生的开始就存在，在幸福层次论的第1至第6层都是存在的。"被爱的幸福"应该放在马斯洛"第一层次物质的需求"之前，它是人类需求的更重要、更基础的层面。如果把幸福的7个层次需求比作一座6层楼，"被爱的幸福"就像一座6层楼的地基以及从地基上树立的承重支柱，除了顶层和房顶没有贯穿，其他各个层次都有支撑和被融入。如果把人的幸福层次比作一棵大树，"被爱的满足"就像是一棵参天大树的树根和生发层，从树根一直贯穿到大树的树枝中心。只要地基和支柱在，房子改头换面都比较容易——只要"被爱的幸福"在，人的不安全感人格和心理疾病就容易修改。只要树根和生发层在，砍去的大树就可以长出新枝丫——只要"被爱的幸福"在，人受到创伤就可以自我修复。

在幸福层次论的最高层次"无我"状态下，"被爱的幸福"其实也是存在的。"无我"者自身已经不需要或者不关注"被爱的幸福"，但是，他能够感应到自己利他行为给大众带来的幸福。这时"爱的表达"和"被爱的幸福"已经融合为一体。

二、第2层次"基于物质的幸福"

生理需求的满足是幸福获得的基础，这是人类维持自身生存的最基本要求，包括衣、食、住、行等方面的要求。如果饥、渴需求得不到满足，人类的生存就成了问题，幸福的生物物质基础——大脑的神经细胞无法正常工作，幸福自然无法形成和体验。衣、食、住、行得不到满足，作为具有社会属性和现代文明的人，常会产生负能量的羞耻感和无能感，幸福也难以获得。当然，满足生理上的需求，可以得到一时的快乐感，但不一定获得持久的幸福。一个美食初次品尝可以很开心，但是，如果总是可以品尝到，或者轻易获得，就会丧失吸引力和失去初食的快乐感。

我曾深刻体验过"顿顿山珍海味的苦日子"。记得很多年前，有个假期外出到朋友故乡，一个边远的海边渔民家。当地物质较为匮乏，最丰富的食材就是海鲜。主人每顿都用海鲜招待我们，甚至早上，也是海鲜粥、海鲜点心。第一天感到海鲜美味至极，鲜甜可口；第二天美味感受度明显下降；第三天早上看到海鲜粥时已索然无味；第四天早上看到海鲜餐，出现恶心呕吐感，于是更改计划提前离开了好客的渔家朋友。

当一个人，特别是爱好美食者，每次品尝到美食就会得到快乐，长期能够保持此获得感，快乐的感觉就会逐渐沉淀为"品尝美食"这种生理需求满足的幸福感。这种幸福感来自马斯洛的第一层次"生理的需求"的满足，并且做到知足常乐，我们称之为第2层次幸福。如果个体能够为品尝美食赋予特殊意义，作为人生自我实现的追求目标，如中国美食家蔡澜，从品尝美食，到鉴赏美食、推广美食，实现了自身价值的转化，也就实现从第2层次"基于物质的幸福"到第6层次"自我实现的幸福"的飞跃，幸福的层次也可以得到跨越式提升。

幸福的层次感似乎通过分层表述不够恰当，因为幸福本身是个体自身的平和体验，"平和"的体验度难道还有高低之分？如果换个角度，什么样的幸福容易被剥夺和破坏，那么它的"平和"的厚度较低，也就属于较低层次的幸福。喜欢通过满足口欲获得幸福者，失去美食，可能很快就会失去幸福感；而把品尝美食作为自我实现，获得幸福感，在没有美食提供的条件下，仍然可以通过与他人分享美食的文字、美食的文化等，保持较持久的幸福感。

如果在生理需求上不能知足常乐，需求目标水平定得过高或者提高过快，与实际产生脱节，就会出现 "需求总是未获得" "需求—获得—再需求—未能获得" 两种不能获得幸福的模式。

　　来访者阿品，因为情绪低落，焦虑不安，失眠前来咨询，在心理治疗过程中，发现他存在典型的"完美主义"，凡事都要面面俱到。十年前，他独自在广州工作，打算买套市中心学位房，要求南北通透、环境安静、间隔合理、面向江景的大房子；当找到符合上述条件的房子时，他不是因为价格不理想，而是因为间隔不合理或者楼层不中意等迟迟未能成交。当朋友们劝说其"降低选房的标准"时，他总说"标准绝不能降，房子很多，慢慢找房源，肯定能够找到"，心想"事在人为，只要恒心在，铁杆磨成针"。不巧的是，赶上了中国房价高速"增长"的时代，十年间房价涨了5倍，他的工作也遭受了挫折，现在已经没有能力支付房子的首付了。为此阿品感觉自己如此努力都不能达到确定的目标，觉得自己是无能的，为此感到羞愧和情绪低落，渐渐感到生活工作毫无意义，不如了却生命。最让他感到痛苦而又焦虑的事情就是花了十年时间来买房子，至今却仍然住在出租屋里。在此类"需求总是未获得"模式下，产生的欲望和实际脱节的现象，常常导致抑郁和痛苦。

重建幸福力

生理需求的不断提高，不断产生恶性循环的不满、不愉快是比较常见的大众心理。人类中，焦虑情绪、抑郁情绪常常因为生理需求与现实获取不匹配而产生。也许你曾经拥有一时的辉煌和开心，得意忘形之后，留下的便是持久的悲哀、痛苦和绝望。其实，人性的贪婪和物欲横流常常导致痛苦、灰心、懊恼和不安的负性情绪体验。曾在临床咨询中遇到一位来访者老赵，他就出现了"需求—获得—再需求—未能获得"模式的痛苦。

　　老赵年轻时的目标是在城市中心拥有一套自己的大房子。尽管他努力工作，努力赚钱，几年下来只够买一个30平方米小房子首付的钱。同事小李比自己年纪小，工作的业务量不如自己，但是，市中心有父母留给他的一套100平方米的大房子，老赵感到上天对自己不公，很不甘心。为了多赚些钱，他常常熬夜，更加努力工作，通过几年的时间把自己的小房子换成了100平方米的大房子。此事初期确实给他带来少许的宽慰和成就感。他也找到了心爱的人结了婚，婚后有过一段时间的快乐。可是，老赵慢慢为工作压力所困，常常失眠；近期，娘家的小舅子，在城市买了一栋别墅，夫人问他何时能够换别墅，自己也认为周围几个朋友都住别墅了，必须要实现住别墅的目标，渐渐地老赵感到巨大的压迫感，出现胸闷心悸气急，焦虑不安，夜间睡眠障碍明显加重。想到目前房子的房贷还没有还清，要满足住别墅的愿望更是遥遥无期，越想压力越大，情绪越焦躁不安，感到没有实现目标的希望，感到自己很无能，感到生活失去了意义。

由此看来，满足基本生理上的需求是幸福获得的基础之一，知足常乐的理念对于获取第2层次的幸福更加重要。未能充分满足生理需求的人，未必不能够获得幸福。比如佛教徒中的苦行者，还有古希腊哲学家——犬儒主义学派的第欧根尼，他有家不回，非要在广场的一个大木桶里居住，过着狗一样的流浪生活。这些人没有满足生理上的需求，甚至刻意放弃生理需求的满足，同样可以实现自我、开悟、明心见智，获得持久幸福。现代人群中，同样有着一些慈爱胸怀的人，主动放弃生理层次的高水平需求，支教下乡，义务劳动，跳跃至高层次的"付出爱"，体验"被尊重"，获得自我实现的成就感，他们同样可以获得较持久的幸福感。

可见，在现在的和平年代，追求生理需求的满足只能算是快乐的获取。如果你能够用心、用情感体验物质带来的幸福，能够抱有知足常乐的物质心态，能够品味物质的美感，能够体会物质内在的精神营养，与物质有关的幸福就会获得，且与高层次幸福相互连接。

若第1层次被爱的幸福不足，就没有能力品尝"基于物质的幸福"，若第3层次的安全感在成长中没有修补，会向下传导，就会影响低层次"基于物质的幸福"。

小艺，她的母亲是婚前意外怀孕，所以她在胎儿的时候就被母亲嫌弃，从小没有体验过父母的爱。成长中因为吃饭慢，经常被抚养的家人责怪和嫌弃，到了幼儿园同样被不耐烦的老师批评，强迫她吃很多，甚至吃到呕吐为止。这种幼小时期没有体验过被爱，加上强烈的不安全感和情感创伤，导致小艺从青春期到成年期间，反复出现神经性贪食和神经性呕吐。严重时期，呕吐到休克状态，需要医学静脉补液维持生命和营养支持。对她来说，"吃"是一种恐惧甚至是折磨，对于第2层次幸福，她在疾病好转前，从来没有体验到。同时，她存在多疑、担心、胆小怕事的不安全感，和父母情感沟通障碍，体验不到被父母爱。通过长程心理治疗，创伤修复、家庭关系修复，逐步能够"感受到被爱"，获得一定的安全感，开始认可母爱的情感，像多数人一样体验到"吃"的快乐，不再出现病态的贪食或者呕吐。

可见，第2层次幸福感不能获得，就会影响第3层次甚至更高层次的幸福感获得。单纯给予物质等生理满足是无法获取第2层次的幸福的，需要通过给予第1层次的"被爱的体验"和修复第3层次的安全感，甚至第4层次的情感归属感体验，才能够通过支撑和反馈，使人体重新获得第2层次的幸福。

三、第3层次——安全感的幸福

根据个人幸福7个层次理论分析，通常拥有来自第1层"被爱的幸福"、第2层"物质的幸福"就可以获得基础安全感；拥有感受被爱的能力、情感主动表达的能力，就会获得人际安全感的幸福；拥有第4～6层次幸福的过程中，安全感就会得到不断的提升，挫折商就会不断提高。"安全感的幸福"其实是高标准的"安全感"，是"安全感"动态发展的体现和不断延伸。

安全感的幸福来源首先就是被爱的体验，从生命诞生开始，我们就会被源源不断的"爱"包裹。当我们出现个体独立存在感和独立意识后，才会形成"死的恐惧"和"生的本能"。原始母爱和父母爱情的动力，注定每个人出生时无形中都具有"体验被爱的本能"，它应该早于我们"死的恐惧"和"生的本能"。个体被爱的体验产生越早，被爱的能量越充分，被爱的时间越持久，体验被爱的能力就越强，爱的表达能力就越高，抗情感挫折能力就越强，安全感的幸福就越持久。

按照马斯洛的第二层次需求，追求安全上的满足是我们的本能动机。本文要阐述的第3层次"安全感的幸福"，赞同人具有追求"安全"的本能，更强调从内在情感，体验当下存在的"安全感"，强调终身培养自身"内在阳光人格"，持久性体验"安全感的幸福"。安全的要求是保障人体自身的生命安全、摆脱失业和丧失财产威胁、避免疾病的侵袭等方面的需要。在战争环境或者威胁生命的环境中，支撑"幸福获取"的大脑受到应激和威胁的干扰，多数人是没有幸福感的。但是，如果一个人把自己融入战争之内，赋予自己战斗的意义，达到自我实现的价值，或者置身于战争之外，追求或者沉浸在自己的爱好中，同样可以获得高层次的幸福感。中国抗日战争期间，多少民族英雄把保家卫国当作自己的使命，在恶劣的战争环境下，体验着"奋斗"的幸福，最终书写出自我实现的篇章。中国诗人陶渊明、杨万里都是远离政治事件和战争的风险区，沉浸在自己的诗词爱好中，过着平凡而幸福的生活，书写出"采菊东篱下，悠然见南山"和"小荷才露尖尖角，早有蜻蜓立上头"等千古流传的诗句。

在和平时代，基本的生命安全性都得到了保障，大多数人似乎不应该感到不安全。现代人类的安全感缺乏，主要表现在现代文明带来的新的不安全形式。事实上，现代社会人们的心理不安全感甚至超过其他多数时代。随着科学的发展，越来越多的疾病种类被发现，越来越多的新型疾病产生，人们常常为身体健康而焦虑；高速的交通工具，带来的是担心交通意外的发生；无良商贩的出现，导致人们担心食物中毒；网络购物和黑客，导致对财产安全的担心；感情的易变性和个人主义的流行，导致担心自身感情被欺骗。从心理学角度看，婴幼儿时期到青少年阶段，父母的陪伴和挫折训练是自我安全感形成的基础，按精神分析学说就是"本我"的强大。现代社会，离婚率高发、婚姻过早破裂或者留守儿童的产生，导致这些家庭的孩子常常易出现自我安全感缺乏或者表现为过度防御的攻击行为，幸福体验常常明显减少。如果成年后叠加生活事件和工作压力，就极易出现各种形式的不安全感表现。近年，惊恐发作、焦虑的来访者越来越多，他们总是担心自己的心脏出了大问题，通过网络搜索，更加重了这种担忧。每当了解他们的成长史，会发现这些人往往存在过度被宠爱或者缺乏母爱的经历。生理心理学认为，整个有机体就是一个追求安全的有效机制，人的感受器官、效应器官、智能和其他能量都是寻求安全的工具，甚至可以把科学和人生观都看成是满足安全需要的一部分。从人类诞生起，人们始终对"生死"这一人生课题而担忧。人类爆发的很多战争是为了争夺生存的资源，人类的科学发展，是为了不断创造出安全的生存方式；随着人工智能和量子信息学的发展，科学家们已经在幻想人体永生的观念，因为只有永生才可能获得生命的绝对安全性。但是，已故著名英国物理科学家霍金，提醒人类，当人工智能发展到极致，也许就是人类最大的不安全——灭亡的发生。

个体安全性的表现，常常不是与"生—死"直接相关的方面，而是表现在生理需求上，如担心买不起房子；表现在情感方面或被尊重或自我实现方面，如常有来访者表达对感情不安的现象，担心对方不爱自己，担心追求不到自己的爱，担心父母不爱自己等；担心下属不尊重自己，担心老师看不起自己，担心自己辜负了父母的期望；担心自己完不成任务，担心不能实现自己的理想……这些担心常常转化成其他的表现形式，如过度谦虚或者自傲，不主动沟通或主动推卸责任，过度内向或者张扬跋扈，过度防御或者攻击性行为等。

2003年肆虐的SARS病毒，初期应对的经验不足、应对方式不及时、不到位，产生了较大的人民生命的危害和社会价值的损失，导致民众和社会的恐慌仍然历历在目。2020年出现新型冠状病毒的暴发时，因为病毒传染性较强，波及范围较大，感染人数明显超过2003年，再加上世界各地防控措施的不统一、不协调，各种信息的报道等，社会民众死亡的恐惧出现，集体无意识的恐慌一度蔓延全球。

经历过2003年应激创伤的大众，如果没有合理地调整心态和认知，那些安全感较低的人群，主观意识就容易受到外界的影响，那么，加上现在快速发达的网络信息传播，就很容易导致集体无意识的恐慌。虽然在中国，哄抢物资、社会紊乱的极端现象没有出现，但是，疫情早期，部分国家却出现了大量群众恐慌不安，超市被抢购一空，医疗生活资源遭哄抢，争先恐后去医院就诊，要求住院，一床难求的现象。在大量人群的聚集场合，一个小的意外，就会导致大家惊恐奔跑，导致人体的自相践踏事件。所以，不安全感是恐慌、焦虑、强迫、过激行为的源泉。

　　无论战争年代还是和平年代，社会安全性都会影响我们的幸福，但不能完全决定个体的安全感的幸福体验。身体不安全常常涉及健康，尤其是严重疾病通常会影响到我们的幸福，不过，身残智不残的幸福者举不胜举。心理安全感的缺乏常常带来长期的焦虑和痛苦。有了心理安全感，人们才能够更好地去享受爱，获得相互尊重，更积极勇敢地实现自我的价值，幸福与心理安全感息息相关。

　　在临床心理疾病的工作中，可以看到大部分来访者不安全感人格突出，被各种人生经历激化，安全感的体验极少，甚至基本丧失。这时，直接培养和建立第4层次的情感归属感的幸福，常常较为困难，直接按照萨提亚家庭工作坊模式，建立来访者的高自尊，需要大量的社会情感资源和医疗资源。本书强调"安全感的幸福"为自我疗愈和心理治疗核心锚定点，寄希望提高内在"安全感"，在成长期间逐步获得情感归属的幸福，解决大多数情绪障碍类心理疾病来访者的困惑。

　　可见，安全感是当今社会中个体心理健康的最重要人格体现。全球多数国家，多数人口已经基本消灭贫困，尽管第2层次物质幸福体验不足，但是物质需求吃穿住行基本满足，第3层次的安全感的幸福就会显得格外重要。一个在爱的环境中成长的个体，拥有感受被爱的能力者，在成长中经过挫折训练，安全感自然获得。没有安全感，第4层次情感幸福就难以真正获得，第5层次被尊重的幸福与第6层次自我实现的幸福也是停留在虚假的实现和空中楼阁。

四、第4层次幸福是爱和情感归属的体验

　　情感独立是幸福的源泉，是提升安全感的核心。爱的情感包括

亲情、友爱、爱情、博爱。人都有归属于一个家庭、一个群体的感情，包括情感归属、社会归属。

感情上的需要比生理上的需要来得细腻，它和一个人的不同年龄阶段、生理特性、经历、教育、宗教信仰都有关系。爱是每一个人与生俱来的本能，似乎人人应该拥有爱的能力。大多数成人也许认为，谁都知道去爱和接受爱，只是现实中常常因为各种原因"被爱的需求"得不到满足。缺乏第1层次"被爱的幸福"，就会出现感受不到爱，不会表达爱，怕失去爱，找不到爱的对象。按照人在不同的年龄阶段，对爱的能力的发展培养和需求的不同，我们把它分为亲情依恋—友爱—爱情—爱的付出—博爱的不同层次，在人生的成长过程中，这五段爱的形式其实都存在，有时是我们自己没有察觉和体验到。

1. 亲情依恋期

依恋期的母爱体验，获得"被爱的幸福"，具有"感受被爱的能力"是孩子"第4层次幸福"的基石。

现代人多数是在父母爱的前提下诞生。在母亲的体内孕育，爱的结晶得到呵护和爱的滋养，在"被爱"的条件下逐渐发育成长为一个健康的宝宝。科学资料证明，在妈妈的体内，胎儿不仅与母亲进行血液的互通，而且已经与母体进行情感的沟通。呱呱落地的婴儿，来到了未知的世界，自身生理的薄弱和情感脆弱，导致婴儿极度依恋自己的母亲，本能地渴求母爱和享受母爱。如果在婴儿期，剥夺孩子的母爱，是对孩子心灵的创伤和人性的摧残，孩子极易出现性格孤僻、扭曲和自闭。孤儿或者被遗弃的婴儿或者农村的留守儿童，因为幼时没有体验过充分的母爱，长大后，容易表现出极度自卑、不安全感、过度保护自己、不敢接受爱或者过度索取爱。当然，在良好社会环境里，博爱可以部分替代父母亲情，孩子的社会能力成长更快，可能显得更加坚强。

2. 友爱

很多人也许认为，友情在人生中微不足道。其实，友爱是我们从一个亲密关系（依恋父母）迈向另一个亲密关系（爱情）的桥梁，甚至是可以作为亲密关系的替代者。人是群居生物体，没有朋友的爱，没有友情，就不被社会认可，得不到群体归属感，是不能够融入社会的一种表现。孩子们需要在建立友情中，逐渐脱离对父母的情感依恋，锻炼自己相对独立的情感体验，同时促进自己人格素质的成长。从包容的、呵护的、无私的、不平等的亲子关系，发展为平等的、有条件的、相容的、相互尊重的友情。

友谊的小船说翻就翻，表达的是友情的善变性和易转移性，它是非专一性的情感。曾经有不少青少年因为丧失友情或者被朋友误解，而常年郁郁寡欢，甚至影响自己的学业和亲情关系。如果在建立友情的挫折中，不能认识到友情的特性，不能及时跳出情感的桎梏，将会影响此后"爱的幸福度"。

友情的体验，是人生成长的关键一环。没有依恋期母爱的基石，通常友情的形成也会出现阻碍，出现青年时期的孤独、内向、不表达。反之，积极建立友情，敢于寻找友情，会促进自己情感体验的成熟，形成替代母爱这种幸福体验。在没有战胜情感挫折的体验或者在友情始终无法建立的状况下，即使曾经有过充分母爱的幸福，在挫折中，爱的幸福也会消失殆尽。

友谊天长地久，有了新朋友不忘老朋友，表达的是友情的持久性和稳定性，友情常常贯穿我们的一生，有时甚至超越亲情。

3. 爱情

爱情是个永恒的话题，几乎就是人们"幸福"的代名词。生活中、电影中、小说中永远都会有爱情的场景和话题。爱情的获得对于"幸福"如此重要，它需要缘分，需要特定对象的荷尔蒙和激情的碰撞，需要情投意合的情感体验、互相的包容和尊重、双方平等的对待，还需要人生观的相互统一。

拥有了爱情通常会走向婚姻，婚姻之后常出现爱情的变形和爱情的丢失，甚至有些偏见认为婚姻就是爱情的坟墓。如何获得爱情并能够维持久远？这是心理学、伦理学、哲学、社会学等共同探索的问题，这个问题在不同民族、不同文化、不同社会的看法也不同。

从心理发展层面看，在拥有"低层次幸福"感受的基础上，包括基底层——被爱的幸福、第2层基于物质的幸福和第3层安全感的幸福，爱情更加容易获得。在远古时代，物质极其匮乏的时代，爱情主要是在上层建筑——部落首领群体中产生，普通人群爱情的意义，被赋予了更多的原始性冲动和繁衍后代的价值。如中国少数民族摩梭人，以母亲为社会主体，以繁衍后代、以亲子关系为家庭主要情感体验形式。这是人类物质匮乏的母系时代，情感结构的缩影。在当今社会，物质较丰富的年代，爱情的获得已经不是主要依赖于物质基础，更取决于双方"基于物质的幸福"体验和精神世界的三观是否认同或者近似。当然，一个人如果衣不蔽体、食不果腹，谈何追求爱情？就算是有极大的勇气去追求，被对方拒绝的概率极大，或者被社会的力量所阻隔。

　　在安全感方面，如果没有获得"第3层次的幸福"，个体常常出现情感体验能力的各种不良表现。没有母爱的孩子，如果在成长中没有获得安全感，也许可以获得较深厚的友谊，但是在深层次的亲密关系形成中，常表现出过度的心理防御机制，担心自己的感情被骗取，不能够放松自己的内心警戒，体验不到对象的爱意或者不敢表露自己的爱意，导致大龄独身或者晚婚现象或者性取向发生扭转。缺乏母爱者或缺乏异性别父母的爱者，如果长期封锁自己深层次的情感需求，即使成家立业，也是保持着冷峻的面容，不苟言笑，惜字如金。缺乏母爱者和或缺乏异性别父母的爱者，如果没有真正体验过爱情，容易出现感情对象不稳定，乃至情感不忠的现象。另一部分人相反，不安全的他或她如果获得了人生中第一次的亲密关系，往往把爱情的体验转化为恋母情结或者恋父情结的形式或者补偿未曾拥有的亲子关系。因为担心失去爱情，会表现倍加珍惜，极少出现情感不忠的行为，容易出现情感嫉妒或者恋母或恋父情结。在过度呵护中成长的孩子，往往情感体验比较自我，严重者唯我独尊，过度要求对方给予关心和照顾，缺乏包容性，缺少爱的付出。生活中遇到挫折，常常需要原生家庭的呵护，表现为恋母情结未了，俗称巨婴或妈宝男、娇公主。谈恋爱时可以激情四射，婚后情感的维系和爱情的保温性常常易出现波折。

　　爱情是人生情感体验最激烈和丰富的时期，如果把人生寿命作为横轴，情感体验的强度作为纵轴，爱情就是这条抛物曲线的顶点。至于顶点之后"爱的情感体验"能否长期维持在较高水平，来自婚后双方爱情的维系能力和转换为亲情的心态。理想的爱情，是在婚姻早期情感体验的强度到达顶点之后，"爱的激情强度"能长期维持在较高水平的缓慢下降，而第三轴"爱的幸福度"体验值能够随着年龄的增加而增加（如图5-4）。

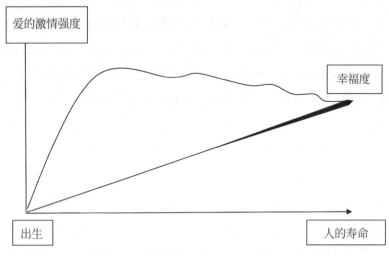

图5-4　人生理想的爱的幸福度

　　在新的亲子关系中，早期对孩子的高质量陪伴十分重要，但是，过度关注孩子的情感，过度呵护孩子的成长，常常导致家庭的核心情感关系——爱情体验的降温甚至消失。作为父母忽略了爱情温度的维持，常常逐渐导致家庭矛盾的不断出现、夫妻情感的疏远、人生的三观分离。动荡和争吵的家庭常常引起孩子心灵深处的不安全感和青春期的过度叛逆。原本美好的爱情在进入婚姻后，逐渐消失殆尽，甚至真的被婚姻所埋葬。追求爱情体验的人，忍受不了此情此景、忍受不了没有爱情的婚姻或者对方的三观改变，破茧重生式的离婚时有发生。在东方文化氛围中，多数夫妻情感疏远的人，从维系自身社会形象、维系家庭的完整、呵护孩子幼小的心灵考虑，不会轻易离婚。慢慢忽略或者降低了婚前的爱情体验，夫妻之间的情感交流形成平淡无奇、无激情体验，就像俗话说老夫妻相互牵手，好比自己的左手握着右手。爱情维系较好的夫妻，随着年龄的增加，随着激素的减少，生理和心理的爱情体验也会自然向着亲情体验转化，但是，他们的幸福体验度不断增加（如图5-3第三轴），拥有平和温暖的心境，幸福感更加具有稳定性、持久性、感染力。

4. 亲情的付出

无私的母爱是孩子的幸福基石，也是母亲自我成长的良机。

胎教知识已经普及大众，听音乐、抚摸自己的腹部、和胎儿说说自己的知心话，都是母爱的早期表达。母亲同样在辛劳哺育中，体验着赋予孩子爱的幸福和被依赖的成就感。赋予孩子母爱的权利被剥夺，母亲往往出现情绪波动或者精神行为异常。莫言的诺贝尔文学获奖小说《蛙》[1]，就清晰地展现出母亲被剥夺孩子、被剥夺哺育权、被剥夺赋予爱的权利之后，表现出的精神失常。

母爱是神圣和伟大的，是我们每个人"情感幸福"获得的基石。现实中，大多数人，不会经历母子过早分离的痛苦体验。但有一些不良的亲子关系，容易导致双方"爱的伤害"。

（1）母爱的过度呵护（溺爱）。中国独生子女家庭常常出现过度关注孩子的生活、学习、感情等全方位的问题。作为父母总是想到照顾好孩子，以孩子为家庭运转的中心。过度呵护常常导致父母与孩子的感情相互过于依赖，不自主地出现分离性焦虑或者过度担心失去对方。现实生活中，我们可以看到2～3岁的孩子还在吃母乳；上小学的孩子还哭闹着不愿意离开妈妈；上中学的孩子，父母

第五章　幸福7层次论

235

---

① 莫言著：《蛙》，浙江文艺出版社，2017年1月版。

代背书包，还要天天接送；大学生还需要父母陪读陪生活；结婚后的生活常常被父母干预。这些过度呵护或者干预恰恰严重影响了孩子的成长，这种不愿意进行亲子关系分离的行为，常常造成孩子的过分依赖，同时，这是父母心理不成熟的表现。

（2）父母的过度要求：有的父母常常认为孩子是自己的一部分，或者属于自己的。孩子没有按照自己的想法或者愿望成长，就会感到焦虑不安。有的父母常常严格要求孩子培养生活起居的良好习惯，高要求孩子的学习成绩和表现，干预孩子择偶的标准等。东方文化常见过度责备或者批评式教育，常常无意中伤害了孩子"爱的幸福体验"。在成长中，部分情感敏感的孩子体验不到什么是真诚的爱，体验不到无私的母爱，体验不到背靠大山一样的父爱。从自然天性来看，大多数父母都是怀着无私的爱去关心和呵护自己的孩子。但是，在传统不良文化侵袭下，在过度担心孩子的安全心态下，在望子成龙望女成凤的欲望驱使下，孩子常常感到自己是在为了父母生存，自己没有独立的能力，不能够离开父母。孩子体验不到父母的无私的爱，感到与父母在一起不愉快甚至产生憎恨父母的扭曲心理，自然长大后也不会真诚地、大胆地爱着其他人。

父母不能做孩子的终身保姆，更不能做孩子的统治者。能够敢于分离的母爱才是伟大的。孩子的培养需要因材施教，高质量的陪伴是较为正确的途径。

幸福层次论第4层次就是作为有独立意识和人格的人，体会到各种情感，能够接纳各种情感，成为拥有情感独立性的人。情感归属感的幸福是人类幸福的核心内容。幸福本身就是情感体验，来自原生家庭的爱、友谊、爱情、婚姻等亲密关系的情感获得。

当我们在成长过程中逐步获得情感归属的幸福，获得情感独立的能力和体验，持久的幸福就来到。这种能力一直拥有，那么终身幸福就会陪伴着你。

情感独立滋养和安抚我们不安全感的心。情感独立者开始具有阳光人格的勇敢、独立、平和的心，向上发展高层次幸福也将是人生的必然。第4层次的情感独立和最底层的"被爱的幸福"相互联结，保持着从胚胎到成人成长阶段的情感联结的连续性，就好像一座楼房的连着地基的支撑骨架，在此基础上添砖加瓦，完善人生。这些幸福的正能量和阳光人格是自尊的基础，将促进我们创造性地用于追求事业、社会价值，获得亲人进一步认可和社会的尊重，将会逐步实现自我定义的人生价值，探索生命的意义，实现自我。

五、第5层次"被尊重—自尊的幸福"

获得"被尊重—自尊的幸福"能使人对自己充满信心，对社会满腔热情，体验到自己活着的用处和生存的价值。尊重的需要分为：内在的尊重和外在的尊重。

外在的尊重是指一个人希望有地位、有威信，受到别人的尊重、信赖和高度评价，它包括社会中的所有名权利。绝大多数人，因为人类社会属性的原因，人生主要阶段都处在竞争和追逐名利的过程中。人人都希望自己有稳定的经济实力和社会地位，需求个人的能力和成就得到社会的承认，马斯洛需求理论无形中误导"外在自尊"的追求。从初入幼儿园，就会力争自己的表现优异，获得老师的赞扬或者小红花的荣誉，开始了人生追逐名利的航程。学生时代，开始追求学习成绩的优异，或者老师、同伴、家长的认可；结婚后，开始寻求伴侣的认可，追求财富或者社会的地位；到年老时，部分人还在过度追求自己的名利，如不断积攒财产或者维持自己的社会地位。既往认为追求外在尊重是每个人不可避免的，是需要追求的，也是人生成长必然的过程。

在第4层次情感归属的幸福体验基础上，尽早从内心体验"被尊重—自尊的幸福"，不是刻意追求尊重，是按照"被尊重的体验"去自然获取"自尊"。

内在尊重就是人的自尊，内在的尊重是指一个人希望在各种不同情境中有实力、能胜任、充满信心、能独立自主。自尊的获得和维持在人生的心路历程中尤为重要。拥有了坚实的内在尊重（自尊），才会拥有真正的尊重，才能获得"第5层次的幸福"。自尊不是表面的自以为是或者自傲，更加不是过度谦卑的低姿态。自尊建立的基础是全方位认知自我和接纳自我。自尊的建立包括自我能力的肯定、自我情感体验的肯定、自我生存意义的肯定和自我开放式思维模式的肯定。自尊首先来自原生家庭的亲密关系体验，来自家人的爱和赞扬，其次来自成长中战胜挫折的体验，最终形成自我独立定义的生存意义。

外在的尊重可以部分转化为内在的尊重，长期获得外在尊重者，内在尊重的形成概率相对较高；外在尊重的获得过于顺利，不利于内在尊重的形成；外在的尊重不能代替内在的尊重，甚至过高的外在尊重导致内在尊重的体验扭曲如自我膨胀、不可一世的表现。长期无法获得外在尊重者，通常是自身缺乏内在的尊重，同时进一步影响内在的尊重或者本身薄弱的内在尊重易被逐渐削弱。

内在的尊重是战胜人生挫折和困难的基石，是获得持久幸福力的最重要支柱。内在尊重的强大，有利于获得外在尊重，甚至必然能够获得外在尊重；内在尊重的建立是人生的长期过程，需要挫折的历练与铸造，甚至出现主动放弃或忽略外在尊重。内在尊重的缺乏常常是心理障碍的起因。

来访者昌河，男，高三学生。因为情绪低落，失去学习兴趣，注意力不集中前来咨询。在心理治疗过程中，发现他对自己外在尊重的要求过高，存在典型的"完美主义"。他的学习总成绩在年级前10名，可他的要求是每门功课包括体育成绩都应该达到年级前5名。他认为只要自己够勤奋和努力，就应该可以做到全年级第一名。通过努力学习，他的一半学科在全年级前5名，但是，体育成绩和文科科目成绩始终一般。为此，昌河感觉自己如此努力都不能达到确定的目标，证明是无能的，如果其他同学像自己一样努力，自己的成绩排名估计要倒数了。为此，他感到羞愧和情绪低落，渐渐感到如此无能和痛苦，学习成绩自然一落千丈，感觉学习生活毫无意义，不如了却自己的生命。

了解原生家庭状况，父亲权威暴躁，母亲羸弱，父母长期情感不和，为争吵型家庭。昌河在成长中，感受到较多的不安定和不安全感，感觉自己学习成绩好，可以换取家里的安定，把父母的不和谐，归结到自己的表现。在原生家庭，很少得到父母的赞扬，没有形成自己内在的尊重，长期追求外在的尊重——学习成绩，并且不知道如何把外在的尊重转化为内在的尊重，忽略了内在自尊的建立。

此类缺乏内在尊重者，一旦追求的"外在尊重未获得"，就会产生欲望和实际脱节的痛苦情感体验，常常导致抑郁症。部分人把此痛苦情感转化为指向他人或者社会的愤怒情绪和行为，出现强烈的报复心理和犯罪行为。新闻报道的反社会或者伤人事件，常常与内在尊重薄弱有关，即使是饱读圣贤之书的知识分子，同样会出现此类情绪和行为。

六、第6层次的幸福——自我实现的体验

第6层次的幸福——自我实现对应马斯洛需求论中的最高层次，它是指实现个人理想、抱负，发挥个人的能力到最大限度，完成与自己的能力相称的一切事情的需要。也就是说，人按照自身爱好兴趣，发挥内在动力，做了自身和社会均认可的工作或者成绩，这样才会使他们感到最持久的幸福。马斯洛提出，为满足自我实现需要所采取的途径是因人而异的。自我实现的需要是在努力实现自己的潜力，使自己越来越成为自己所期望的人物。

很多人都明白自我实现的道理和价值，但是，在现实成长和社会生活工作中，常常遗忘了这一最高层次的需求。有的人，停留在追求物质享受；有的人，徘徊在追求充分的安全感中，瞻前顾后，患得患失；有的人，徜徉在情海中，不知人格进一步的成长和进取；有的人，追求外在的社会地位和名利，忘记近在咫尺的自我实现。

第6层次——自我实现的幸福，通常需要从第1层次"被爱的幸福"获得，逐步获得高一级层次的幸福感，从而最终获取。但是，个体通过自身心理素质的培养，可以直接从任何一个层次的幸福跨越至第6层次的幸福体验。比如苹果公司创始人乔布斯，是个从小没有获得充分安全感的人，他通过自身学习和自我能力的提升，充分发挥自身的潜能，获得巨大的社会成就，并且有效转化为自我实现的获得感，从而由低层次不满足直接跨越到高层次的幸福。

自我实现的获得，更重要取决于个体的主观信念和目标。如果个体把第2层次基于物质的幸福作为最重要的人生追求，每天把衣食住行安排得顺心如意，把知足常乐作为人生座右铭，心平气和地接受当下的生活，品味不同物质的美好，自我定义当下的能力就是每一个小的"自我肯定"，当下的成就就是每一个小的"自我实现"。按此模式，同样可以获得第6层次幸福。

获得第6层次幸福期间，常常表现出博爱情怀。当孩子长大，与父母情感逐渐分离、亲子关系疏远和夫妻爱情体验下降是多数人必然的经历，爱的幸福体验是否到此结束？博爱往往是我们不小心忽略的情感体验，并不是事业有成、大富大贵之后，做了慈善家才能获得博爱的情感体验。博爱可以在你的工作生活中体验，对于情感寄托和交流较少的人们，如孤寡老人、离婚后的独居、空巢家庭等，关注博爱的体验和付出博爱的行动就是自己爱的幸福体验的升华。其实，我们大多数人的社会工作就是一种博爱行为，在为自己挣取社会劳动报酬的同时，如果你从为社会他人作贡献的角度看，所谓人人为我、我为人人就是博爱行为的诠释。只是，我们常常没有用心去体验自己的博爱行为。如果我们可以在工作之外，增加关心社会环境、关心社会弱势群体、关心社会的急需，主动奉献自己的微薄之力，我们的博爱的情感体验就会增加，它会填补我们缺失的爱情体验、亲情体验，会获得较持久的幸福感。

七、第7层次幸福"无我"

佛语"无我"是一种只可心领神会，无法用语言完整表达的状态。原始佛教在《相应部经典》[1]中着重论述了佛教的无我论，如"无常是苦，是苦皆无我""此行非自作，亦非他作，乃由因缘而生，因缘灭则灭"。认为世界上一切事物都不会自主，而是种种要素的集合体，不是固定不变的单一的独立体，而是种种要素刹那依缘而生灭的。大安法师说："无我"并非什么事都无所谓，"无我"是摆脱我执、我见、我爱、我慢等这些与生俱来的烦恼习气，不要受它控制。"无我"的状态，是要从空性中去领悟。追求无我的境界，不是消极、怯弱，不是退让、平庸，不是无为、麻木，而是为了和平、友爱，为了团结、互助，为了避免许多烦恼、痛苦、伤害。如何达到无我的境界呢？就是将心放宽，心宽而能容万物所有能容之海量、心宽而能容人世间所有的误解委屈之度量、心宽而能容君子是非之人的宏量。寒山诗云：

> 杳杳寒山道，落落冷涧滨。
>
> 啾啾常有鸟，寂寂更无人。
>
> 淅淅风吹面，纷纷雪积身。
>
> 朝朝不见日，岁岁不知春。

重建幸福力

① 释印顺著：《原始佛教圣典之集成（全二册）》，中华书局，2011年10月版。

寒山寺这首诗也是对我无境界的一种诠释，心中无杂念、无私欲、无是非，就是无我。

想要达到无我的境界，就必须净化我们的心灵，看淡世间繁华，有宽容之心，有强大的自制力，有一种坦荡和淡定的心态，有一种我为人人的精神。只有无我，才能做到：宠辱不惊，坐看庭前花开花落；去留无意，仰望天空云卷云舒。老子的智慧是：虚则是无我，静则是无欲。因此，无我，重要的是无杂念；大隐隐于市，小隐隐于林。将世间的一切烦恼放下，无我而度芸芸众；将生死看透，无我而使自己融入自然。

我的通俗化表达"无我"，就是心无旁骛、心无杂念达到的至高境界。实现了"无我"状态，"我"就是世界，世界就是"我"，我和世界是相互融合，合二为一。"无我"就是无条件的安全感、无条件不愤怒、无条件的自尊，是幸福的至高境界。获得"无我"的境界，需要来自基底层的"被爱的幸福"直到第6层次的"自我实现"方可能有机会。不能妄自尊大，切忌过度忍让、过度压抑自己的人性，过度讨好、过度谦让导致自己心理能量被掏空，把自己变成过度善良、背负过多包袱的抑郁症患者。世间的人获得"无我"状态者，少之又少。即使无法达到，但是，作为每个人的幸福目标，无可厚非。

八、幸福层次论的总结

从7个层次的幸福特征剖析性描述，似乎幸福层次越高，幸福的厚度越高，幸福的持久性越高，幸福的抗挫折性越高。对于个体，在生活工作中，会同时体验到低层次和高层次，甚至多种层次的幸福。如一公司员工，因为工作成绩突出，获得额外奖金和上司的赞赏，即就可以同时获得第2层次物质、第5层次尊重、第6层次自我实现等多个层次的幸福感。但是，幸福需要有心人善于去体验的，甚至需要自身把它由低层次向高层次转化的。现实中，幸福常被忽略或者只是体验到不幸福的情感或者被专注的现实事件所掩盖。

幸福首先取决于个体自身的要求、自身的感知和给予的定义；其次，幸福较高层次似乎更加具有持久性。低层次的幸福感是高层次幸福的获得基础，但是非必要条件。举例第4层次幸福分析，没有安全感或者从小就缺乏安全环境培养的孩子，通常情感归属的幸福感较低。但是，如果能够获得高层次的"情感归属的幸福""自我实现的幸福"，不安全感常常获得自我修复，安全感幸福感自然产生。获得这一切幸福所需要的核心能力，就是"情感独立的能力"。

第六章

如何培养情感独立的能力

第一节　痛苦体验的四个等级及情感独立的获得

一、痛苦体验的四个等级

情感不安全感人格感受到或者带来更多的是痛苦体验和负能量，阳光人格伴随的是幸福体验和正能量。幸福的背后就是痛苦，幸福分为7个层次，痛苦又如何分级？痛苦体验同样存在个体化，每个人的痛苦经历和体验不同，但是，每个人体验的痛苦针对个人都是创伤，甚至是致命的。幸福是持久的平和和舒适感，是产生心流。痛苦就是持续的折磨、难受、压抑，伴有情绪波动感。在获得幸福7层次的1～4个层次的幸福后，因为有爱的流动和安全感的幸福，情感独立性高，挫折商高，通常就不容易发生持续的痛苦。情感独立性是决定"安全感的幸福"的核心力量，根据四个层次的情感能力的缺乏，产生痛苦的四个等级：

第一级，没有主动体验被爱、被关心、被尊重的能力。表现孤独、自我情感封闭。

第二级，不能主动表达自己情感，包括爱、尊重、愤怒、拒绝、分离。表现压抑、被动、自卑、懦弱。

第三级，不能接纳外界给予的欺骗、冤枉、愤怒、拒绝、分离。表现怒而不敢言、委屈、害怕、不安全感。

第四级，不能直面生死。表现焦虑不安、谨小慎微、过度自我保护。

痛苦的共同模式：当面对自己的需求不能满足时，你就会产生执着的对抗和纠结心理，内心停留在矛盾环境和执着的挣扎中。因为情感能力不足，不能自拔，导致痛苦体验不断延续，这就是痛苦的源泉。

痛苦的四个等级相互渗透和影响，相当于一个环形结构（图6-1）。

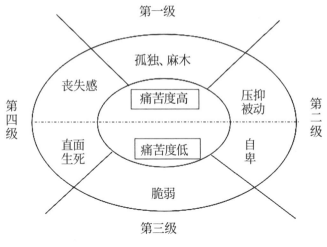

图6-1 痛苦体验分级

第一级孤独是痛苦度最高的。孤独是持久痛苦的核心体验，没有人爱孤独。爱独处的人，不是享受孤独的人，而是有能力抵抗孤独的损害，他们有内心足够的情感联结和自己爱自己的体验，独处只是表面的非联结状态，自己内心在独处时的短暂时间段，正是享受既往存储的内在联结感。

第二级压抑的痛苦度是较高的。当一个人完全压抑和不能表达情感，他就是一个孤独者，痛苦体验很高；当一个人仅仅是爱的主动表达能力不足，就是自卑、较冷漠和自我保护者，属于痛苦体验较低（图6-1所示，虚线下部为低痛苦指数区域）。

第三级脆弱的痛苦度通常较低，在周围亲密关系的支撑和呵护下，较容易摆脱痛苦。当亲密关系者给予身体和情感伤害，如家暴，就会同时涉及损害第一级被爱的缺失感和第二级的敢怒不敢言的压抑的痛苦体验。

第四级直面生死的痛苦，对于情感独立能力较强者，同样会产生恐慌和短时痛苦，痛苦度较低，也是一次心灵升华的机遇。对于情感独立能力缺乏者，没有亲密关系和被爱的体验，容易产生麻木感加剧。对于情感独立能力不足者，同时拥有被爱的体验者和亲密关系依赖者，情感的创伤极大，容易产生丧失感和第一级的孤独感，甚至是致命的，痛苦度高。

二、情感独立的四个能力

第一层次，主动体验正能量：被爱、被关心和被尊重的能力。

第二层次，主动表达自己的各种情感：爱、尊重、愤怒、拒绝、分离的能力。

第三层次，敢于接纳负能量：被依赖和给予的愤怒、拒绝、分离。

第四层次，敢于接纳被剥夺爱和直面生死。

最终这些能力相互融合为一体，做到敢于自省自察，自己爱自己。

在第一、第二层次的情感能力获得的过程中，主要需要认识自身的不安全感人格特征，好强（红）、依赖情感（黄）、回避（蓝），根据关系对象和成长时期，调整和修正自己的不安全感人格特征。以最容易产生压抑情绪的蓝色回避人格为例，需要强化自己的情感依赖，增加自己的好强，降低自己的回避，敞开自己的心扉，获得被爱的感受能力，学习爱他人，自己爱自己。在获得充分情感依赖的基础上，给予亲密者和他人依赖，形成安全型依恋体验，然后尽可能向着阳光人格方向发展。

在第三、第四层次的情感能力获得过程中，需要以安全型依恋和积极正能量的情感人格作为主导，去获得向着勇敢、独立情感、坦然平和的阳光人格发展的心。阳光人格已经和不安全感人格的红黄蓝具有本质的不同。面对负性情绪的攻击和负性事件的打击，可以勇敢坦然面对，可以笑纳和宽恕，可以化负能量为正能量。

第二节　第一层次情感能力：
主动体验被爱、关心、尊重的能力

　　胎儿被生下来时，是没有自我生存能力的，所以，人天生是脆弱，没有安全感的。生的本能驱使我们主动体验被爱、被关心。在胎儿期，胎儿没有爱的表达能力，但是，妈妈的爱就能被胎儿体验到，在妈妈爱的传导中，孩子不断体验到被爱，逐渐学习了低级的原始反馈。出生后，同样首先是体验被妈妈拥抱、被喂养、被关注的爱，婴儿逐渐出现被爱的体验、出现依赖感。体验爱的能力总是早于爱的表达能力，有了母爱的婴儿，才有表达爱的基础。现代文明社会的不断发展，要求人们必须学会主动表达自己的爱和意志力，但往往忽略了，我们自身是否给予胎儿、婴儿、儿童、青少年充分的爱。被爱的体验能力来自母爱和父爱的传递。

　　在成长早期，被爱的感受对于孩子尤其重要。不同天性的孩子和不同气质的孩子，感受被爱的方式和能力不同。作为家长应该根据孩子天性，因材施教，顺其自然，给予孩子能够感受到的爱的方式。

　　在成长期，没有得到爱的体验的孩子，如何提高自己被爱的体验是我们主要阐述的内容。

一、胎儿期

获得母爱抚摸较多，胎教温暖的胎儿，出生后常表现为安全依赖型婴儿，属于易养型。在胎儿期获得母爱抚摸极少，孕期母亲情绪大幅波动者，胎儿出生后表现为反抗、回避型婴儿，属于难养型。

二、儿童期

在此期间有心灵创伤的孩子，需要新的监护人，授课老师、心理治疗师在集体游戏、沙盘治疗、学习教育中，多多鼓励他的特质，赞扬他们的优点，敢于请求他帮助同学和老师，给予积极正能量回馈。这样的孩子，就会慢慢获得被尊重、被呵护、被爱的体验。

美国黑人歌星迈克尔·杰克逊，在童年时期，长期受到爸爸严厉的封闭式教育，因为父亲不给予他和黑人的孩子在一起玩耍的机会，加之在黑人种族被歧视的状态下，他没有机会和白色人种的儿童一起游玩和交朋友。爸爸的压迫式教育，让杰克逊产生渴望和同龄的孩子游戏的欲望，产生自己就是不应该有着黑色的皮肤，厌恶自己是黑种人的念头。长大成名后，他有了自己的社会地位和名望，然而，安全感不足的体验还在。遗憾的是，应该叛逆的对象爸爸已经不存在，只能在现实中向着自己的身体肤色开刀，把自己的皮肤换成白色，只能通过慈善模式抚养很多儿童，弥补自己童年缺失的自由和游戏的快乐。但是，因为时间和空间的错位，因为没有得到社会合理的理解和认可，没有得到爸爸的重新认可，没有机会重新认可爸爸，他无法真正从内心认可和接纳自己的一切，自然得不到真正的爱情并建立新的亲密关系，只能沉迷于酒精毒品、狂欢派对等一时麻醉和放纵之中，在才气横溢、风华正茂的年龄结束了自己的生命。

三、青春期

此时期如果还没有体验到被爱的感受，部分孩子表现为担心、懦弱、退缩现象，易放大周围人际关系造成的伤害，容易产生抑郁、焦虑情绪或疾病；相反，部分孩子同样放大不良事件对自己的伤害，体验不到正能量和被爱的感受，表现过度叛逆行为，成为反社会、沉迷游戏、物质依赖成瘾等问题少年。

小育，男，14岁，初二，经常打架斗殴，因行为冲动来就诊。他从小为留守儿童，爷爷奶奶溺爱，小学读书表现聪明伶俐，文体各方面都很优秀。初中来到父母工作的城市上学，感受不到父母的关心、体贴和温暖。父母都是在城市做体力劳动的工人，经济条件一般。自己在初中学校，感受不到既往在农村小学被捧为中心的体验，感觉成为被忽略者或被蔑视者。上学一年后，深深体验到爸爸妈妈在城市的贫穷和社会地位的低下，时常在学校和同学发生矛盾，甚至两次动手打了同学。在家里，爸爸妈妈没有文化，不知道如何教育，天天叮嘱他要听学校老师的话，遵守学校纪律，好好学习，不要辜负爸爸妈妈好不容易争取来的城市学位。小育感觉父母不理解自己，打架的起因都是同学先挑衅，不知道和老师沟通，只会数落自己，逐渐看不起自己父母，加上从小和父母接触较少，越来越体验不到父母的爱。初二开始，自学摩托飙车，想当赛车手，被家长制止；学习打游戏，技能超一流，参加业余电竞比赛获得市级一等奖；喜欢打篮球，很快进入校队。但是，这一切都被家长认为不务正业，坚持限制他少去玩这些项目，不给多余的零花钱。心理医生的系统治疗未能进行，嘱咐父母应该改变爱的方式和策略，建议父母让孩子参加电竞职业均未能执行。小育在父母的限制下，一点不安分守己，表现极力的过度反叛。首先，在学校建立了以自己为首的欺凌者、放高利贷和收取保护费小团体；其次，利用这些赚来的钱，买摩托车，改装成赛车，参加夜间的黑市摩托车飙车赌博；自称赚的钱比父母两个人的还多，更加不认可父母。在初三父母管教时，出现多次砸毁了家里物品，甚至有一次打了爸爸和妈妈。初三下学期，被老师发现他收取保护费和欺凌同学的行为，被勒令退学。退学后，因为一次打架斗殴，打伤对方为重度伤害，被拘留判刑，送入劳教学校。在此案例中，他在三岁后，始终没有体验到被父母爱的感受，尽管聪明绝顶，却逐渐走向敌对父母和犯罪行为。

小奋，男，17岁，因反复情绪低落3年、自杀行为3次就诊。在家中，他有个要求严厉，不断指责、体罚的妈妈，有个不管不问，经常不在家的爸爸，类似单亲母亲的权威型家庭。小奋自称小时候能够感受到被母亲的爱，本性乖巧和倔强，学

习优异，交友尚可。青春期开始对妈妈的惩罚非常抵触，感受不到妈妈的爱，感觉好像没有爸爸的存在。内心反叛，但是，叛逆被妈妈的矛盾性母爱和奶奶的控制型爱压制，感到痛苦不堪，只能把压抑通过惩罚自己来发泄，在痛苦的黑暗中，越来越抑郁，以至于反复出现轻生的行为，呈现黄（主）蓝（次）红（弱）的被动依赖—柔弱型。

妈妈感到了问题的严重性，多方求医，心理咨询做了数次，只是部分缓解。高二学业被耽搁，不愿意再回原来学校读书，甚至沉迷网络游戏，感到自己人生迷茫。

在重新系统心理治疗中，孩子长期住在姑妈家里，不愿意再回到自己家中。在姑妈给予了充分理解和温暖型爱，在寄读学校期间，朋友的关爱，在被心理医生共情、移情的关爱下，他慢慢重新体验到被爱的感受。经过12次心理治疗，药物种类和剂量大幅减少，重新找到学习的方向和生活的动力，积极学习外语和心理学，面试成功国外的心理学本科专业。父母在心理治疗导师指引下，妈妈改变自己的完美性人格，爸爸痛改前非，父母共同学习如何表达对孩子的爱和体贴。小奋树立的人生职业追求，在得到部分社会认可，增加了好强（红）的同时，降低自己回避（蓝）原生家庭的情感。自己逐步体验到被父母爱的感受，重新认可父母，父母重新认识自己的孩子，给予赞扬和重新认可。接纳了原生家庭，一家人的亲密关系重新建立。更重要的是小奋通过痛苦的人生经历，找回被爱的体验，找回如何做自己的感受、如何爱自己的感受。同时，积极探索自己的社会职业方向，专注当下学习，提升社会技能，情感呈现为黄（主）红（次）蓝（弱）的主动依赖—温柔型。

实际生活中，一个人主动体验被爱的感受，经常需要具备敢于主动索取被爱或者请求他人帮助的能力（第二层次的主动表达情感的能力）；在这种行为活动中，给予帮助你的人积极正能量的感谢和反馈，成为主动表达尊重的人，让他人获得尊重的同时，自己就可以获得被爱、被尊重的感受。

这种被爱、被尊重的感受，来自自己的主动性，来自请求帮助的动机和需求，来自对他人的帮助给予积极反馈。它不同于带着过度善良、讨好型的心态去主动帮助他人，然后等待他人或者社会的积极反馈和给予的爱。它不同于第二层次讲的主动积极给予他人的合理帮助，做自己力所能及的事，不在意最终的结果，只是在意帮助的过程。

四、爱情期

在青春期未能得到或者丧失的被爱的体验，在爱情期将是重新获得它的最好机会。爱的体验能力不足者，多数存在较多回避深层次情感的蓝色基调。当然表达深层次爱的能力也是不足的。

在爱情中，首先需要打开自己封闭的情感，同时，需要温暖型配偶不断融化他那冰冷的心。被爱的体验的产生需要时间和人生经历，就像《哪吒之魔童降世》电影角色敖丙的封闭的心，最终被哪吒的热情、正能量感化，和哪吒的心融为一体。夫妻之间爱到深处，就是两颗不同的人性的心再次融为一体，就能够化茧为蝶，出现重生。

五、亲子期

没有爱情，没有被爱的感受，在亲子期，就很难恰当地爱孩子，过度溺爱或者过度管教或者漠视都会伤害到幼小的孩子。这样孩子被爱的体验得不到，将是他终身需要修复和弥补的能力。

这个时期，是再次提升自己被爱的能力的良机。主要方式：（1）夫妻情感中爱的互动，从配偶身上体验被爱，并传导至孩子身上。（2）来自本章第四节段讲述的被孩子依赖的能力的培养，在敞开胸怀被孩子依赖中，重新建立自己爱孩子的能力，逐步找到被爱的能力。

六、自己孩子的叛逆期

如果前面阶段都没有形成足够的体验被爱的能力，在自己孩子青春期，必然出现对孩子较大的伤害。没有爱的体验的人，一定是负能量满满，不是自责就是他责，青春期孩子的叛逆可能可以激发父母重新认识自己，改变自己人生的轨迹，重新寻找爱情、友情、博爱。重新获得被爱的感受，才能够继续"自己做自己"的人生之路。在此时期，没有被爱的体验的已婚者，通常都会离婚或者成为单亲妈妈或者爸爸，更多的重新成为独身者。没有体验被爱的成人，在经历挫折后，容易形成反社会的人格，存在毁灭自己或者他人的风险。如果还有一点爱的力量，去做做公益活动或者公益事业，在无私的爱的奉献中，体验自己的价值和被尊重感，可以逐渐再次获得被爱的体验。每个人，在人生的每个时间段，都应该做公益事业，体验无私奉献爱的经历，对增加每个人被爱的感受性具有普遍的价值。

第三节 第二层次能力的形成

一、爱的能力的表达

我们天性就有爱的本能。我们爱大自然，爱身边的朋友，爱亲人，爱陪伴你的配偶。我们尊重老师、长辈、同事，甚至一切人生偶遇的人。爱的能力和不安全感人格的类型密切相关。

具有回避型人格为主的蓝色调者，不自主隐藏自身的感受，爱的表达能力较低，尤其是深层次情感表达能力较低。蓝色人格，多数是在原生家庭，没有获得母爱或者同性别长辈的爱。

阿峰，男，企业老总，事业成功，属于蓝（主）红（次）冷漠—讨好型人格。在幼小时期，父亲为政府官员，把工作的职业特征带到家里的生活中，典型家长权威式。阿峰从小被父亲严格要求和长期指责性教育。母亲在家里单方依赖父亲，不被父亲尊重，母亲有给予情感绑架式的爱，那也不能弥补父亲造成的压抑和创伤。青春期，他开始逐渐极力反叛，不按照爸爸要求选专业，毕业后被迫接受爸爸安排的工作两年，再次叛逆辞职下海经商。在经商资金周转不灵，经济危机时刻，爸爸都是断然拒绝支持和帮助，讽刺和蔑视他的能力。然而，阿峰通过努力，不断经受社会挫折，最终获得经商的成功和价值。但是，爸爸始终不予理睬，直到因病去世，爸爸都不接受他的物质孝顺，不认可他的工作成绩。阿峰认为自己从小可以交朋友，而且很多朋友，但是，真正能够说心里话的朋友一个都没有。

通过分析他的交友模式，发现他主要是以主动付出自己的劳动或者物质，来赢取他人的友谊，从来没有把自己内心的情感体验和感受与朋友交流，极少请求别人帮助，认为任何事情，自己通过努力都能够逐步实现。随着年龄增长，他越来越不喜欢社会交往。工作上的业务往来，主要是做外贸生意，和外商洽谈，不需要讲人情和社交，自己很擅长。涉及生产中国内供货商的问题，自己都是让手下经理出面社交和沟通。32岁才经人介绍认识现在的爱人，妻子温暖贤惠，自己好像找到了敢于表达爱的感觉。但是，婚后自己始终在不断给不同的人付出，尤其是原生家庭的姐姐、妹妹和母亲，不自主地送给她们超出亲情范围的物质和精力。为此，爱人不理解，因此出现婚姻矛盾，自己也反复陷入资金周转困难的困境。但是，他至今感到爱人不理解自己，自己也没有交心给她，包括自己公司的资产、遇到的困难、自己的收入等。对孩子无尽的宠爱，现在两个孩子成了他内心无形的依恋对象。

通过心理治疗，他认识到自己的冷漠—讨好型人格，来自爸爸未给予的认可和尊重。为了在社会获得认可和尊重，他好强努力，讨好他人，却一直隐藏着自己内心的自卑和脆弱。他特别希望获得原生家庭亲人的认可，所以，不断讨好亲情，超负荷给予姐妹和母亲物质，以期获得认可。随着经济的好转，特别是爸爸10年前去世后，自己却走入越来越给予原生家庭付出和讨好的行为。这种行为除了追求原生家庭认可，潜意识中，存在叛逆的本能表现。在爸爸去世前，一直没有获得爸爸的认可，也就是没有叛逆成功。爸爸去世后，自己的确经济和社会地位得到很大的提升，因为无机会直接叛逆爸爸，于是，通过给予自己姐妹的过度付出为主，而不是给予妈妈的孝顺，向爸爸证明自己就是最优秀的、最成功的。阿峰回忆在爱情和婚姻早期，其实特别感谢自己的妻子，是她在自己落魄时给予自己温暖、鼓励和勇气。但是婚后，他把妻子给予的爱，当成妻子应该付出的，认为妻子就是应该和自己一起过着节俭性的生活。在系列心理治疗中，他逐步认识到自己的回避型（蓝主）的不安全感人格，认识到自己婚后没有打开心扉，真心地爱过自己的妻子，没有把自己内心的脆弱坦露在自己的妻子面前，过着伪善和过度付出的生活。他是怕自己内心的情感脆弱被人触碰和再次伤害，并把内心不认可父母情感的阴影投射在妻子身上，所以时常对妻子实行冷暴力。

阿峰是一个封闭情感的蓝（主）红（次）黄（弱）特征者。在人生经历中，始终没有获得爸爸的认可，对原生家庭的亲人和好朋友，长期表现为付出型或讨好型人格。为了获取爸爸的认可，不断努力学习，拼命工作，在事业追求中，逐步转化成好强的红色人格为主，即红（主）蓝（次）黄（弱）的自恋型人格。在来访时，建议维持好强（红）人格、降低蓝色人格，提升和培养情感依赖（黄）人格。

2020年的疫情期间，他们夫妻进行了深入的情感沟通，相互理解和宽恕，他再次感受到妻子的温暖和找回了曾经拥有的爱情。他在春节期间，给逝去的父亲写了一封宽恕的信，在祭拜祖先的仪式中，把信焚烧在香炉中。阿峰开始尝试主动表达对妻子的爱和依恋，平和接纳妻子对自己的不满，妻子也逐步认识到自己存在的自恋特征和得失心。请关系不良的妻子介入，修正夫妻情感，进一步修正阿峰成为敢于打开心扉和情感依赖人格的表达，逐步转变不安全感人格为黄（主）红（次）蓝（弱）主动依赖—温暖型特征，更重要的是蓝色（回避）基调的情感人格在人生中逐渐变为透明蓝色性质的坦然平和，再经过修心和成长，形成浅蓝或者浅绿色基调光线的阳光人格，表现为大度、平和、坦然、仁爱，夫妻计划利用自有企业资金，将来做些力所能及的慈善事业。

股神巴菲特也是类似的成长经历，但有着不一样的过程和结果。在他第一任妻子的爱情温暖下，他才逐步获得情感的独立，改变自己的蓝色人格，向着勇敢—独立—平和的利他行为发展。从《滚雪球：巴菲特和他的财富人生》一书，看到巴菲特原生家庭的母亲严厉和指责性教育较多，父亲思想独立，较为温和，给予了他足够的智慧和正确的人生方向。母爱缺乏的巴菲特，拥有温暖的父爱，但是父亲陪伴较少。作为儿子，他没有获得"叛逆异性别对象"的动力。年轻时巴菲特具有较高的焦虑特质，不认可自己，作为数学天才，在面试哈佛大学时，因为不自信的表现，而未被录取。在社交中，人际关系共情和同理心较低，表现为冷静、被动、讨好性特点，非常在意別人的评价和认可，善于听取他人意见，投资超理性，不尝试没有吃过的食物，这些特征都体现了他的情感人格，属于蓝（主）红（次）黄（弱）冷漠—讨好型不安全感人格。冷漠这一情感特征，在他爱情期，同样表现出不愿意深层次情感沟通和内敛的特征，主动情感表达不足。婚后，在孩子的情感沟通中，早期给予孩子情感关爱不足，最典型的就是从事钢琴事业的儿子，早期和他之间存在极其不良的关系。他不会从他人情感体验和自身情感体验角度沟通。

一个人成功和幸福的人生后面，通常都有伟大的伴侣。巴菲特妻子苏珊就是典型的榜样。苏珊是在温暖的父爱母爱环境下成长，拥有善良、勇敢、敢爱敢表达的人格，属于嫩绿（主）红（次）安全依恋型。婚后，巴菲特表现生活自理能力较低，开始依赖苏珊，苏珊没有躲避被依赖，给予了巴菲特充分的母爱般的温暖和爱情的滋润，巴菲特天天可以跳着踢踏舞去上班。同时，苏珊给予了孩子们充分的爱和关怀，同时训练他们的抗挫折能力。孩子们的成长，同时让巴菲特体验到被依赖、被爱的体验。巴菲特逐渐降低了自己的蓝色调，提高了自己的黄色情感，情感不安全感人格逐步转为黄（主）红（次）蓝（弱）主动依赖—温柔型。巴菲特说："苏珊的爱，塑造了完整的我。""苏珊改变我的信念，让我捐出了从来不愿意捐出的财富。"当然，巴菲特和苏珊在清教徒的家庭成长，提倡不断努力获得社会认可，勤俭节约，乐于慈善事业，拥有积极的价值观。他拥有的积极正能量不断积聚，不安全感的蓝色人格转变为坦然平和的蓝色光芒。苏珊去世后，在直面生死的洗礼和苏珊慈善情怀的感染下，巴菲特的人格得到进一步升华。

近二十年，巴菲特的人格表现出平和、幽默、坦然、勇敢、博爱的阳光人格的主基调，已经捐赠慈善款310亿美元。2020年在伯克希尔公司年会上，再次申明自己持有的所有伯克希尔股票，约400亿美元，在自己死后，全部捐献给慈善事业。

老子《道德经》说人有三宝：慈——有仁爱、慈悲、博爱之心，俭——勤俭、知足常乐，不敢为天下先——不妄自菲薄、不自大、谦虚、自信，巴菲特都已经做到。

人生不同时期，表达爱的能力如何形成？

1. 胎儿婴儿期

爱的能力首先来自被母亲爱的体验，一个在胚胎中，不被母亲喜爱的胎儿，出生后就会表现强烈的不安全感，成为困难型或者迟缓型气质的婴儿。在出生后，婴儿的安全感极低，在依赖母亲的行为上，可能就会表现为反抗型或者回避型行为，这其实是他想补偿内在的安全感和被爱的体验。

心理学家埃里克森认为婴儿在0~2岁主要心理发展任务是获得信任情感和克服怀疑感，就是获取最基本的安全感。婴儿的需求不被母亲或者哺育者尊重，而是被嫌弃或者漠视，没有得到充分的母爱，孩子的客体稳定性和情感稳定性就发展不良，安全感会受到极大的影响，爱他人的能力就难以形成。长期如此环境哺育，婴儿体验爱的能力也会受到极大影响。成长过程中容易形成反社会人格或者回避性（蓝色）不安全感人格。

小南，推测父母未婚怀胎，出生后母亲带着后悔和怨恨的心情哺育她，1岁前被遗弃在大街上，当时已经奄奄一息，被路人捡到送到福利院，1岁时被没有生育能力的养母（单身）领养。养母给予了较多的纵容性溺爱，孩子逐步出现自我中心意识的自恋人格，不能违背她的需求和心愿，形成典型红（主）蓝（次）黄（弱）自恋—他责型不安全感人格，同时阳光人格较少。在小学开始和同学、老师对抗，初中时达到高峰。人际关系紧张，学校的校纪校规严重违反，反复出现辱骂老师和殴打同学的事件，被责令休学。养母苦口婆心地诉说，孩子仍然我行我素，不知所为的不道德性，产生想更多恶意报复学校和社会的想法，甚至在家中，因为小事而暴怒，打骂自己的养母。不接受心理治疗干预，需要较高剂量的抗精神症状药物和情绪稳定剂尚可控制情绪。

2. 儿童期

多数人幼小的成长环境，都是可以获得母爱的。只是母爱的形式不同，产生的安全感完全不同。幼小时期，存在身体和心理的脆弱，同时存在追求自由和探索的本能。在此过程中，如果身患疾病，受到重大身体伤害者，通常会有一定的安全感损害。在后期成长中，经过不断鼓励和抗挫折训练，安全感可以极大提高。身残志不残的感人事迹，如美国的海伦·凯勒（Helen Adams Keller）、中国的张海迪，贝多芬、霍金等都是这种安全感获得的写照。越小年龄出现身体残疾，就需要越多的付出培养自己的安全感和勇气。

在孩子寻求客体稳定和情感稳定之后（3岁以后），处于追求自由和探索未知的本能发展中，父母不恰当的溺爱或者阻挠，均会导致儿童心理上不安全感的形成。在心理上的创伤导致的不安全感，常常需要付出高昂的代价或者终身的努力来修复安全感。溺爱孩子的父母，通常自身在幼小时期（3岁以后）没有获得充分的爱，这种情感记忆导致父母容易过度呵护和溺爱孩子。如果父母自身幼年时期物质匮乏，童年欲望得不到满足，往往较多见纵容孩子的欲望的行为。新的一代年轻父母，童年时期没有明显物质匮乏，主要是情感体验不良，父母给予爱的体验不足，常常出现情感溺爱。情感溺爱就是父母从自己内心的情感出发，代替孩子去感受他本应该自己去做的事情、处理的困难、解决的情绪、思考的问题。情感溺爱好像是父母以自己现实中孩子的身份，把自己的不愉快的童年，重新按照自己的情感自由意愿活一遍。这样就剥夺了孩子获得追求自由和探索未知的本能发展的机会，孩子会感觉没有自由选择人生的权利，生存无趣、生存的价值不高甚至无意义，同时，没有机会经受挫折，没有挫折训练，抗挫折能力较低。

小星，男，13岁，初二，反复担心自己会得病2年，经过检查排除后，可以放下，但是很快再次怀疑自己可能患有新的疾病，知道不应该这样想，但是，控制不住，存在自责，即反强迫心理。诊断：强迫症，疑病障碍。小星出生6个月就在外婆家被抚养，到7岁才回到父母身边上小学。外公是民办退休老师，在家外婆没有话语权，在外公身边小星被较严格管制，经常被指责性教育和批评，感到没有体验母爱的感受。回到妈妈身边和上了小学以后，自己逐步找到了一些朋友。这时期，妈妈给予了充分的爱的补偿，主要是物质上给予满足，生活上照料细致，小星的学习成绩慢慢好起来。但是，2年前，因为户籍和学籍问题，爸爸再次安排小星到家乡爷爷奶奶身边读书，并且升到较好的初中。在初一升学前就经常出现间断身体不舒服，自己上网检索，开始怀疑自己患有某种疾病。初中后，上述身体不适会经常变换，自己就在检索中，越来越怀疑自己患病，经过医院专科检查，并没有任何证据支持，症状也会自动消失。自从有了此病之后，爷爷奶奶就很少数落他，比较关心他的生活和身体。小星慢慢也认识到，是自己过度担心身体健康，不应该反复搜索疾病信息，不应该强迫怀疑自己的健康。开始控制自己少想还有效，但是，后期越是这样，不自主思考疾病的频率越是高。

经过心理治疗，患者认识到，自己存在情感不稳定性和对母爱（客体不稳定性）渴望的潜意识，加上爷爷的强势压迫式教育加重了小星的不安全感。通过身体不适和疑病可以换取关心和解除心理压迫，加上自身存在完美性格和矛盾人格，诱发出强迫综合征。在药物和系统心理治疗后，小星逐渐找到安全感，基本消除了反强迫，偶有强迫思维。计划初中毕业，报考职业技术学校，回到爸爸妈妈身边。

温妮的儿子小莫，高三学生，家境富裕，爸爸妈妈都是名牌大学毕业。小莫知道学习很重要，学习成绩也不错，父母也没有逼迫他必须考上名牌大学。爸爸长期外地经营企业，爸爸妈妈感情不和谐。妈妈退休两年在家，天天呵护他的生活，在家里有保姆，过着饭来张口衣来伸手的生活，高中住宿回家的两天，妈妈会亲自下厨，做他喜欢的食物，而且特别精致可口。类似单亲母亲直升机型家庭。但是，妈妈经常询问他交了什么样的朋友，有什么心思或者心里话和她沟通，天天嘘寒问暖到他烦恼，感到间断心里恐慌，听到家里脚步声走向自己的门口就紧张，在学校也特别怕别人啰唆，只能整天戴着耳机来防备。在意象治疗时，意象出父母给自己盖了豪华的别墅，里面的物质和玩具应有尽有，条件就是要他不要不听话，不要走出这个别墅，连站在别墅的门口好像都不行。

孩子妈妈显然存在自我亲密关系的情感障碍，她通过溺爱孩子、过度关注孩子，以期望获得安全感，其实是把自身的不安全感、焦虑无形中传染给了孩子，导致孩子出现不安全感。经过家庭系统治疗，现在母亲的安全感开始改善，孩子的不安全感自然就消失了。

3. 友谊期（叛逆期）

爱的能力同样来自友谊的滋润和社会的环境。在交友过程中，遇到阳光和正能量的朋友，缺乏情感表达的心往往慢慢会被感染和滋养。所以，有的孩子在家中不会表达爱，但是在集体生活环境里，却可以逐步学会表达。还有一种心理原因，是在集体环境中，为了弥补自己缺乏的被爱的感受，主动做讨好型行为（如案例程智），换取朋友的认可和被爱。但是，这种行为不是真正爱的表达，长此以往，容易心理压力过大，容易出现心理能量耗竭。有关叛逆期爱的表达能力的获得，将在如何表达拒绝和愤怒章节讨论。

4. 爱情和婚姻早期

爱的能力最佳的第二次培养机会。在爱情中，一个不会表达爱的人，都会学习到浪漫爱的表达或者行为上爱的表达（拥抱、亲吻等）。爱情像春风桃花盛开，像夏日骄阳烈火，像秋天和风细雨，像冬天纯洁白雪，是我们人生爱的补药，是爱的能力成长的最好时机。《飘》这部名著，很好地展示了斯佳丽从一个不会表达爱的自恋、自我为中心的人，如何成长为有爱心、能够合理表达自己爱的能力的人。反映校园暴力的电影《少年的你》，故事的主角在被社会青年提供保护和给予安全感中产生爱情，在爱情中获得自身安全感提升，成长为敢于与校园暴力抗争的勇士，成长为真心呵护和鼓励学生成长的爱心老师。

如果在爱情中，双方不能各自成长，情感模式停滞在原生家庭的纠结状态下或者不能相互改变自己、包容配偶的人性的弱点，爱情就会出现淡化、消失甚至结束爱情关系。即使结婚生子，也易出现婚姻障碍，包括高离婚率或者无感情婚姻或者较早出现亲情式婚姻。

通常一个红（主）黄（次）蓝（弱）热情控制型的不安全感人格会主动爱上一个蓝（主）黄（次）红（弱）外冷内热型、黄（主）蓝（次）红（弱）被动依赖—软弱型或者蓝（主）红（次）黄（弱）冷漠—讨好型的人格。此规则，符合其他心理学理论或民间俗称的性格互补配对。蓝（主）者会容易被红（主）或者蓝（弱）者吸引或者主动追求。红（主）不会主动和红（主）搭配。如果这样搭配，各自的不安全感人格修正的机会降低，早期就会处于情感纠结或者情感发展停滞。黄（主）可以和多数类型搭配，其中黄（主）红（次）主动依赖—温柔型为不安全感人格类型中的百搭型。嫩绿（主）的安全依恋型，因为自身安全感较好，体验情感的能力较强，但是，决断力和果敢性通常不足，易与红（主）型配对。

　　小龄，女性，28岁。从小的原生家庭的父母长期争吵，爸爸情感冷漠或者冷暴力，妈妈存在典型掌控欲、好强、倍加呵护的矛盾性情感表达。自己从小感到好像没有爸爸一样，感受不到父爱如山的体验。妈妈长期严格要求小龄学业成绩，指责其不足，干涉和不允许其社交太多，也时常使用道德和情感绑架孩子。如"妈妈为了你什么都可以舍弃""为了妈妈，你能否再认真点学习""你不需要做任何家务，学习成绩好就好"。为此小龄的确努力学习，但是，同时产生很大的压力，逐渐出现红（主）黄（次）蓝（弱）的情感性格。通常没有父爱的女生，只要母爱不是完全缺乏，都会比较容易早恋。原因在于，女性的天性存在寻找依靠感的本能，爸爸不能提供的依靠和安全感，通常容易在社交中寻找替代者。

　　小龄在初中遇到一个温暖柔弱的男生，性格为黄（主）蓝（次）红（弱）。两个人逐渐走入初恋，谈了8年恋爱。恋爱期间，小龄感受到男朋友的温柔和呵护，情感体验初期较亲密。随着恋爱时间的延长，她感到对方存在优柔寡断、不主动积极的人生态度，反复要求对方改变，但是都不见变化，为此失望地提出分手。这次失恋，其实相当于结婚的夫妻情感的离婚。分手的原因，表面看是情感不合，实际是自己没有依靠感和被呵护的安全感，同时，存在失去掌控感而产生不安。没有依靠感和被呵护的安全感来自从小没有爸爸的爱的感受，导致小龄幻想拥有理想的男朋友，希望男朋友既没有爸爸的冷漠暴躁，又需要比爸爸坚强果敢。存在失去掌控感而产生不安全感，来自被妈妈长期掌控的感受和矛盾性的爱。男朋友不听自己的，就会激发内心深处被妈妈矛盾情感伤害的痛苦，理智思维认为男朋友不合格，其实是本能的感性（潜意识）促进自己逃离给自己内心情感造成痛苦的对象。

小龄第二段恋爱谈了一年，最近再次失恋。此男生帅气有魄力，相处半年感觉挺好，可是渐渐感到对方经常我行我素，不太在意她的感受，经常没有尊重她的意见就帮她做了决定，更加不能忍受，两人产生矛盾时，他就冷暴力。比如就餐点菜时，基本是按照他的想法点餐，小龄的意见总是被他的各种理由忽略。看起来又是一个价值观不合、性格不合而主动分离的恋爱。

分手后小龄感到痛苦和纠结，自我认为很理智，也具有宽容心，可是为什么总是难受呢？心理分析看，此男生为自恋型不安全感人格，红（主）蓝（次）黄（弱）型。两个人都是红（主）人格特质，两强相遇就是纷争，或者一方降低自己好强，成为柔弱的依赖者。按照性格互补配对原则，她应该不容易被这种性格的男生吸引。她回答："当时就是被他的外形吸引了，仔细品味男朋友身材举止太像自己的爸爸了。"深层次分析小龄的问题，其实是她内心渴望爸爸呵护的安全感，忍受不了自己被像妈妈一样的人掌控，失去选择自由的权利。这次同样存在理想化男朋友，存在把内心的爸爸妈妈同时投射到男朋友身上。男朋友被爸爸的外形和妈妈的不安全感人格综合投射。此对象表面看是男朋友，实际是妈妈和自己痛苦关系的投射，是自己想叛逆妈妈，摆脱被控制感的心理镜像。内心里小龄其实认可爸爸外形和妈妈的爱，否认爸爸的冷暴力人格和妈妈的控制性人格，渴望找到理想的男朋友，建立完美的亲密关系，获得绝对的安全感。

对于成人，现实中的安全感，其实需要从自身的内心去寻找和建立，从认识自己的不完美开始，接着成功叛逆原生家庭，自由选择自己的爱情，在爱情中修正自我不安全感人格，培养和提升自身的安全感。

小代，女性，42岁，企业高管，事业较为成功。从小在父母关爱下成长，父母关系和谐，有一定的严格要求期。来访前，小代就是好像一个长大的公主。我常常形容这种家庭像是温水中抚养的青蛙，有温暖、随和的个性，但是，弹跳和应激对抗能力较低，抗挫折能力较低，常常存在恋父恋母的共同情结，属于黄（主）红（次）蓝（弱）主动依赖—温柔型的不安全感人格特征。从小学习成绩一般，但是，交友能力较好。大学期间，谈了一个男朋友，但是，好像找不到被充分爱的感受，毕业后，也就自然分手。一直忙于工作，过着和爸爸妈妈到处旅游、购物的生活。30岁，遇到现在开士多店的老公，被他的细心和言语轻柔吸引。很快进入恋爱期，没有进入深层交流，就结婚生女。婚后早期，小代忙于工作，孩子由父母照料，一切尚平和。只是感到丈夫的情感较为深沉，很难深入沟通，同时，和父母在一起生活，没有任何情感不适的体验。孩子8岁后，和父母分开居住，没有感觉特别不好，自己常常出差，老公细心顾家，每天打扫卫生、做饭，爸爸妈妈时常帮助照顾孩子。随着事业的发展，小代由一个小职员成长为一个高管，老公还是做士多店。两个人的经济收入和社会地位相差越来越大。4年前，老公提出投资做士多连锁店，资金当然完全来自小代的收入。可是，投资失败了，老公却不接受失败，反复透支家里的银行卡。这种行为逐步成为婚姻障碍的导火线，两人感情更加疏远。无论理性的沟通还是情感沟通都不在同一轨道上，小代整日感到家庭空气冰冷和窒息感。

小代老公原生家庭为较为缺乏父爱母爱的家庭，家庭兄弟姐妹4个，自己排老三，家境困难，父母能力有限，忽略对他的关爱和呵护。初中毕业就外出打工，性格为蓝（主）黄（次）红（弱）的外冷内热型不安全感人格。不愿意表达深层次的情感，也极少敞开自己的情怀给他人。在婚姻早期，因为小代处在恋父情结的环境里，没有感受到需要依赖老公的情感，也缺乏深入沟通和表达夫妻双方情感的机会，没有及时修正各自的不安全感人格。

小代的问题是，始终没有和原生家庭进行情感分离，在第一次失恋和在事业中强化了自己的好强人格，变成红（主）黄（次）蓝（弱）热情控制型特征。小代的先生，母爱缺乏的体验没有在妻子身上得到补充，事业失败导致自我认可的进一步下降。小代不支持他的事业再投资，更加激起他被父母忽略和否定的情感痛苦。蓝色主基调的他原来是以细心表达自己的爱和怯懦，受到新的情感否定后，就以冷暴力进行对抗，变得更加冷漠。

　　通常蓝色主基调的不安全感人格是需要充分的温暖和爱的呵护，才能逐渐打开他的心灵封闭的枷锁，同时需要自身敢于认识自己的情感特征和人格特征，加以修正。像巴菲特和苏珊一样，相互爱慕，相互支持，相互宽容，走向积极勇敢、自信、坦然、平和的人生。小代没有苏珊的安全型依恋人格去温暖老公，小代老公没有巴菲特的才华和胆识，相互不能及时看清自我和修正自己，注定婚姻的失败。

5. 婚姻后期（孩子的叛逆期）

爱的表达能力提升的第三次良机。

　　爱的表达常常随着荷尔蒙的下降，爱的表达能量、表达能力、表达方式出现变化。随着年龄的增长，爱的表达激情会逐步下降，爱的表达能力增加，爱的表达方式出现多样化。在此时期，是自我爱的表达能力和安全感提升的第三次良机。孩子叛逆期是对我们自身爱的能力和安全感的检验。但是，处理不好爱的表达和爱的体验，将会极易导致自己安全感下降、孩子的心理障碍和全家人的人生悲剧。

小米，57岁，是个温暖型家庭成长的大家闺秀，名牌大学毕业，政府机构稳定职业，直到退休，属于温水型家庭培养长大、黄（主）红（次）蓝（弱）主动依赖—温柔型不安全感人格。成长期间和案例小代类似，没有和爸爸妈妈进行过明显叛逆行为，或者说爸爸妈妈没有给到她叛逆的机会，没有给予挫折训练。婚后，和爸爸妈妈同住，老公对她呵护有加，但是，老公长期在外地工作，聚少离多，感情表现为平淡、和睦。随着年龄的增长，她的情感依赖父母的特征始终未能够改变。为了照顾儿子生活起居，她55岁未到，提前退休，儿子也逐渐长大，到了16岁，高二年级。几年前，小米爸爸妈妈因病相继离开，她感到情感明显孤独，常常心情不好，这时和老公沟通时，感到对方（蓝色主基调的回避人格）不能深入体验自己的内心深处，体验不到老公可以依赖的感受。大约父母去世前，小米偶尔发现老公存在可疑的情人或者婚外情，追问老公，老公矢口否认。为此，她曾经悄悄飞到老公外地公司探查，未能发现任何情感不忠的踪迹和依据。小米内心压抑着此事，仍然怀疑老公，但是，表面上和老公在一起时和平相处，实际采用冷漠的态度对待老公，找理由长期分居室生活，性格转为蓝（主）黄（次）红（弱）外冷内热型。老公本身就是蓝（主）黄（次）高冷型不安全感人格，于是，两个人互相冷漠了5年。

　　小米退休后，总是关注儿子的生活和学习，全身心照顾儿子的生活起居，特别在意儿子的情感反馈。儿子极其不耐烦，提出抗议，她也不愿意松手。在此期间，儿子的成绩不仅没有提高，反而不断地退步，且逐渐产生焦虑和抑郁情绪，睡眠紊乱，沉迷手机碎片化信息的浏览和手游。小米感到非常痛心、失望以及愤怒，采用各种手段制止孩子玩手机，包括先讲大道理、讲人生意义，断网络信号，儿子学习期间不断地去监视，睡觉前必须交手机。小米没有表现出通常家长的武断和直接暴躁行为，为直升机型母亲。起初，像自己父母对待自己一样采取默默注视，后期痛苦的情感自然流露，唠叨抱怨甚至自虐。每天晚上，小米宁可等待儿子夜里2～3点交手机，也不去阻止孩子玩手机或者打扰孩子学习。孩子在她的情感绑架下，感到痛苦和矛盾，无法专心学习。

在心理医生帮助下，孩子学习了针对爸爸妈妈的合理叛逆行为，逐渐把注意力集中到学习上面。在孩子叛逆自己的过程中，小米逐渐认识到自己是没有了结对父母的依赖情结，继而寻求依赖老公，老公自身即为回避型人格，导致她没有获得与父母之间的依赖感，为此怀疑老公情感忠诚，同时，继续把依赖情感放在儿子身上，开始呈现黄（主）蓝（次）的被动依赖—柔弱型。青春期的儿子需要独立的存在感和人生自由的选择，为此表达了叛逆，导致小米产生痛苦，在痛苦中，小米重新认识自我。

在心理医生指导下，小米增加了自己的好强人格（红），把压抑在内心的想法和痛苦都表达出来，开始学习为自己而活，生活爱好如跳舞、唱歌、弹钢琴都重新捡起来，加强老同学老同事的社交活动。在此情形下，继续转换自己的依赖人格，主动去关爱社区困难人群和积极组织孤老院的义工活动。通过大爱和博爱的活动，改善自己情感依赖的特征，同时修正自己的好强向着利他性勇敢发展。尽管还没有全盘接纳不会深爱自己的老公，但是，已经没有了虚情假意的平和，间或与老公小争吵，甚至老公也开始改变得喜欢和她拌嘴，呈现两人吵完就算了的家庭氛围。近期，小米写了一封宽恕老公过去行为的信，发给了心理医生，心结得到释然，情绪和睡眠明显改善，回归自身的黄（主）红（次）主动依赖—温柔型，希望她再向着勇敢—独立—平和的安全感人格发展。

6. 晚年期

安全感章节提到的案例83岁奶奶冯姨，就是典型没有经过叛逆期和挫折训练，一直生活到晚年，才发现自己根本时时刻刻都离不开老公。冯姨是错过了人生三个爱的表达能力培养机会，错过了获得安全感的提升三次机会。当她面临独自一个人生活时，就容易体验焦虑、恐慌和灾难感。部分老人，在情感独立性较低的状况下，丧偶常常导致自己心理障碍和身体功能的快速衰竭。

爱的情感表达较好者，老年期爱的表达方式多数转换为大爱、利他性的爱和博爱。无论原有的伴侣是否存在，她仍然可以继续表达自己的爱。作家杨绛的一生，就是为爱而存的一生。

二、尊重

"尊重"好像是社交中需要使用的原则。罗振宇在"知识就是力量"电视节目中，阐述了"如何表达尊重他人，尊重是每个人最低的需求"以及"如何让陌生人尊重你"，建议不要客气，请他帮个忙，在索取帮助中，同时表达诚挚的感谢和无形的尊重，同时获取被尊重。但是，尊重的价值远不止这些。在第一层次的情感表达能力中，被尊重就是核心体验能力。尊重与第5层次的被尊重幸福或追求自尊存在不同的内涵和互补性的含义。

尊重的确是每个人的最低需求，但更重要的是，尊重是真正爱的表达的核心价值。一个真心和真懂爱孩子的妈妈，一定能够在孩子小的时候，就开始尊重他。当孩子没有自我存在感的意识前，我们就需要尊重生命、敬畏生命，全身心哺育自己的孩子。当孩子咿呀学语时，就会尊重孩子的语言，不是不断纠正孩子的发音和嘲笑孩子的幼稚语音，应该模仿自己的孩子发声，和他平等互动、和颜悦色。当孩子爬行探索和步履蹒跚学走时，不是漠视，不管不问，更加不是过度担心他爬行的卫生和学步的危险，阻止孩子的探索和成长的意愿。这时同样需要尊重，尊重孩子的意愿和孩子选择的探索方向，学会和幼儿是平等的心态，才会真心做到爱孩子。当孩子在儿童期，出现顽皮和不知危险的状况下，不是指责、斥责和打骂，而是尊重孩子的天性，同时，共同体验危险，让孩子学习如何掌控自己的欲望和本能，这才是尊重和爱。当孩子出现逆反心理和叛逆行为时，不是专横性全盘否定，粗暴应对；不是蔑视孩子的幼稚，担心他的能力；不是打压孩子追求独立情感和自我价值；不是放任自流；而是尊重孩子的思想、情感和人生选择，理解孩子的叛逆行为，顺应孩子的追求，甚至，敢于认识到孩子叛逆的根源在于父母自身的问题，敢于适当给予孩子挫折，让孩子自己在逆境中成长，向着做自己的方向发展。当孩子产生爱情时，不是越俎代庖、挑三拣四、自以为是地绑架孩子情感，像直升机一样整日盘旋在孩子头顶，而是尊重孩子的选择，相信孩子的情感体验，敢于向孩子坦露自己人生经历和感悟，敢于剖析自己夫妻关系的情感发展，同样，体现和孩子平等的心态。当孩子成立家庭后，尊重他们的情感关系，不要倚老卖老，干涉孩子的情感问题或始终呵护孩子的情感，而是做到不干涉不呵护，敢于与孩子进行亲密关系的分离，促进孩子自己解决自己的问题，自己做自己。作为每一个孩子，在成长期间，能够在人际关系中，做到真诚地尊重每一个人，甚至是曾经诽谤你的人。

尊重不等于讨好，它需要有巨大的心理能量。当你心理能量不足时，可以暂时减少过度付出，给自己心理能量充电。心理能量充电最快的方式就是接纳被爱，敢于索取或者请求别人的帮助。

尊重就是爱的核心。尊重要求接触的双方拥有平等的心态。真正的爱没有自私的占有欲望、没有多愁善感，不需要容忍、压抑与丰富情感，必须要有尊重和尊敬。无论对方年龄大小、地位高低、贫贱富贵都能够给予他们尊重、仁慈、慷慨，这样的智者才会真正赋予爱。这和我们平时的人际关系和交友中"尊重"的内涵存在差异，通常人际关系的尊重中难免存在以上的不平等和少许的私欲，甚至有人表现出尊重的外表，以期达到私人目的。

能够做到让他人体验到自己的尊重，能够让自己体验到他人的尊重，能够自己爱自己的人，才能不断付出爱。

当然没有做到无我状态下的"理想尊重"之前，我们相互的情感联结和沟通同样非常重要。一个母亲即使做不到完全尊重或者不知道如何控制自己内心的占有欲，她表达自己认可的爱的语言和拥抱，对于孩子都具有积极的意义。对于孩子，没有任何情感联结和沟通，才是最大的伤害和痛苦。人只要产生情感联结，就会产生感情，产生尊重和被尊重感，才会有真正的爱的能力。罗振宇建议大家敢于请求他人帮助就会获得尊重，就是来自对方给予你付出了物质和情感后，被请求付出者会产生自己是有价值的感受，是被他人尊重的。就像所有的老师，都喜欢给自己提问题和请教自己的学生，因为他在此期间获得了尊重。

反之，反复去主动付出和帮助一个个体，未必能够获得被帮助个体的尊重，甚至被帮助者会产生忽视、厌恶、排斥、被捆绑、嫉妒的不良情绪。当这些不良情绪反馈到主动付出者，主动付出者容易出现讨好型人格和掏空了自己内心能量的感受。英国著名慈善家Olive Cooke夫妇，一直在慈善资助贫困家庭的孩子或者孤儿学习生活。在丈夫去世后，妻子独自一人仍然在坚持此项慈善事业，令人敬佩。在2015年，她的经济能力已经无法再继续资助被抚养的孩子，她告知孩子们这一点后，仍然有约200封信件向她索取资助和慈善，部分信件甚至存在诋毁她的语言，如"你是个伪慈善""就是为了自己的名誉""为什么不早点通知"等。92岁高龄的慈善家为此郁郁寡欢，感到被极大地侮辱和委屈，跳桥自杀。在谴责这些没有良心、不知感恩的被资助者同时，我们也要思考资助者有无从"平等原则"尊重被资助个体。资助者，带着满足自己私欲或者填补自己情感空虚的不平等心态去做慈善，就会产生讨好型人格。

心理学家哈丽雅特·布莱克说，取悦有瘾，讨好成癖，就是一种强迫行为，也就是取悦症，亦称"看管人性格障碍"，是一种病理状态。患上这种病，你就染上道德完美主义情结，为了自始至终保持好人形象，你不能愤怒，不能不悦，不能有攻击性，不能有负能量，因为，你觉得这是让人失望的交际体验。作为一个个体，长期被无条件资助，就会产生依赖性，失去自由、感受到被控制，失去自我，失去被尊重，这是痛苦的体验。在被剥夺这些外在的依赖和资助时，常常会不自主痛苦，为了对抗这些痛苦，避免进一步走向无助、无能的感受，部分人必然会抨击资助者，甚至伤害资助者，以达到心理的平衡。在南京的新闻报道，一个乞丐伤害一个天天免费施舍他烧饼的人就缘于类似原因。陈建斌导演的电影《一个勺子》、2014年金马奖作品的主角"拉条子"，自己家境贫穷，发现一个精神异常的"傻子"，动了恻隐之心，带着"傻子"回家。拉条子贴了寻人启事，不久有人认领了傻子。紧接着又有自称傻子的家人陆续出现，说拉条子把傻子卖了。麻烦接踵而至，拉条子自知上当受骗却有口难言，他想不明白，好事怎么就成了坏事？他开始以一位农民最纯朴的办法想自证清白。而为了寻找傻子，他成了另一个到处缠着别人的傻子，开始了不断被社会各色人物误解、欺骗和嘲笑的体验。"拉条子"有着"纯朴的心"，内在情感人格却是典型的"善良过度""失去了自我"。就像剧中的台词："你去帮助傻子，你自己才是最大的傻子。"

在自我认知不足、自我内在心理能量缺乏的状况下，盲目和单方面表达"施舍"，常常并不能促进爱的流动和传递正能量。盲目施舍"善良"和"爱心"者，自己才是最需要被施舍"善良"和"爱心"，更贴切说，自己才是最需要主动寻求帮助和被爱的人。这样，才可以给予别人"尊重"，获得自己的被爱，今后才可能获得被"尊重"。

溺爱孩子的父母，常常被孩子否定和伤害。被否定和不被认可的孩子，成人后，更加容易表现为孝顺，甚至愚孝。这些都是在不平等状况下的爱，在未能"尊重"条件下的爱，被爱者和施爱者的不平等心理关系，双方的情感都会产生伤害。任何一方的意志力，当产生被控制感时或者被否定时，都会产生痛苦。慈善的风险和危害主要表现在个体之间。当我们慈善者以组织形式面对被慈善群体时，这种个人意志力被控制和被否定的状况就会大大减少，这种相互被尊重和博爱就容易被激发。

尊重的核心心理感受，除了"平等"，还有一个内含的价值，就是激发或诱导被尊重者自由掌控自我意志的感受。自我利他价值展示的同时，体验到影响他人意志力或者掌控了他人意志力的感受。这似乎与"平等""真爱"相矛盾。现实世界，尊重就是矛盾体，没有自我，"尊重"就是不存在的。极少数人，在不断修身修心下，会出现无我的状态，做到"理想型的尊重"。多数人做不到理想型的尊重和爱的表达，但是，这也不需要内疚和自责，只要不断向着真爱的方向去接近和靠拢，本身就是我们付出的"真爱"；一味地追求"尊重"和"真爱"的能力，本身就是远离"尊重""真爱"的原则和宗旨，变得失去了自己，折磨自己，没有做到"自己爱自己"。

三、愤怒的表达

愤怒是一种不良情绪，但是多数情况下，对于个体它是一种本能的保护作用。主动表达"愤怒"的情绪，不压抑是心理健康的重要原则之一。当然，能够做到合理表达愤怒，有礼有节地表达愤怒，对自己、对被愤怒的对象都是具有积极价值的。

人在被压迫、被指责、被冤枉时，拥有自我的人，就会自然出现愤怒情绪。在这种状况下，按照积极健康性原则，表达的方式可分为7类（如图6-2）。最负面的形式就是第一类——压抑（-3分），第二类——间接表达愤怒（-2分），第三类——直接表达愤怒（-1分），第四类——倾诉—运动—转移注意力—初级冥想（0分），第五类——合理沟通（+1分），第六类——积极开放式思维（+2分），第七类——无条件不愤怒（+3分）。

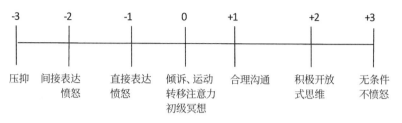

图6-2　表达愤怒的方式评分示意图

1. 压抑

压抑对人体带来的伤害最大。心理健康问题几乎都来自压抑模式。婴幼儿没有自我生存能力，依赖自己父母，遇到外在威胁、压迫、指责时，尤其是父母的负面情绪时，最容易产生压抑。童年时期为何心灵创伤会比较严重和难以恢复，就是来自孩子不自主的压抑。青少年开始有了独立自我意识和自我意志力，通常会出现抗争和叛逆行为。这就是愤怒的一种行为表达方式，有利于青少年的成长。当代社会，主张理性教育、文明行为，用制度、道德和社会规范要求孩子们。孩子不自主形成"听话""不要大声说话""都是为你好""斯文点"等行为规范。尤其在东方教育中，对男性的自由、顽皮的天性的压制，形成男孩子类似"被阉割"的文化。多数孩子们遇到外在威胁、压迫、指责时，首先表现出压抑、退缩的心态和行为。人的情绪必须表达出来，否则压抑者，不是出现自毁就是走向毁灭他人——就像一个橡皮囊，被委屈、痛苦、愤怒的有毒气体一旦爆裂，爆裂的气体同样会伤害周围的人。在青少年出现压抑时，轻者就会自残，重者在承受不了压抑的痛苦时就会自杀。另一个极端压抑的表现，就是去报复伤害自己的对象，更加会去伤害无辜的弱势群体。近几年，国内外报道的伤害无辜者的犯罪案件，多数都是被压抑过度，又无法反叛社会或者反抗施压者所致。2012年，南平县小学生被砍杀案件，犯罪者就是一个被单位辞退，长期受了委屈而不表达的社区医生。长期压抑，没有周围亲朋好友倾诉，逐步走向心灵的黑暗，把愤怒指向社会的弱势群体，通过伤害弱势群体，发泄自己的愤怒，达到宁可自毁，也要毁害社会的扭曲心理。2017年，在美国拉斯维加斯音乐节爆发了机枪扫射集会人群的惨案，造成至少58人死亡、515人受伤，是美国当代历史上伤亡最惨重的枪击案。犯罪人同样是个受到社会不公平待遇，表达无效或压抑过度的军人，产生毁灭他人和自我毁灭的行为。

在青少年期，受到压抑的情绪影响，通常会出现抑郁或者自虐。

小银，女14岁，从小爸爸妈妈外出务工，自己成为留守儿童。爷爷奶奶照看自己，但是爷爷性格暴躁，奶奶在家里没有话语权，自己从小经常被爷爷指责不乖，甚至被打骂。奶奶不敢当面呵护自己，只能在背后唉声叹气，安慰她："忍忍吧！爷爷就是这种坏脾气。""他说你是为你好。"又给几颗糖安抚小银。小银逐渐养成遇事忍让，不表达、压抑情绪的习惯。上学后，来到父母身边，尽管妈妈给予补偿性的爱，但是，爸爸和爷爷一样，经常数落小银的不是之处。曾经想反驳，也被爸爸呵斥得不敢发声。小银在农村长大，来到大城市的校园，一些习惯常常被同学们耻笑，感到愤怒却不敢表达，只能压抑着。她只有一两位一般的朋友，渐渐感到被同学们疏远和孤立。班级几个同学有时还故意欺负小银，有时推搡她，有时丢了她的橡皮，有时用语言嘲笑她。

小学五年级开始，小银间断用学习的美工刀割伤自己的手臂，刚开始感到割伤的疼痛，逐渐体验到手臂疼痛可以缓解内心痛苦的舒适感，最后发展为不断地自虐性手臂划痕行为。来咨询时，整个左手胳膊如同戴了一个网格装的护袖一样，令人感到痛心和心寒。

＊＊＊＊＊＊＊＊＊＊＊＊＊＊＊＊＊＊＊＊＊＊＊＊

自虐的青少年长期得不到理解，得不到爱的温暖，得不到表达愤怒的窗口，不能认识到自己强迫性自虐行为的根源，不接纳自己的过去，最终出现自虐，自毁、自杀行为极高。

2. 间接表达愤怒

经典的间接表达愤怒的案例就是"踢猫效应"，它描绘的是一种典型坏情绪的传染。故事讲的是，一父亲在公司受到了老板的批评，压抑着怒火，回到家看到晚饭没有做好，就把愤怒发泄到妻子身上，责备她的不负责任，妻子感到很委屈，说不做饭了。这时丈夫生气就打算外出找朋友喝酒解闷，妻子进入房间，把在沙发上跳来跳去的孩子臭骂了一顿。孩子心里窝火，狠狠去踹身边打滚的猫。猫逃到街上正好一辆卡车开过来，却把刚刚逃到路边的猫撞死了。

人们不是直接把愤怒表达给施压者和欺凌者，而是转移发泄对象，间接表达愤怒人的不满情绪和糟糕的心情。一般会随着社会关系链条依次传递，由地位高的传向地位低的，由强者传向弱者，无处发泄的最弱者便成了最终的牺牲品。其实，这也是一种心理疾病的传染。继续以电影《少年的你》解读，欺凌者角色魏莱的家庭父母教育观不良，主张"丛林法则，弱肉强食，名利唯一论"，同时，父母要求过高，考上一般的大学不去上，非要复读考北大，否则就不被爸爸认可，要接受严厉惩罚。在家里，她同样是个不敢叛逆、不敢表达被压抑的情绪者。当有人成绩好，争宠她的男朋友时，他把爸爸对自己压迫式的欺凌，间接转嫁到可以欺负弱小的同学这种途径，发泄自己的愤怒。

电影《少年的你》角色陈念一直忍受着魏莱的欺凌，她是最弱小的社会群体，单亲家庭，家庭负债，没有朋友。在被欺凌时，只能一味地逃避，只是一心想着能够早点考上北大，脱离被欺凌的社会最底层。社会一层一层传导下来的痛苦，通过魏莱施加在她弱小、内向的身体上。当魏莱说想和她考同一所大学，想和她做朋友时，她的理想被毁灭了，做出了惊人的奋力反击，把既往所有压抑的愤怒都一次性爆发出来，导致魏莱意外死亡。

3. 直接愤怒

2019年，轰动社会的上海杨浦江大桥自杀案例，就是一个青少年在学校和同学发生矛盾，感到委屈和不忿，没有直接在学校表达愤怒给施压者，而是在回家的路上，间接表达自己的委屈和愤怒，结果开车的妈妈比孩子强势，没有接纳孩子的愤怒，反而诋毁孩子的自尊，孩子被愤怒反压之下，直接跳桥自杀，自我毁灭。红（主）蓝（次）黄（弱）者，容易出现直接愤怒，无理取闹，不顾及道德原则和人伦底线，容易出现鱼死网破行为，甚至直接犯罪行为。红（弱）者，常常不会直接表达愤怒，忍气吞声。

　　小科，男，16岁，蓝（主）红（次）黄（弱）冷漠—讨好型。反复在学校被好朋友欺负，感到压抑就诊。原生家庭父母都是老师，夫妻生活理念不合，经常争吵，同时都对孩子要求严格。小科感受到家庭的不安定感和父母对自己矛盾性的爱。在学校常做些讨好人的事情，交往的几个朋友，在一起玩耍时，有开心的时刻，但感受到更多的是朋友拿自己开玩笑，要求他做事。有个朋友家里有钱，人长得高大帅气，成绩好，运动能力强，经常欺负他。小科敢怒不敢言，特别压抑，回到家里经常虐待家里的小猫。在心理治疗中，鼓励他直接针对施压者，积极表达感受到的痛苦和愤怒，甚至可以采取行为表达。可是，由于从小生长在被父母压抑的环境，他根本无法用语言表达出来。在又一次被欺负的情况下，爆发了自己的愤怒情绪，直接用拳头打向比自己高大的朋友，表达了直接愤怒。事后，自己不仅没有再受到朋友的欺凌，反而，朋友们不再欺负他，他也感到大家更加尊重自己。原来的朋友关系，反而更加亲密了。

宁可直接表达愤怒，不要间接表达愤怒，绝对不能压抑愤怒。

4. 倾诉—运动—转移注意力—初级冥想

　　在体验到愤怒时，当然能够不采用负能量的方法更好。这里提到的方法，都是拥有部分独立情感的大众经常运用的措施。

（1）倾诉

倾诉的条件有倾诉能力和倾听者。

倾诉能力。受到压抑者，常常因为自身成长时，形成的不同不安全感人格组合，倾诉能力不同。黄（主）蓝（次）红（弱）被动依赖—柔弱型者，没有直接愤怒的勇气和胆量，也不愿意轻易打开自己的心扉和别人深入交流，平时亲密关系的朋友较少，遇到事情最容易出现压抑的表达方式。压抑到一定程度，也最容易出现自虐、自毁行为。《少年的你》中的胡小蝶就是此类型，如果有亲密关系者或可信任者能够被依赖或者诱导出她的依赖情感，她将会慢慢倾诉，化解压抑性痛苦，再强化她的红色好强特征，就可能避免自杀的悲剧。蓝（主）黄（次）和蓝（主）红（次）外冷内热型者，也不愿意轻易打开自己的心扉和别人深入交流，压抑到一定程度，最容易出现冲动或伤害他人的行为。案例小科就是此类型，后期鼓励他索取他人的帮助和温暖，亲人给予尊重和真爱来融化他冰冷的心，促进他倾诉。红（主）黄（次）蓝（弱）热情—控制型者，容易出现不断的倾诉行为，不厌其烦地诉说，甚至在大庭广众下诉说。黄（主）红（次）蓝（弱）主动依赖—温柔型也是积极的倾诉者，多数是在自己亲密关系的人物中寻找倾诉者，存在反复倾诉倾向。

此外，还需要倾听者。专业的心理咨询师就是职业的倾听者。亲朋好友都可以作为倾听者。情感亲密的倾听者，更加容易诱导对方倾诉。倾听者，不仅需要用耳，更要用心。倾听者需要尊重的心、耐心、细心去倾听，不能带有自身的任何主见和自身的经验去听。倾听时还要以机警和共情的态度深入到倾诉者的感受中，细心地注意倾诉者的言行、表情、姿势、动作。在不安全感人格特征上，黄（主）红

（次）、黄（主）蓝（次）人格最适合做倾听者。红（主）黄（次）者热心于作为倾听者，但是，常常不自主表达主见和经验。当然具有嫩绿（主）的情感安全依恋型最适宜作为倾听者。

（2）运动

缓解愤怒和压抑的运动形式有多种，有氧运动的长跑、集体舞、集体运动均可。长跑需要达到至少第一次体能极限出现后，再坚持10%~20%的距离，找到可以战胜困难的信心和体验。集体运动的价值在于感受他人的乐观情绪，促进人际沟通，增加倾诉的对象和机会。无氧运动推荐健身运动，对于消除压力效果最快，案例小甘，在重度抑郁改善状态下，长期坚持健身和长跑，促进了她后期抑郁情绪的快速改善。

但是，如果压力过大，无氧运动的健身风险也较高。

（3）转移注意力

情绪压抑时，没有机会表达直接愤怒或者倾诉。倾诉后仍然存在愤怒的情绪，转移注意力到自己感兴趣的事业或者爱好中，专心致志，心无他物。化愤怒和悲恸为力量，专注当下可以进行的每一件事情，用成绩和社会新的认可，实现自我价值，可以达到缓解压抑的作用。在《少年的你》电影中，主角陈念就曾经使用此方法，树立考北大的信心，专心学习，成绩蒸蒸日上，部分缓解了她的心理压抑情绪。

（4）冥想

腹式呼吸+冥想已经是全民健身保健的内容。在心理治疗中，早期常常需要放松运动和冥想辅助治疗。初级的冥想可以使得被压抑者舒缓不良情绪，改善睡眠。深层次冥想，要求做到心无杂念、身心愉悦、心灵通透、无我的状态。达到此高层次冥想状态者，通常已经接近无条件不愤怒状态（+3分）。

　　但是，对于创伤性心理压抑事件，或者严重欺凌，或者身心虐待者，上述这些行为活动通常难以奏效。被压抑者，可能已经没有动力执行以上活动，可能已经被压倒。这时，就需要外界的爱，给予他们心理力量。勇敢向施压者反抗，敢于坦露自己的内心伤痕，敢于接纳自己的脆弱，才能够直接表达愤怒，才能够合理沟通情感（+1分），才能够建立开放式思维（+2分），做到为自己而活，自己爱自己。在《少年的你》电影中，主角陈念在长跑、专注学习、寻找庇护等各种行为活动无效时，毅然决然地奋起反抗，虽然有点晚，结果不是最好的，但是通过勇敢反抗，她找到了自己，得到了成长。

　　5. 合理沟通[1]

　　6. 积极开放式思维[2]

　　7. 无条件不愤怒

　　处于此状态者，需要无我状态和无为的胸怀，是极高层次的幸福度，是我们大众终身接近的方向，也即佛教的"无我"境界。

四、拒绝

　　在情感表达中，拒绝的能力同样重要。通过拒绝的表达，才不会自责或者他责，才能不会压抑或者后悔，才能产生人际关系的碰撞，认识他人的道德观和价值观，且进一步形成自己的独立情感人

① ② 　参看本书第四章第二节。

格。主动拒绝是保护自己内心受到伤害的一种方法，但是，过度拒绝，容易出现人际关系紧张，被周围的人孤立，陷入被欺凌的危险和痛苦中。通常蓝（主）红（次）或者红（主）蓝（次）者容易出现过度拒绝行为。

蓝（主）红（次）为冷漠讨好型，主要表现为拒绝别人的帮助和施舍，内心渴望他人的认可，主动讨好他人。不愿意因为受人帮助或亏欠他人，产生情感深层次沟通，因此极少拒绝请求、极少请求帮助。近乎无私型，当然，是扭曲的无私型。

红（主）蓝（次）者为自恋他责型，主要表现为拒绝别人的请求和意见，不愿意看自己内在的问题，一切原因来自外界，潜意识避免自己内心的脆弱暴露。典型自私型，和冷漠讨好型相比，两者过度拒绝和责备的对象正好相反。

红（主）黄（次）者通常热情大度，容易主动帮助他人，不会轻易拒绝他人的请求和帮助。在控制感不足、在被否定或不被尊重状况下，拒绝能力较强。

蓝（主）黄（次）人格较为高冷，表面上容易拒绝帮助，面对别人的真诚的请求或帮助，通常都不会拒绝，接受并且十分珍惜。在自己能力范围内，经常暗暗地帮助了他人。

黄（主）蓝（次）为被动依恋—柔弱型，常常表现为自我矛盾心理，对于应该拒绝的事情，常常犹豫不决，或者拖延决断。

黄（主）红（次）为主动依赖—温柔型，面对请求多数主动帮助，较少拒绝。会用自己的能量温暖他人，常有过度付出的行为。面对不合理请求，时常不能拒绝。

每个不同的人格都应该学会适当地合理拒绝，既不能做讨好型人，过度帮别人背包袱，也不应过度拒绝他人。

五、主动表达分离

分离包括亲密关系情感主动分离和被动分离。通常主动表达情感分离，对于表达者产生的痛苦较少，表达困难性较小，被动分离者，所承受的痛苦将是巨大的。

1. 婴儿期

婴幼儿不会主动表达分离，他们最不愿意被分离。面对婴幼儿，一个母亲主动分离都会对双方产生巨大伤害。

2. 儿童时期

孩子已经开始需要自己与母亲（或父亲）在时间、空间上的分离。开始出现第一个叛逆期，尝试自己探索感知外面的世界，如交朋友、自身生活的简单料理、遇到小困难自己解决。在此期间，孩子的情感亲密关系仍然集中在母亲身上，倘若被忽略了，如过早寄宿、寄养亲戚家中、被过度指责、被体罚过多，或成为留守儿童，同样会造成孩子心灵被创伤。反之，母亲一刻也不分离，和儿童产生紧密的依赖和被依赖关系，过度温暖不舍得间断的时空分离，也会导致孩子成长期的分离性焦虑等心理障碍。孩子长期和妈妈同床睡眠，会产生直到青春期仍然过度依恋妈妈。曾经有案例男性16岁，高中期间，每天还要妈妈在旁边躺一会儿，才能入眠。少数孩子，上了大学还要妈妈陪读，更有甚者，结婚了，还是一个"妈宝男"，离不开妈妈的情怀，严重影响夫妻亲密关系。有些孩子不好意思长期恋母，会找一个替代物品，作为恋母的情感表达。

重建幸福力

290

小卫，男性，19岁，长期睡眠前需要那块缝缝补补十几年的小毛巾。原来，在他6岁时，他十分依赖妈妈，一直和妈妈同枕睡眠。妈妈因为工作问题和他生活分离，妈妈临走之前几个月，给他买了一条精致的枕巾，睡觉时毛巾就枕在他的头下和妈妈面前，妈妈半夜有时就用毛巾擦拭他的口水。妈妈走了，他哭闹伤心。家人让他枕着毛巾，把毛巾放在面前，似乎能够闻到妈妈的气息，入睡就很快。慢慢地，他就养成依赖此毛巾的习惯。

3. 青春期

面对青少年的叛逆，按照精神分析学理论，同性别的父母容易成为被叛逆对象。在此期间，通常孩子是作为主动分离者，母亲（或父亲）作为被动分离者。如果孩子的主动叛逆顺利执行，并且能够叛逆成功，将是最好的结果。孩子成长为独立的情感个体，母亲（或父亲）回归夫妻核心关系，把爱情进行到底。如果母亲（或父亲）敢于诱导或者主动和孩子分离，并且保持孩子成长的情感部分联结，母亲（或父亲）将是伟大的，孩子将是杰出和幸福的。

4. 爱情期

爱情是人生第二次亲密关系。主动分离爱情期的情感，通常是两种：红（主）蓝（次）人格，自恋—他责型，总是不满意对方；蓝（主）红（次）型，讨好型人格的同时，担心被人伤害自己深层次情感，主动表达分离，避免被伤害。依赖（黄）为主的人格，主动表达分离的概率最少。敢于主动分离，通常都有好强（红色）特征。自我表达不足、分离能力不足者，最常见于黄（主）蓝（次）、蓝（主）黄（次）的情感被动依赖型和回避型混合人格。

　　《飘》这部名著中，彬彬有礼的阿什利就是典型的黄（主）蓝（次）型，明明不喜欢斯佳丽，却总是不表达分离。女主角斯佳丽（青春期）是典型的红（主）蓝（次）人格，自恋—他责型，总是不满意周围的追求者，不断和人谈恋爱再分手，对于自己认定的恋爱对象，热情表达从不回避和从不承认自己的情感错误。男主角白瑞德是典型的蓝（主）红（次）人格，冷漠—讨好型，矛盾情感性格，不断讨好斯佳丽（包括其他人），又不断否定斯佳丽，和斯佳丽分分合合，极其不愿意斯佳丽触碰他内心深处的世界。小说结尾也没有看到希望，因为白瑞德始终没有认可自己的妈妈，最终他明白自己应该回到故乡，弥补内心欠缺的爱，重新认可自己的原生家庭，那里才有本属于他的美好。不能修补原生家庭带来的情感痛苦，爱情幸福很难得到，爱的折磨绝对不会缺席。梅兰妮是黄（主）红（次）主动依赖—温柔型不安全感人格特征，属于百搭型女性，谁先占据她的心，她就会始终如一地爱着谁，绝不主动分离。

　　当然，爱情的分离还会受到双方三观、社会家庭因素、各自成长后的心智的差异等影响。爱情分离尽管会有痛苦，但都是人生成长的良好机会。在分离后，能够找到自身人格的弱点，学会如何看清对象的三观，都是情感独立的体验。但是，依赖型人格和原生家庭存在恋母情结或者恋父情结的人，爱情的分离常常被自己父母主导，导致爱情期孩子出现丧失成长的良好机会。对于已经拥有自我主见的青年，父母主导孩子的爱情分离容易导致过度的叛逆行为，如离家出走、私奔、闪婚，甚至断绝关系。长期父母孩子相互不认可，导致情感的压抑和痛苦，出现持续的叛逆或者不断延迟的叛逆，影响新婚家庭的幸福，导致婚姻障碍的发生率同样较高。

5.婚姻期

此时分离就是离婚。离婚的主动性同样具有保护情感被伤害的价值，较爱情期伤害小。如果有个孩子，还存在和孩子的主动分离，对6岁前的孩子伤害较深。离婚率现在明显增高，离异婚姻对女性和孩子的影响较大。主动离异的城市女性，经济独立性较高者的情绪恢复较快，拥有自己孩子抚养权者，情感独立性成长较快。单亲母亲通常都善于疼爱孩子，母爱给予充分，可以培养出较优秀、有社会成就的孩子。培养出的男性孩子，斯文儒雅，通常阳刚之气不足（红弱型）；培养的女儿通常好强好胜（红主型），个性明显。主动离异的男性，通常是有了新的情感，或者是妻子触碰了他的道德底线；再婚率极高；有孩子抚养权者，孩子的陪伴通常是由隔代培养，容易导致孩子成长期的不良心理状况。

六、成功叛逆

叛逆，主要指的是青少年正处于心理的过渡期，其独立意识和自我意识日益增强，迫切希望摆脱成人（尤其是父母，权威+亲情）的束缚。他们反对父母把自己当小孩，而以成人自居。为了表现自己的"非凡"，他们也就对任何事物都特倾向于批判的态度。

正是由于他们感到或担心外界忽视了其独立存在，叛逆心理才因此产生，从而用各种手段、方法来确立"自我"与外界的平等地位。叛逆心理既往定义为中性词或者贬义词语，虽然说不上是一种非健康的心理，但当它反应强烈时，却是一种反常的不健康心理，认为应该尽可能减少、压制或者修正叛逆行为。但是，从成为一个独立人格的角度看，任何人（绝大多数人）在终身成长过程中，都需要经过叛逆，找到自己独立存在的感受。有些人可能感受不到自己曾经的叛逆，或者像案例 83 岁奶奶冯姨一样，一直有人呵护，到了老年期，还没有真正经历叛逆成功，表现安全感低，不能独立生活和情感脆弱。叛逆者如果存在叛逆过度行为或叛逆方向社会不认可，自然就成为问题少年或产生不健康的心理行为。按照成功叛逆的原则发展，自然就是积极健康的必经的心理历程，就是人生获得持久幸福能力的必经之路。

成功叛逆需要达到"四认可"，最终形成自我认可，向着自我实现方向迈进。作为主动叛逆的青少年，由于内心被家人、社会给予的社会准则、道德观、价值观、情感背负，在叛逆前，始终存在矛盾心理。一方面是想表达自己、证明自己、彰显自我的内心需求，一方面是父母的不认可、道德和情感的绑架。

《哪吒之魔童降世》这部影片仿佛是为我们讲解"成功叛逆"而设计的，很多投射的地方可以找到生活素材，这对我们青少年的成长特别有帮助，甚至可以帮助那些错失了青春期叛逆的成人。

影片主角敖丙是转世的灵珠，带着善良本性，但是在培养中，得到的爱却附加着沉重的条件。龙族的父母长辈把自己最宝贵、最坚硬的鳞甲都给了他，却也期待他要努力、要优秀、要赢，指望着他拯救父母、拯救龙族。培养他的师父申公豹给予他战斗的技能和自私自利的价值观。但是，这些对于敖丙来说都不是真正的爱，因

重建幸福力

为这些爱都是带着欲望、自私、不平等、不尊重他的意愿产生的。敖丙感受不到龙族的真爱，更多的是责任和义务，更重要的是这些痛苦无人可以理解和倾诉。敖丙在此条件下，形成了缺乏真爱的人格，孤傲冷淡、内向少语、压抑，有责任心，向往情感依恋，却极少表达，不轻易打开自己的心扉，符合蓝（主）黄（次）红（弱）的外冷内热不安全感人格特征。这种人格和他自身拥有的灵珠本性所追求的善良、仁爱、勇气、平和、大爱等阳光人格相冲突，导致他内心的情感模式和内在的成人模式严重冲突，为此扭曲着他的心。他像现代青少年，试着做一个听话、孝顺、不叛逆、认真学习、成绩优秀、武艺高强的优秀者，但优秀却不快乐。因为他不知道，如果自己不优秀、打输了，是否还值得被爱，是否还能被这个世界接纳。好孩子敖丙像一个活在是非刻度里的人，每一次都要去做他人给予的目标，却未曾想想是谁框定了他心中的对错、是谁设定了应该或者不应该的标准。敖丙内心渴望做对的事，做应该去做的事。电影神奇地设计了没有朋友的冷峻敖丙，遇到了乐观、开朗、热心的哪吒，被他深深吸引，哪吒成了他唯一的好朋友。在决斗和危难状况下，哪吒的友爱、叛逆精神、自己做自己的呐喊与舍身大爱，激发了敖丙内心的灵珠本性，使其做出毅然决然的叛逆行为。

影片主角哪吒是转世的魔丸，带着恶的本性，但是却在培养中得到师父的尊重呵护，母亲给予了真爱，甚至早期的宠爱。哪吒获得了较为温暖的爱，由一个自我自恋、自以为是、无法无天、唯我独尊的魔性者，逐步呈现出好强、开朗、热心、善良、豪爽的人格，符合红（主）黄（次）蓝（弱）的热情—控制型不安全感人格特征。但是，爸爸早期的不理不睬，使哪吒和爸爸存在隔阂。哪吒长期存在叛逆行为，总是想获得父亲和社会的认可。直到哪吒发现爸爸暗自付出生命的承诺，愿意以自己的生命保护他，他才感受到父爱如山，感受到父母对他的全方位认可，同样重新认可自己父母。在母爱的滋润和父爱的支持下，在师父循循善诱和谆谆教导下，逐渐获得尊重他人、平等相待，我为人人、人人为我的积极价值观，呈现出以"勇敢"（红）为特色的阳光人格。这种后天形成的阳光人格和他自身拥有的魔丸本性"凶恶、霸道、自私、张扬"等人格相冲突，导致他内心同样扭曲。影片巧妙设计，在最后的危急关头，哪吒自觉使用乾坤圈限制自己内在的魔性过度爆发，表现出勇敢—独立—平和的人格，能够做到宁可天下人负我、不可我负天下人的大无畏精神和行为。只要是社会认可，是父母认可，是为了大爱奉献，他都一往无前，呐喊着"我命由我，不由天"的勇敢叛逆精神，实现自我认可。

当哪吒自觉戴上乾坤圈学会了自制魔性，当敖丙放下为龙族使命的精神包袱找回了自我，好孩子和坏孩子都收获了最宝贵的成长。就像灵珠和魔丸本为一体，好孩子和坏孩子其实从来不曾分开。他们就是每个人善恶的两面性，左思和右想，一会儿把酒言欢，一会儿分道扬镳，终究会回到一起，相视一笑，"原来你就是我"。

哪吒和敖丙就是每个人都具有的人性的两面性，他们最终合二为一，就是过去的自己和现在的自己、内在的自己和外在的自己、感性的自己和理性的自己、痛苦的自己和快乐的自己、现实的自己和理想的自己的相互融合，重新恢复人的常态、人性健康的心理。拥有适度的喜怒哀乐，能够品尝到酸甜苦辣，这本身就是幸福。

现实心理治疗中，遇到大量表现为敖丙情感特征的案例，内在的积极人格被外在的枷锁和框架束缚和压抑，逐渐出现抑郁症或者双相情感障碍（II型，抑郁型）等疾病。他们通过学习和表达成功叛逆，脱胎换骨，成为能够自己爱自己的人。同样，我看到不少类似哪吒这种始终在叛逆路上的孩子，如双相情感障碍（I型，躁郁症）的患者多数属于此类型，经过引导向成功叛逆，使其成为社会的优秀者。不同家庭类型，青春期的叛逆行为多数会发生，但是发生的形式不同，部分出现延迟发生，甚至延迟到老年期发生。

小约，女，19岁，设计类专业。情绪不稳定，伴有自杀、自残和精神紊乱6年。从初中开始出现人际关系不良，后期被好朋友暴露自己隐私，被同学们公认是自私自利的人，感到老师也是偏心，不公正，偏袒成绩好的同学。为此形成"人心叵测，自私自利"的价值观。怀疑周围人和自己交朋友的目的，不愿意表达自己深层次情感，初中早期的小约，间有表现出讨好的行为，极少请求他人帮助，认为没有人会真心实意帮助其他人，呈现好强、假热情、假笑容，其实内心是回避、掩饰、避免情感被伤害的感受，符合蓝（主）红（次）黄（弱）冷漠—讨好型的不安全感人格。

在如此扭曲的心态下做人，她感受到纠结、孤独、痛苦。6年前逐渐出现多疑、幻听、自残、自言自语、情绪波动、睡眠紊乱的现象，被诊断为"双相情感障碍伴有精神症状的重度抑郁型"，在多种抗抑郁和抗精神症状药物大剂量治疗后，精神症状部分缓解。连续服用药物5年多后，药物始终无法减少。

小约学习美工设计专业，间有上好的作品获得学校的荣誉奖，但是，仍然存在忧郁情绪、精神不振，间有少量幻听，手臂上近期仍有新的自残划痕，两次自杀行为未遂。

　　了解患者小约原生家庭结构，从小在父母身边长大，爷爷奶奶关系平淡，经常争吵。奶奶为人要求高，完美主义，控制欲强，经常使用情感绑架，如每次过节给小约压岁钱或者生日礼物，都会叮嘱"奶奶对你多好，将来一定要孝顺奶奶，听奶奶的话"。爷爷是个话少的人，但是，时有发生暴怒，骂人很凶。从小感受到爸爸就是像严厉的老师，没有笑脸，动不动打骂自己，严重时，身上被打得瘀血青斑到处都是。妈妈是个温暖型妈妈，小约外公外婆关系温暖、相互爱慕和依恋，从小呵护小约的妈妈成长。小约感受到妈妈的爱，但是，妈妈因为工作经常不在家，小约童年之后主要和爸爸、爷爷奶奶生活，感到多数是压抑和矛盾性的情感。妈妈在爱小约的同时，同样表达希望她不要总是不理睬爸爸或者和爸爸敌对，她只能在心里厌恶爸爸，尤其是厌恶爸爸酒醉后向妻子示爱的幼稚和亲昵的动作。妈妈为此多次告诫爸爸不要在孩子面前这样，可是，这种情况却反复出现。在心理治疗过程中，小约认识到自己原生家庭爸爸妈妈每个人情感模式的结构特征和来源，理解了爸爸妈妈和自己之间的误解。从降低自己回避型（蓝色）人格开始，强化自己敢于情感依赖自己的父母，敢于和爸爸进行适度叛逆，开始加强自己言语表达、沟通的实际能力，向新认识的好朋友展露自己的深层次情感。在经过6个月的心理治疗，小约的情绪稳定性明显改善，未出现精神紊乱症状，药物从6种减少为3种，剂量大幅下降。

　　小约自己描述，在矛盾性的爱和压抑性的爱的培养中，自己像一个刺猬，敞开胸怀，用讨好的行为交朋友，没有想到

重建幸福力

自己的内在如此脆弱，被人伤害后，缩成一团，总是用好强面对他人，周围的人际关系更加糟糕，变得被同学孤立。有了情感痛苦和压抑，没有人倾诉，在夜深人静之时，经常通过自残的痛缓解部分痛苦。此后，开始拒绝一切情感的沟通，认为没有真正值得爱的情感，只要自身够强，一个人存在着就好，不需要任何深层次情感联结，独身主义是自己的内心渴望。慢慢地，自己好像变成了一块松脆的石头，一块没有硬度、没有黏合性、没有多种元素的石头，呈现红（主）蓝（次）黄（弱）的自恋—他责特征。在后期的职业学校的压力下，这块没有情感的石头，这个内心矛盾冲突的人，就像敖丙一样彻底崩溃，丧失生活和学习能力，精神紊乱，走向自杀的生命悬崖。在心理治疗中，通过和爸爸的情感重新联结，通过敢于叛逆自己爸爸的言行，通过体验学校师生的关爱，通过自己被认可的作品，当然还有妈妈无私的爱，自己逐渐能够体验到爸爸的爱，认可爸爸的幼稚行为，知道人需要情感沟通以及深层次情感沟通的价值。自己那崩碎的石头被收拢在一起，像石头一样的心，被注入了爱，被孵化后，好像变成了以红色为主基调的多彩水晶石（意象治疗中提示）。自己能够认可自己当下的状态，可以交到几个好朋友，好像回到小学的交友状态，单纯和随性。尽管还没有爱情产生，但是，自己有一颗随缘的心，相信能够有人来发现自己这颗水晶石。最近，疫情期间，凭着自己的作品和面试能力，击败多个大学竞争者，顺利找到高薪工作，并且得到经理和父母较高的认可。

叛逆是每个人成长期的本能，通常为主动性叛逆，如同上述案例小约。当叛逆的本能被内在和外在因素过度压制，常常出叛逆行为的转化，称为"隐匿性叛逆"或"被动性叛逆"。

　　小莫的平时学习成绩较好，但是，近一年，经常出现大考失去水准现象，为此妈妈反复叮嘱或者冷嘲热讽，自己也努力想改变，可是，大考成绩更加下滑，最终出现考试紧张综合征，表现考试前心悸胸闷、呼吸不畅、担心焦虑、睡眠不佳。其实，这是小莫内心的叛逆过度被压抑，导致自己痛苦，痛苦的情绪没有办法发泄，产生违逆妈妈的心愿的潜意识，出现叛逆行为的转化，也称"被动性叛逆行为"。

　　一些孩子沉迷手机和游戏，很多原因都是和父母沟通不良，不愿意沟通，或者被"礼貌、好孩子、妈妈都是为了你"等道德框架和情感绑架所束缚，压抑自己的叛逆思维和行为，以沉迷某件事务或者某项活动呈现出"被动叛逆行为"。

　　小尼，21岁，一直在妈妈的看护和权威下生活学习，成绩优异，考上一流的大学，攻读金融专业。上大学前，小尼就是一个乖孩子，听妈妈和老师的话，平时生活条件较为优越，生活料理都是妈妈包办。每到大考，她就非常努力一段时间，每次都可以获得好成绩，从来没有和爸爸妈妈叛逆过。到了大学，她才第一次体会到什么是真正的自由，天天不上课，沉迷于小说和网络，学习成绩一落千丈，每年都出现挂科。小尼的价值观是，人为什么需要这么努力学习，不就是混个一日三餐吗？自己就算是个大学肄业生，找个可以养活自己的工作即可，先舒服几年再说。她明确告诉妈妈"不要逼我，我就是没有动力学习"。妈妈是个完美主义者，无论如何都接受不了孩子的价值观，认为自己的价值观一直是正能量的、是积极向上的、是爱护她的，她怎么能够这样颓废地生活学习。大学二年级开始，妈妈再次像高中期间一样，像个直升机监控着女儿，动用各种关系，掌握女儿一切行动，遥控她的大学生活和学习，时而飞到北京，在学校外面租房子陪读。小尼自己既享受妈妈的陪读，又厌烦妈妈的唠叨和监督，不在意大学的成绩，她按照初中高中的经验，以为只要自己想学，只要努力，就会有好成绩，但是，学习成绩始终较差，即使自己在大三想努力学习，但是，学习专注力始终低下，甚至没有了参加考试的信心。

在心理治疗中，小尼逐渐看到自己享受着妈妈矛盾性的爱，想挣脱又不愿意，表现出翘课、沉迷网络、追星等"被动叛逆的行为模式"。治疗后期，找到敢于向妈妈积极叛逆的方向，寻求到自我独立生活的动力，最后一年，把所有功课补考通过，并且，励志第二年报考一流大学的金融系研究生。

延迟性叛逆，包括爱情期婚姻早期、婚姻亲子期、婚姻孩子叛逆期、婚姻晚年。

爱情期婚姻早期。爱情期婚姻早期之所以成为人生幸福能力培养的第二次机会，成为提升安全感的重要时期，是因为这是人与原生家庭分离后，重新建立新的亲密关系，获取爱的能量，成为自己。如果没有与原生家庭分离或者处于未成功叛逆，延迟性或者补偿性叛逆需要在此发生，才能进一步成为独立的自己。延迟性叛逆常常是婚姻家庭生活的矛盾源泉，是高离婚率和亲子关系不良的重要原因。

小梦，女，32岁，独生子女家庭，个体创业公司老板。表面上积极工作，包揽下属工作，讨好一般人际关系，表现彬彬有礼，情感上却不和人深入沟通，喜欢独处而又不开心，间有嗜酒，工作中好强，执着于自己的工作。但是和家人相处较为平淡或者冷漠，给予家庭物质的付出较多，人际关系中，总是自己付出，不索取，极少请求帮忙，为蓝（主）红（次）黄（弱）冷漠—讨好型不安全感人格。自己在多次恋爱中，反复出现否定男朋友的现象，其实，就是在不断否认自己的爸爸和妈妈带来的不满和痛苦，就是一种延迟性的叛逆，把应该在青春期对父母进行的叛逆，延迟到第二次人生亲密关系中。

在恋爱中和失恋中，要逐步认识到自身的人性的弱点（如小梦的亲密关系中的冷漠、要求完美、矛盾性格、投射性心理），并且加以修正。在恋爱中，敢于成功叛逆自己内心的父母，找到为自己活的感受，重新认可现实的父母，体验到他们的无奈和变形的爱。重新塑造自己内心的父母，不需要过度理想化，打开心扉，在新的亲密关系中，体验被呵护的爱，使自己内心的本能情感表达和体验能力（内心的小孩）成长，转化男朋友或者老公的爱，成为内心的成人情感模式（内化的父母），让自己内化的父母学会爱自己内心的小孩。

在外在环境被允许的条件下，引导小梦的父母采取她能够体验到的方式爱小梦，加强和小梦的情感表达和联结，敢于向孩子道歉、示弱、降低要求，重新认可孩子。引导小梦宽恕父母曾经错误爱的方式，重新认可父母。两年前，她和男朋友已经再次手牵着手，能够忽略男朋友的缺点，甚至可以像母亲一样给予他部分温暖，男朋友也戒断了自己的牌瘾和喝酒的习惯，两人再次找到爱情的感受，即将进入婚姻的殿堂。

婚姻亲子期。此期延迟叛逆主要表现为初为父亲或母亲者，敢于主动被依赖的能力不足，参见本章第四节。

此期间，孩子叛逆期过度行为，常常来自父亲或母亲的延迟叛逆，需要母亲在此关键时期，认识自身情感不够独立，促进或完成"成功叛逆"。

　　小言，女，15岁，早恋，沉迷手机、逃课、自虐等不良行为。其父亲在意识到小言的叛逆行为后，重新认识自己的原生家庭，发现自己生来也比较调皮和好强，在青春成长期虽然有着爸爸的不断指责，但自己总是隐忍，加上妈妈的疼爱，并没有和爸爸进行明显的叛逆行为。当时，他只是励志考上理想的大学，离开让自己感到束缚的家庭。小言妈妈是小言爸爸大学同学，从小父母对其是温暖型的培养，属于温水里长大的青蛙类型，包容心和退让心强，没有特殊的刺激，很难激起其反叛。两人在恋爱期，性格较为互补，爱情婚姻期较为美满顺利，没有出现叛逆的争吵行为。有了孩子后，为了双方在事业上更上一层楼，小言爸爸坚持把孩子交给小言的爷爷奶奶抚养，小言妈妈虽然有点不舍得，还是放弃了和丈夫不一致的意见争执。在孩子青春期，母亲感受到孩子的问题，为此总是想给予宠爱以补偿内心的愧疚。孩子开始对爸爸叛逆后，她也深深感到丈夫自我、控制欲强、好强、脾气暴躁等性格上的不良特征，对丈夫表达不满。在心理治疗中，引导小言父亲看到自己对孩子的严厉教育方式，是原来对爸爸叛逆行为的延迟性反应，如果青春期做了叛逆行为，就极少在自己孩子青春期前过于严格教育，更不会在孩子青春期叛逆期，与之相互争斗和伤害。引导小言妈妈看到自己一直没有激发自己叛逆的条件和机会，当孩子受到伤害时，才激发出对老公的叛逆性争吵行为，激起生存的新的意义。现在他们夫妻已经生下二胎，小言也成长为会爱弟弟的姐姐，帮助妈妈照料弟弟，妈妈经常一起拥抱小言和弟弟，感受到既往没有体验到的生命的活力和生活的幸福。

现代社会，婚姻障碍发生率高，双方为独生子女的家庭尤其如此。独生子女被父母过度关注和宠爱，常没有和原生家庭叛逆，父母也没有主动进行情感分离，容易比较自我、自恋，形成虚假的独立形象，没有成长为真实独立的自己。

婚姻晚期。如果在前面各个时期，都没有机会产生叛逆行为，找到内心做自己、爱自己的能力，就将在晚年，孙子叛逆期存在再次被叛逆的机遇。如果还是没有产生，首先，恭喜您，至少大半生是在呵护、温暖的环境中生活，此后遇到的痛苦和折磨也是值得的。婚姻晚期，再向后延伸，就是空巢期。这时只有夫妻两个人，拥有成功叛逆经历者，可以自然地依靠对方和被对方依赖。没有成功叛逆经历者，往往存在较高的依赖性或者较高的控制欲，不能忍受和对方较长时间的分离，不能享受独自生活的时光。在配偶患病时，容易出现焦虑、紧张不安甚至恐慌。在自己患病时，同样容易出现焦虑不安、周身躯体不适症状，抗压能力较低。在社会重大事件，在瘟疫流行的时期，容易出现过度恐慌。在配偶去世后，容易出现精神创伤和丧失感，体验不到一个人生活的乐趣和意义，不能专注原先的事业或者爱好，逐渐患有老年性抑郁，进一步患有老年性痴呆等衰退疾病。

第四节　第三层次情感能力：
被依赖、被拒绝、被分离

一、敢于主动被依赖的能力

严格讲，只有成为父母，才是真正主动被孩子依赖，获得主动被依赖的能力。在心理学存在相互依赖性原理。当你作为孩子依赖的父母时，父母同样会产生对孩子的依赖，依赖和被依赖是相互的，能够相互存在安全的依赖就形成依恋感受。如果成年人的情感独立性较低，在与孩子分离时，产生的分离性焦虑同样严重，甚至高于孩子。现在的独生子女家庭经常出现这种状况，当父母越是关注孩子，付出的情感越多，分离时的情感焦虑和痛苦越严重。从这个角度看，孩子在出生后天生依赖母亲，慢慢开始形成被母亲依赖的感受，但是，这种依赖严格讲是被动地被依赖。当孩子成长过程中，逐渐获得主动表达爱、敢于主动体验被爱的感受之后，才可能逐步形成敢于主动被依赖的能力。

主动被依赖，需要第一层次被爱的感受能力为基础，需要有第二层次的爱的能力。在此基础上，才有主动性成为友谊中被好朋友闺密轻度依赖，在爱情中被恋人依赖，在婚姻中被孩子依赖，在岁月的黄昏中再次被配偶依赖。

1. 青春期

在社交中，缺乏被爱的人，主动愿意被依赖或者被索取情感，容易形成讨好型人格，掏空自己的心理能量。这种状况下，如果能够回到原生家庭重新体验被爱的感受，获取感受爱的能力是最好的解决途径。其次，在社交中广交朋友，主动索取或者要求别人帮助，获取被爱的体验。再者，通过结交闺密或者谈恋爱，进入新的亲密关系，获取幸福层次论的第1层次被爱的幸福，培养出自己第1层次被爱的感受能力。同时，需要逐步培养自己的安全感，在获得部分安全感内在能力的基础上，学习表达爱的能力。在爱的能力和能量聚集到较多时，自然可以作为朋友们的被依赖对象。

　　小元，女，18岁，1岁成为留守儿童，青春期开始，反复出现情绪低落，睡眠障碍3年。服用足量足疗程药物两年余，在服用抗抑郁药物期间，自杀两次未遂。间有幻觉出现，内心纠结为什么妈妈如此冷漠，感受不到爸爸妈妈的爱。在学校，交友感到很累，总是感到自己是被大家歧视和利用的人。从来不拒绝朋友们的要求，主动做朋友依赖的对象，感觉成了朋友们的垃圾桶，表面还勉为其难地堆出笑脸，逐步出现抑郁症状，同时，回到家中，压抑不表达，不和爸爸妈妈沟通，认为他们不会理解自己。

　　4个月前接诊后，我了解到爸爸妈妈有着非常愧疚的心理，愿意积极配合，挽救女儿。首先，通过红黄蓝不安全感人格分析，让全家人认识到小元蓝（主）红（次）黄（弱）的冷漠—讨好型人格。在心理治疗中指导父母改变沟通方式，学会按照女儿需要的方式关爱她，让她产生充分的被爱体验（增加黄）。第三次心理治疗后，小元感受到家庭的温暖和被爱，学会表达自己内心真实的感受和需求。在给妈妈爸爸分别写了宽恕他们的过去的信件后，彻底接纳自己的父母，接纳自己的痛苦。通过精神分析，看清自己的纠结，看到现实的自己在折磨自己的情感。学会了如何拒绝和如何表达愤怒（降低蓝），表达爱、关心的能力进一步提高（增加黄）。开学后，感受到自己身心的放松，能够重新专注学业，自觉抑郁离开自己了，减少药物半量，睡眠尚可，情绪仍然稳定，迎接高考，顺利考上大学。

2. 爱情期

在青春期获得初步被依赖的能力，在恋爱中可以得到进一步发展。爱情中被爱的体验是每个恋爱者都渴望的，自己内心本能的情感可以得到对方的呵护和疼爱，这是人生第二次充分被爱的体验，同时，需要自己给予对方爱的表达机会。这个过程，就会再次提升人的被依赖的体验。

在爱情中，黄（主）红（次）特征者，容易单向地依赖对方或者单向索取爱，不能够关爱对方内心本能的情感，自然就失去被依赖的锻炼机会。这时遇到不安全感人格以依赖（黄色）为主基调者，很容易导致对方逃离或者分手。拥有红（主）蓝（次）自恋型不安全感人格者常常会吸引依赖型人格去依赖。这种配对在婚后，如果相互不及时修正人格，黄（主）红（次）类型因为主动依恋的感受得不到反馈，常常获得自恋型对象的指责，安全依恋度高者可以改变自己，可以相对分离性生活；安全依恋度低者，很快出现剧烈争吵，容易出现婚后的离异。黄（主）蓝（次）类型因为存在被动依赖性和自我封闭性情感，容易被自恋型对象控制情感，容易出现被家暴而忍气吞声。嫩绿型主基调为温暖、勇敢、喜欢被人依赖者和情感独立者，除了自恋型，适合多数类型人格。但是，容易产生对黄（主）蓝（次）特征者的追求，原因在于可以不自主获得内心的价值感。黄（主）红（次）特征者如果一直被呵护，被爱的体验滋养，同时没有主动被孩子依赖，会长期保持黄（主）红（次）特征，同时不具备被依赖的情感能力，在被拒绝和被分离时将会出现较大的恐慌和痛苦，像前面介绍的案例冯姨一样。

3. 亲子期

在亲子期，为人父母自然成为孩子依赖对象，通常母亲会主动被孩子依赖，父亲在孩子1岁以后，更多是在3岁以后被孩子依赖。在主动被孩子依赖的过程中，母亲被依赖得早、被依赖的时间更长，情感独立能力较快提高，容易和孩子父亲出现发展的差异性。在情感问题处理上，常常出现妻子勇敢、淡定，丈夫莽撞、幼稚的状况。这时，妻子常常内心责怪老公为什么长不大，长期如此，容易导致家庭矛盾，甚至婚姻障碍。这里建议，妻子主动要求或者请求丈夫多与孩子陪伴，多拥抱孩子，主动被孩子依赖，提高丈夫情感独立性，避免夫妻之间情感成熟度差异过大，同时，对孩子今后"社会人际安全感"具有较好的铺垫。

4. 黄昏期

晚年黄昏期，孩子成人，已经和自己分离。空巢的老人，出现再次相互被依赖阶段，俗称人生第二次爱情期。经历了人生的风风雨雨，如果不安全感人格已经得到修正，双方情感独立性较高，但是，内心的本能情感仍然需要依恋对方，同时，主动给予对方依恋，这就是持久爱情的象征，双方都会表现出较高的安全感。

部分人在老年时，还是做不到心甘情愿被对方依赖，喜欢独来独往，或者单向依赖。喜欢独来独往者，表面看是情感独立，其实多数是自恋过度，或者封闭自我情感者，常常表现为脾气暴躁、冷漠、较为古怪的特征。主动给予对方依赖而不依赖对方者，通常存在较高安全依恋度的情感和弥补既往情感亏欠的心结。这些老年人，通常安全感不足，容易出现睡眠障碍、焦虑、躯体形式障碍等疾病。

部分老人成为孙子辈的依赖，同时，自己继续被激发"被依赖感"，体会被依赖的价值感，促进自己情感独立再发展，做到老有所为，老有所乐。在此期间，如果没有做好恋母情结或者恋父情结的分离，将会影响自己儿女婚姻的幸福，隔离孙子和父母本该拥有的依赖关系，导致孙子辈的安全感不足。

二、敢于接纳被拒绝（或者被嘲笑、被欺凌）

被拒绝是在家庭亲密关系和社交中都会遇到的事情。被拒绝可以产生郁闷、愤怒、无助、羞愧的感受，属于导致痛苦体验和负能量的常见原因。带有负性思维者容易出现被拒绝后的情绪低落和焦虑不安。拥有积极开放性思维者，换位思考，被拒绝可以坦然接受，更可能激发自己的潜能，敢于创造条件完成被拒绝的需求或者想法。没有第二层次情感拒绝能力，就更加承受不了被拒绝。没有幽默能力，承受不了被嘲笑。没有反叛能力，承受不了被欺凌。

1. 0~3岁期间

这期间的孩子没有能力接纳被拒绝。尽可能不要拒绝孩子，这时孩子的需求都是本能的反应，都有合理性。婴幼儿没有反抗力和理解被拒绝的理由，被拒绝较多，容易产生退缩、自卑、自残、自闭的心理和行为。

2. 儿童

开始给予合理拒绝具有训练挫折商的价值。在孩子被拒绝中，需要引导孩子自己想办法解决被拒绝的问题，诱导孩子自知自控，鼓励他们运用开放式思维，应对被拒绝，学会在挫折下成长。

3. 青少年叛逆期

积极引导，家长不要过于拒绝孩子，过于否定孩子的情感、思想和行为，容易激发他们过度反叛。青春期孩子在被拒绝期间，学会综合分析问题，换位思考，敢于表达自己的思想，合理沟通，只要不违法违纪，勇于执行自己被拒绝的行为和情感，不怕跌小跟头，不怕小失败、被拒绝，敢于另辟蹊径，敢于创造条件，实现自己的理想、思维和幸福体验。

在被欺凌状态下，敢于呐喊、诉求。敢于直接对抗，表达直接愤怒。最不主张压抑的思维和行为，因为压抑就会导致自毁或毁人。被欺凌时，主动看清对方人性的弱点，主动分析自身原生家庭带来的弱势个性，看到自己交友太少的危害。自觉无能为力时，尽可能早请求成人和专业人员帮助。电影《少年的你》，胡小蝶个性柔弱，好朋友少，面临欺凌，只是压抑痛苦，求助了本身内向的同学，导致最终惨剧；主角陈念和胡小蝶不同的是，有着永远不服输的好强心，有着力争的反抗心，但是，缺乏交心朋友，抗争力不足。在近乎绝望时，敢于找社会青年保护自己，敢于向老师、警察索取帮助，这些都加强了抵抗被欺凌的能力和勇气。每个欺凌者和被欺凌者背后都有自身不安全感人格和原生家庭父母关系不良的问题。欺凌者通常在家中是既被溺爱又被过度施压，容易形成希特勒式的自恋—他责型。在家中不敢于表达他责，在社交中就会出现把父母对自己压迫的委屈，发泄到弱势性格的同学身上。被欺凌者，通常儿童期缺乏父母关爱和认可，没有基础安全感和社交安全感，朋友较少，内向少语，遇事退让或者逃避，没有反抗精神和团队精神，常常被作为弱势群体，容易被不断欺凌。

4. 成年期

被拒绝仍然会产生不愉快体验。接纳被拒绝是一生都需要的心理素质。学习合理性沟通和积极开放式思维是接纳被拒绝的较好方式。拥有不安全感人格，接纳被拒绝的能力较低。社会氛围若表现为相互拒绝的大量发生，同样被拒绝的概率会大幅增加，人们被拒绝的不愉快会渐渐麻木。如2000年前后5年，国内买房相互借钱的现象出现，借钱者比被借钱者威风，逐渐出现拒绝借钱的社会氛围，被拒绝者通常不会出现负面情绪。

三、被分离

被分离的痛苦程度取决于亲密关系程度和各自情感独立性。人生需要经历多次情感分离。每次分离必然带来或多或少的伤痛，经历一次被分离后的情感体验，就会得到一次成长。能够主动表达分离者，承受主动分离和被动分离的能力较强。不拥有或者未经历过主动分离者，通常难以承受亲密关系被动分离的痛苦，容易深深陷入痛苦，不能自拔。

1. 儿童及其之前的幼儿

均处于情感依赖期，没有体验过主动表达分离，在与母亲被分离时，常常被精神创伤，即使有隔代培养或亲戚抚养，自身的安全感都会受到损害。留守儿童、寄养儿童出现心理障碍发生率明显高于父母陪伴成长的儿童。孩子常常在心里产生"我是不被爸爸妈妈需要的""我是没有爸爸妈妈依靠的"这类念头。天性好强的孩子，会早熟，封闭自己的情感，拼命追求社会的认可和名权利，用外在的安全条件武装自己，得到部分伪装的安全感。

2. 青春期青少年

常常出现被好朋友分离性孤立，同样出现情感痛苦。如果已经和原生家庭的爸爸妈妈开始叛逆，主动分离爸爸妈妈情感，这时被朋友分离情感，痛苦性不会太强，很快又会建立新的亲密朋友。在原生家庭溺爱和矛盾性的爱的状况下，孩子情感容易纠结，在被朋友孤立时，容易产生自卑、不知所措、纠结延续的痛苦。

小万，18岁，高三，学习较好，自觉自控，爸爸妈妈在家溺爱着她，同时，爸爸对她道德礼仪要求严厉，妈妈精力集中在二胎，近一年忽略了她。6个月前，因为自己说话随意，不注意他人感受，六个要好的朋友逐渐开始疏远她，在背后间或议论她。小万出现情绪压抑、胡思乱想、自我矛盾思维而痛苦，后期出现幻觉和怀疑同学害自己的妄想症状。在心理治疗中，她说："一直学习生活都很顺利，爸爸要求自己待人礼貌，不要愤怒，没有表达过拒绝，从没有和朋友闹翻脸。"这种溺爱长大，没有经历过拒绝他人、主动分离情感的青少年，最容易在首次被情感分离时，产生巨大痛苦。

　　作为中年父母，敢于逐步主动和青春期孩子情感分离，是有利于孩子培养被分离的情感承受力的。在与青春期孩子情感分离期，敢于作为被分离者，才是真心疼爱孩子的父母；敢于主动表达分离的父母，才是伟大的父母。青年人想要飞翔和闯荡就让他自由翱翔。对于不想离开父母的孩子，父母要像老燕子训练小燕子一样，把小燕子赶出温暖的燕窝。必要时，父母要主动表达分离或者创造出分离环境，促进青春期孩子分离。

3. 爱情期

　　失恋就是典型的被分离和分离。被分离者通常痛苦远远大于主动表达分离者。情感越亲密，被分离的痛苦越深。创伤严重者，失恋后再也不愿意建立新的恋爱关系，甚至长期抑郁障碍。爱情是人类荷尔蒙最高的表达方式，存在精神和生理的相互亲密融合和碰撞。爱情是逐步成为独立情感的必经路程，是分离和替代原生家庭的亲密关系，是建立新的家庭三角关系的核心纽带。拥有独立情感能力者仍然需要持久爱情的体验，可以不断修复自己的情感不足，修复社会人际关系的损害。爱情是人类永恒的主题，只要拥有爱，正能量就像发电机充电一样，不断给自己心理充电。

4. 婚姻期的被分离

俗称被离婚，通常都会产生失望或者内疚。被分离者，容易产生失望、无助、灰心的抑郁情绪，同样容易出现憎恨、愤怒、报复的冲动情绪。被动离婚者，通常情感体验敏感性和情感表达能力不足，情绪的不良导致再婚的机遇和主动性下降，走向独身的概率较高，年纪较轻者，回归原生家庭的较多。在离婚后，能够看到自身不安全感人格和突出缺点，给予适当修改，提升情感体验能力和情感独立性，重新寻找爱情，将会更加珍惜和懂得如何爱。

5. 婚姻—青春期被分离

父母被独立成长的孩子主动分离的过程，就是被分离。东方父母培养孩子期间，过于关注和付出情感，此时常见中年期的分离性情绪障碍。父母应该庆幸自己的孩子有主动分离能力，为孩子拥有独立情感的能力而骄傲。父母总是牵挂成年的孩子，依附着成年的孩子，导致孩子被动依赖性增加，自我独立性不足，抗挫折能力不足，同时，反映父母自身情感独立性不良，存在分离性焦虑，成为让孩子总是担心的对象。

6. 老年期黄昏期的被分离

此时因为既往积累的情感痛苦，在孩子独立后，父母出现婚姻离异。通常是长期在家庭处于弱势的配偶主动提出，强势者成为被动离异者。一些婚姻期已经长期分离者，在追求人生需求的彷徨中，逐渐开始学会体验什么才是幸福，在黄昏期重新相互回归如初。

卢姨夫妻长期分居15年，在女儿出国上大学后，仍然如此。卢姨一次患有重症疾病，作为分居的丈夫此时对她细心照料，呵护关心，深深地打动了卢姨。于是，卢姨改变自己好强，自我为中心的意识。治愈后，两人重新找到青年时期相爱的感觉，相互关心，相互依赖，找到了"执子之手，与子偕老"的美好感觉。不幸的是卢姨先生数年后突然去世，导致卢姨严重抑郁。

绝对分离就是生死离别。如何直面生死，就是第四层次情感能力。

第五节　第四层次情感能力：直面生死的能力

　　被死亡剥夺亲密关系，是一种彻底的突然被分离，是活着的人面临的最严峻的情感创伤。如果有其他亲密关系弥补和替代，通常创伤可以较快恢复或过渡。被剥夺亲人者，必须发挥自己的第一、第二、第三层次情感能力，表达、接纳、理解、转移、升华情感，积极从专注当下事业和生活，积极寻求社会帮助，加强安全感内在能力（包括积极开放式思维、再生的信念、抗挫折能力）的发挥，建立新的亲密关系。宇宙自然的生死循环大家都能够理解和接受，中国八卦图的生中有死、死中有生的认知多数人都有，轮到接纳自身以及亲密关系者的生死循环时，常常做不到。

　　原因在于涉及自身的体验。如果经历过自身死亡的考验和体验者，在经历期间找到生的力量和积极的信心，在亲人离去，体会到生命中爱的永存和幸福常在，灵魂就会得到洗礼，容易理解接纳自身的生死循环，体验当下的幸福。有个朋友就讲了一个"生的力量"的自身体验。他曾在小时候还不太会游泳时，一次不小心游到深处，呛了水，挣扎地向岸边游，可是已经没有气力，开始直接向水里沉没，水直接大口大口进入胃里和肺里。在水下，还能较为清晰地听得到岸边的人讲话，沉没中，自己的大脚趾却突然碰到一块石头，借助这块石头的支撑，突然有了生的希望和力量。他一点一点积聚力量，前倾身子，用力一蹬它，冲向岸边，冲出了水面，挽救了自己的生命。从此，他就似乎有了无畏生死的勇气和胆魄，生活积极乐观。电影《入殓师》讲的是一个落魄的艺术家，单亲母亲抚养，呈现黄（主）蓝（次）红（弱）的人格，因为生活所迫，从事入殓师的职业，在经历逃避、害怕，到体验自己非亲密的他人死亡的麻木，到体验亲人与死者之间曾经的爱，到体验给死者和家属带来的价值和爱，到重新认识自己对父亲的误解，重新宽恕父亲的不是，重新体验父亲的爱，在父亲去世时，做到重新认可父亲和认可自己给他人带来爱的价值，做到敬畏生命，直面生死，珍惜当下。

如果没有经历过生死的场景考验和体验者，通常只是停留在知识层面的知道和理解，没有真正接纳。就像新兵上战场，面对死亡的恐慌和害怕。如果经历过生死的场景，但在经历时产生负性情绪体验，留下死亡的黑暗体验和负性思维信心，就会遗留恐惧死亡体验，过度担心不安全，遇到不良事件表现焦虑不安、惊恐发作，甚至通过强迫症状缓解自身的不安，进入痛苦的体验不能自拔。这时需要我们首先培养对"死亡概念的理解"，尽可能做到"敬畏生命，直面死亡"。

个人如何直面生死？

每个人其实都知道，人从出生以后，就是向着死亡走去的，从生到死就是我们每个人必然的生命过程。但怕死，却又是人的本能。从现实来说，人其实活得很短，现在平均100年都不到。我们这一代努力努力，从人的胚胎发育理论上讲，也许会活120年。但是，相对于浩瀚恒久的地球来说，120年连一眨眼的工夫都算不上。另一方面，活在世上的人们还经常说人生来受苦。那为什么要来受苦呢？不能感受幸福？既然活着是受苦，为什么人又惧怕死（死的本能）？为什么都有"好死不如赖活着，活着就是好的"（生的本能）这些矛盾观点？就以当下正在发生的疫情来看，如何平安健康地活下去，成为人们心头一个最大的问题。我们看见多少人在拼命地、努力地挣扎着活着，触目惊心。以个体而论，人生都是悲观的，因为最后都会死，人生是一条不归路。如果从这个角度看生命，那你就活得很累，活得很不幸福。因此，如何合理理解死亡、接纳死亡、改变死亡的观念变得尤为重要。生死观念的改变将会极大提高个体的安全感。

我根据自己的经历和感受，把对死亡的态度分为四个层次，希望大家能够通过学习和成长来到第三或第四层次，走得慢点的至少做到第二层次。这四个层次分别是：第一层，丧失；第二层，接纳；第三层，再生；第四层，永生。

一、第一层：丧失

大部分人对死亡的态度是悲观的。死亡，意味着消逝、丧失，就是再也没有了。带着"丧失感"的人，多数表现为担心、恐慌、害怕、逃避、退缩甚至身心僵化、身心疾病等。

老何，不久前他的妈妈走了，走时90多岁，他觉得自己丧失了妈妈，永远失去抚育自己的母亲，情感上体验到被撕裂感，她对妈妈的离去有很强的内疚心理，加上恋母情结的存在，老何整日郁郁寡欢，逐渐出现抑郁症表现，同时出现厌食、消瘦，严重影响了工作和生活。

海风，在其40岁时，丧失了患有脑部疾病的儿子，自此痛苦不堪，他不断地责怪自己，怪自己没有及时发现儿子疾病的征兆，导致其抢救不及时离开这个世界。这件事过去两年后，他的太太逐渐放下此事，且生了个二胎儿子，海风仍然怀念失去的那一个孩子，只要想起就会全身不适，喉部不自主抽动，彻夜难眠。

　　视线回到我们自己身上，如果我们被砍掉一条胳膊或者一根手指，不仅我们的身体会感受到椎心入骨的痛感，我们还会有很强的失落感，那是丧失一部分自己身体的感受。我们的每个亲人，就相当于我们身体上的一块肉。所有的至亲，无论是爷爷奶奶、爸爸妈妈，还是孩子或伴侣，只要我们情感很亲密，当他/她丧失的时候，人就自然而然会体会到真实的痛苦，因为这和情感的联结有关。在高中，我自己经历了丧母之痛，那种撕心裂肺、刻骨铭心的痛至今仍记忆犹新。母亲在世时，我和母亲的关系特别亲密，当她离我而去后，我的内心一直是空荡荡的感觉。没有妈妈了，再也见不到她了，这种强烈的丧失感持续了很长时间（大约2年多），在这期间都会不间断地梦到她，甚至有时在夜间哭着醒来。这种失去母亲和想念母亲的痛苦折磨，迫使我在30多年前，自学心理学——很多时候浸泡在医科大学的图书馆，阅读普通心理学、道家、佛学、弗洛伊德和荣格等心理学大师著作，从中追问生命的意义。这些阅读与思考，让我获得新的感悟，逐渐改变对死亡的态度和看法。如果一直用"丧失感"来认识死亡，痛苦就会时刻伴随着自己，如果放下"丧失感"，直面死亡、接纳死亡，亲朋好友逝去带来的痛苦自然渐渐离你而去。

除了这个自身身体之外的丧失，个体真正的挑战是自己。如果现在面临重大疾病（如癌症）和死亡挑战的是自己，面临生死危难时刻选择的是自己，面临集体死亡威胁（地震、SARS、新型冠状病毒）的也是自己，那你所拥有的安全感和对死亡的理解与观念，将决定你情绪和行为的表现。有临床数据显示，患有癌症的患者，在了解自己的病情后，产生情绪障碍的达到70%，全身免疫功能明显下降，甚至严重者会出现被疾病"吓死"的表现。在SARS、新型冠状病毒等瘟疫流行期，多数人被激发出集体无意识的恐慌和"丧失感"。

对于以"丧失感"认识死亡的人，随着时间的流逝，多数慢慢会过渡到不得不接受现实，或者把情感转移到其他方面，比如关注事业或者其他亲密关系中。但是，这不是真正地接纳不安或死亡，只是被动地接受现实，把"恐惧"和"丧失"的痛苦，压抑到自己内心或者潜意识中。当再次面对威胁和危险时，容易激发内心埋藏的"恐慌"和"丧失"感。

在现实中，如果目前不安全感明显，放不下"恐慌""死亡""悲恸"的情感体验，可以首先尝试改变自己对死亡的理解与态度，再者运用冥想技术感受内心痛苦的真实体验。不要拒绝悲伤，让自己的心灵与痛苦和平相处。

二、第二层：接纳死亡

拥有此观念的人，通常表现为"理智、淡定、平和、坦然、勇敢甚至果断"。在中国，清明节就是让我们理解死亡和慢慢接纳死亡的一个节日。宋朝高翥的诗词《清明》就很好地描写了古人如何接受亲人死亡现实、珍惜当下生活的场景："南北山头多墓田，清明祭扫各纷然。纸灰飞作白蝴蝶，泪血染成红杜鹃。日落狐狸眠冢上，夜归儿女笑灯前。人生有酒须当醉，一滴何曾到九泉。"在每年祭拜或者扫墓的过程中，人会慢慢接受这样的真相，就是人人都会死，死亡是一个人生必然的过程。

有的人说我不怕死，但是怕"死亡前的那种痛苦的挣扎"。若换个角度想想，"死亡"是可以给活着的人锻炼和净化灵魂的。已经死去的人，他们是没有任何感受的，而对于活着的癌症病人或重症患者，他们在面临死亡时所体会到的那些疼痛，需要用心去净化它，甚至屏蔽它，所以，对癌症现在最好的治疗方法之一，就是在药物镇痛同时，学会自己做冥想，去接纳和消除身体的不良感受。对于被癌症确诊吓到而导致身体快速衰竭的人来说，疾病的疼痛确实存在，但他们解决疼痛的方式是和疼痛对抗，越是对抗，越是痛苦，就像抑郁症的人和自己内心痛苦抗争的模式一样，最后都是痛苦而死。

认识死亡是一门课程。如何理解死亡、接纳死亡，我们应该从小学习。西方有些国家在学校开设理解死亡的课程，让孩子明白生命有开始、有结束，就像花儿开了就会凋谢，白天来了就会有夜晚的降临，所养的宠物有一天也会死亡，这是生命的必然经历，是大自然界（存在）规则的一部分。没有人愿意死，但是死亡是每个人共同的终点，没有人能逃脱，这是注定的。死亡可能是生命的最伟大发明，它促动生命的变革，推陈出新。印度哲学家克里希那穆提说"只有生命的延伸，没有结束，就没有新生。"乔布斯也说："死的意义就在于我们知道生的可贵。一个人只有在认识到自己是有死的时候，才会开始思考生命，从而大彻大悟。不再沉迷于享乐、懒散、世俗，不再执着追求金钱、物质、名气，然后积极地去筹划与实践美丽人生。"

直面生死、珍惜当下，赋予自己生的意义，主动去理解和接纳死亡概念。如果再深入改变对死亡的思考，还可以找到依据支持"死亡"不等于"丧失"的信心。我自己在清明节时，会主动回忆逝去亲人的音容笑貌，曾经共度的美好时光似乎历历在目，甚至在梦的另一个世界里时有相遇。我们把逝去的亲人看成"她"还是存在的、活在我们的心里的，没有"丧失"。在我们的脑海里，带着"她"一起继续活着，把"她"没有活到的感受和没有体验到的"生的意义"去一起体验。只要现世的我们还存在，逝去的亲人"她"就是存在的。当自身面对死亡时，能够赋予自己"死的意义"，才能坦然面对。如能够豁达地认为"自己的死亡"可以给后代减轻负担或腾出生存空间，如勇敢奉献自己生命，挽救他人的生命。

三、第三层：再生

达到第二层的高级层，说的是逝去的亲人还继续活在我们的心里，是可以"再生"的。基督教教义说"人现世活着就是来赎罪的，赎罪完成就可以升到天堂，到极乐世界"。佛学讲六道轮回，在现世要积善成德，来生可以往极乐净土。如果损人利己或者谋财害命，来世会变成猪狗或者下地狱煎熬。这些教义带来一个理念，劝你相信有"再生"。这些教义在古代甚至当下，都起到很好的积极心理支持作用，减少了人们对死亡的过度"恐惧"。人们宁可信其有，不愿信其无。目的就是寻找精神的寄托，找到生的力量和死的价值。

现实世界，随着人类科技的发展，科学家们已经发现了第四维度空间、第五维度空间。比如有人提出，梦境可能就是人类的第四空间。量子力学证明存在空间的瞬间转移，黑洞的发现，提示我们的世界之外，很可能还存在另外一个世界。科幻小说家，刘慈欣在《三体》小说中写出了十维空间的遐想场景。灵魂其实就是大脑、骨髓和神经系统中的"生物信息能"，灵魂即"生物信息能"。这种"生物信息能"与宇宙信息能相辅相成——这是一种"天物合一"的信息量场理论。上个世纪初，美国麻省的大夫，邓肯·麦克道高做了一个非常大胆的实验证明"灵魂"质量约等于21克。当然，此研究存在很多不严谨之处，不能进行反验证。

近年的科学研究提示灵魂可能是由量子级别物质基础构成，存在飞到另外一个维度空间的可能。根据宇宙信息能平衡和平行对称论可以推导出，死亡后灵魂即生物信息可能会被复元或者传输。

我们都不知道以上是否真实存在，但是我们相信它有没有好处呢？我觉得有好处，至少不用过度"恐惧死亡"。但我们切忌盲目相信，尤其抑郁患者不应以为"自杀死了，然后我会再生"。基督教讲的，如果是自杀就不能再生了；东方的佛教也讲到如果自杀了，你就会变成厉鬼，会下地狱，连猪狗都变不了。虔诚的佛教徒认为"自杀"者是逃避现世的痛苦，自杀后变成"灰色"物质，在无间道接受更加痛苦的折磨。

正确面对死的再生，珍惜当下生命，使得我们的生命可以做到"向死而生""向生而死"的良性循环。面对死亡的到来，我们能够看到死亡的价值。死亡后，在现世可以化成泥土或者灰尘，回归大地和自然。在你的亲人脑海里，你的音容笑貌和家庭社会贡献还继续在延伸、在活着。在未知的世界里，你的灵魂同样可能在复活，再继续延伸和生长。

四、第四层：永生

在接纳死亡的时候，其实我们已经在接近永生。活着的我们能够放下自己内心的欲望和执着，放弃追求一切外在的名利，不去刻意思考和寻求内心的安全感，也就是真正做到活在当下，随时有着结束已经过去的每一秒、每一分、每一天的心灵体验，就像克里希那穆提说的"可不可能结束那一切——那意味着每一天都死去，从而也许就会有一个崭新的明天。只有在那时，我们才能在活着时了解死亡。只有在那样的死亡中，在那样的结束、结束延续之中，才会有更新，有那种永恒创造"。

我们的亲人"她"还是活在我们的心里，我们和"她"一起继续挑战，品味"她"没有活过的生活滋味和人生经历。记得我第一次坐飞机时，就有这种体验和想法，即体验到母亲和自己是一起翱翔在蓝天云海上。如果你的下一代，同样具有你的接纳死亡的理念，继续带着对"你"的情感记忆生活，带着你自由飞跃"太空"，穿越未知的空间，那就是"你"的永生。在你的家族中或者家乡，现世的你，做了很多大家可以口口传颂的好事，做了"立德、立身、立言"的壮举，"你"就会被更多人储存在脑海里、铭刻在心里，代代相传地永生。在疫情期间，多少白衣天使和爱岗敬业者的逆行而上，直面死亡，谱写了可歌可泣的精神诗篇，将永远传唱。文天祥的"人生自古谁无死，留取丹心照汗青"是爱国情怀的写照，对于中华民族来讲，这就是一种"永生"。站在人类群体的角度，那些留下精美文化和精神作品的伟人们，只要人类还存在，他们就没有真正从这个世界"丧失"，而是"永生"的状态。

在接纳、再生的基础上，我们敢于把自己看成是直面死亡的勇士。我死了，我会变成其他物质。我可能会化作春泥更护花，我也可能会变成大山、变成树木，也可能我会窜到另外一个空间。这似乎很唯心，是自己骗自己。为什么要否定这个所谓唯心的东西呢？如果否定没价值，否定带来的是恐慌，带来的是不幸福，那为什么要否定它？如果对待"死亡"，都用积极的心态肯定"永生"，都树立积极乐观的"永生"信心，那么，就可以提升心灵的安全感，有了较高的心灵安全感，人类的情感、思维、行为才可以最大化地体验到幸福，并最终走向自我实现。

当然，理解—接纳—改变死亡的理念，需要在人生现实生活中去不断体验和感悟。佛学的最高层次"无我""无为""空"的概念与心理学的核心理念"活在当下""融于自然""实现自我"是相通相融的。做不到，不必灰心和自责，只要你是走在无限接近的方向上，体验到脚踩大地的感受就好。

第七章

结论：通往安全感幸福，

有迹可循

Chapter7

当你把物质追求作为主要的欲望、需求，自我膨胀、享乐的同时常常伴随他人的痛苦，把自己的感觉作为了自尊，成瘾性行为相伴而出；当你把学业作为内心唯一的需求、欲望，学习的压力和痛苦将会随时出现，学习的乐趣、终身爱好学习、自觉学习将会离你远去；当你把追求绝对的安全作为需求和目标，紧张性、不安全感、恐惧、重复性思维和动作将会折磨自己；当你把追求原生家庭爱的感受作为需求、欲望，就会对原生家庭的情感产生不满、怨恨、麻木或者难舍难分、牵肠挂肚，惧怕独处；当你把追求被尊重作为需求、欲望，为别人活的虚荣就会出现，真实的自我就会消失，自我压抑的痛苦开始缠绕着你；当你把追求完美的爱和幸福作为需求和目标，爱和幸福就会在您的身边若即若离或者擦肩而过，痛苦和挫折却如影相随。

阳光是地球赖以健康生存的基础和必需条件，阳光给生命体带来温暖和被爱的体验。人缺乏阳光，各种疾病就会肆虐，情绪障碍就会出现。双相情感障碍作为季节性发作疾病，在春夏阳光明媚时期，就会出现情绪兴奋和欣快感；秋冬阳光稀缺时期，就会出现情绪低落和悲凉感。临床研究证实了光照治疗对于抑郁症的有效性。这说明，阳光和快乐、幸福的关联性密切。

每个人都是幸福和痛苦的组合。自己用心体验当下的幸福，你就是幸福。若执着于撕扯和挣扎于痛苦体验，你就会停留在黑暗和痛苦中，成为痛苦本身。每个人的情感体验就如同地球和太阳、月亮的关系（图7-1）。地球一半是黑夜一半是光明，地球的自转，保证东西半球24小时的白昼交替规律，享受着不同的阳光。地球好比你自己的痛苦体验（黑夜）和幸福体验（白天）的组合，太阳好比你的阳光人格，残缺的月亮好比你的不安全感情感人格，乌云就是

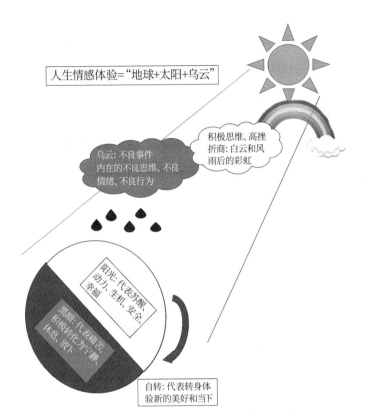

人生情感体验＝"地球＋太阳＋乌云"

乌云：不良事件 内在的不良思维、不良 情绪、不良行为

积极思维、高挫 折商：白云和风 雨后的彩虹

阳光：代表积极、 动力、生机、安全、 幸福

黑暗：代表痛苦； 积极转化为宁静、 休息、散示

自转：代表转身体 验新的美好和当下

图7-1　幸福体验、痛苦体验、阳光人格的互动示意图

人生的不良事件。持续痛苦的体验，来自你情感不安全感人格不愿意修正，来自乌云黑暗（不良事件）程度，来自面对困难的不良心态，缺乏行动力导致的停滞不前，忘记了地球自转，忘记了轻轻地转身就会有阳光。自转是解决持续痛苦的金钥匙。

幸福的体验，来自总是展示自己的阳光人格，照亮自己的身体，让自己和周围的人，感受到积极正能量，你自身也就成为幸福和阳光。持久幸福来自在黑暗期间，接纳自己不安全感人格（月亮），体验月色的朦胧美妙，体验睡眠的宁静舒适；来自面对痛苦事件（乌云），敢于平心静气接纳，体验雨水对自己身心的清洗，体会磨难中成长；来自持续当下的活动，持续自我转动的身体，持续体验爱的互动。心中始终有个希望的太阳，乌云终究会消散，风雨后彩虹和蓝天白云终将出现，幸福自然始终在你的心中。

人类天生具有依恋性，出生就具有三种不安全感情感特征"好强（红）—依赖（黄）—回避（蓝）"。个体不自主表达的三种情感特征，目的在于和周围世界建立情感联结和情感关系。周围人的情感反馈给个体，产生相互作用和影响，成为个体感受自身存在感、安全感、价值的基础。当个体没有吸收到足够的爱和正能量时，不安全感情感就以不同形式表达。吸收正能量和被爱的体验越少，回避（蓝色）情感就越明显。吸收的正能量和被爱体验越多，依赖（黄色）情感就会转化为"安全依恋"（嫩绿色）人格。吸收的能量不恒定和矛盾性的爱越多，好强（红色）的情感就越明显。当在经历挑战困难和人生磨砺中，吸收了越来越多的正能量，形成自身高逆商，成为拥有体验幸福能力的人，这时，自然的阳光人格就能不断表达出来。

个体安全感来自自己不断吸取的阳光、正能量和体验的幸福。吸收正能量的能力在于敢于在挫折中成长，敢于体验自己内在的感受，敢于表达和接纳自我，敢于激发内在的动力，实现自我。

就我个人的成长而言，我自小从山沟里的三线厂长大，在家里排行老四，本是被忽略的对象。因为天性体弱和乖巧，被母亲持续呵护，得到爱的滋润，和母亲之间存在较深的恋母情结。这种被爱的体验，成为我终身战胜挫折和困难的内在力量。从小家境较穷，父亲的勤劳和专注工作的精神感染了我，专注学习和自学的能力使我学习成绩较好，被父母认可，属于温水型家庭培养的黄（主）红

（次）蓝（弱）的主动依赖—温柔型情感特征。初中阶段，我有幸脱离原来厂矿学校，来到当地农村中学，每天来回走20里路，经常在山里和同学们采摘野果，锻炼了体魄，感受到大自然的美好。在一次考试中，我被老师误认为考试作弊，申诉被驳回的理由是："平时学习成绩一般般，怎么可能做出这么难的题？"委屈和不服输的我，开始暗暗下定决心，做到让老师心服口服的成绩。最终，努力学习让我成为初中学校的尖子生，得到老师、家长的社会认可。我的内在好强的个性开始得到增长，呈现红（主）黄（次）蓝（弱）的热情—控制欲情感特征。在高中期间热心学校集体事务，成为优秀学生干部。在高中春风得意之时，母亲的突然离世，给我巨大的打击，被剥夺爱的痛苦和直面生死的茫然，让我一下封闭了自己的深层次情感，转变为蓝（主）红（次）黄（弱）的冷漠—讨好型人格，经常帮助班级和学校做义务劳动，只和极少数人交流，内心充满孤独。进入大学，我仍然郁郁寡欢，开始逐渐依靠放纵自己娱乐、纸牌游戏麻痹自己内心的情感体验需求。在医科大学的图书馆里，在脑科医院工作的图书馆里，自学弗洛伊德的精神分析学、荣格的人格分析论、钟友彬的中国简易式精神分析、认知心理治疗技术等，感受到心理学的博大精深，也逐渐接纳母亲的离世，走出自身的痛苦体验。

在爱情的幸福体验、家庭责任和社会工作的担当中，重新体验到被关注、被依恋、被爱和表达爱的体验，内心恋母情结逐渐被新的亲密关系替换，同时，关心和陪伴孩子的成长，学习呵护家人和弱者，努力追求社会价值和社会认可，情感特征转为嫩绿（主）红（次）的安全依恋型。其间工作转换和孩子成长问题存在压力和波折，亲密关系的情感体验成为支撑的内在力量，自觉情感特征现在为绿（主）蓝（次）的安全感人格为主。

人生中快乐和痛苦时有发生，如昼夜更替，但是，持续幸福体验却较难获得。持续幸福在哪里？

在近十几年的心理治疗中，我体会到认知的改变—行为的执行，常常难以"知行合一"。在行动中找到体验，方有可能做到"行知合一"，再升华为"知行合一"。在用心和孩子交流中，在亲密关系中修正自我，在陪伴来访者（无论老少）成长的过程中，逐渐领悟到用心体验的价值。无论是挫折、委屈、不公平、痛苦，还是快乐、成功、赞扬、幸福都需要用心体验，用心接纳，和这些情感融为一体，主动自然体会这一切情感，给予他人温暖和积极正能量，利他的初心在内心树立和成长，天下为公的信念在我心中形成，我感受到能够间断表达出勇敢—独立—平和的阳光人格。在2008年雪灾之年，我带领医疗队坚守广州火车站一天一夜，为滞留的旅客医疗服务，鼓励医疗队员们的精神士气；2016年始我每年组织广州市民革广医基层委医疗团队自筹经费送医送药服务贫困山区，到学校举办义务心理健康讲座；2020年疫情期间，我义务承担心理热线，义务为广大医务人员和警务人员进行集体心理干预。在这些公益活动中，利他的初心得以实现，勇于担当和大爱的心得以成真，帮助了他人，逐渐净化了自己的心灵。

在接纳、修正情感不安全感人格的同时，阳光人格自然就会逐步或间歇表达出来。每个人都有阳光人格的一面，在平常生活中，在亲密关系的相处中，多数人自然流露出情感不安全感的一面。爱一个人就应该相互接纳被爱的人的情感不安全感。针对好强（红）应相互宽容，针对被依赖（黄）应相互依恋，针对回避（蓝）给予对方独处的机会和温暖，这就是爱。在爱的相互滋润下，每个人按照体验去生活、学习、工作，自然会改变自我。

　　每个人在人生的道路上，都在自觉和不自觉地、或多或少地展示自己的阳光人格。让我们的爱互动起来，爱流转起来。让自己行动起来，让自己的小宇宙转动起来，幸福体验就在身边，用自己的阳光人格照耀着自己，你就是"安全感的幸福"。

后　记

　　此次特邀请张沛超老师做序，张老师欣然应允，万分感谢。张老师所提出的"自在心理学"与我倡导的"情感独立"存在诸多契合点——"积极体验"正是通往"情感独立"的主要路径之一。

　　"积极体验"包含"体验自在"和"敢于体验遭遇的不良事件，不回避"的两层含义。在"积极体验"中成长自己的"情感独立性"，构建自身"内在安全感"。重建幸福力的最重要理念，是自在地"体验"人生自然发生的一切，修正"目标化"生存模式；当体验到人生中的种种不良事件，学会转身和不纠结，学会暂时放下，学会不逃避，蓄积力量进而体验能够重新体验到的积极情感。

　　强调"体验"不是完全否定"目标化"或"竞争"的社会生存模式，而是希望以"积极体验"为初心，活在当下，同时树立当前的"小目标"，去勇敢、自主地追求、实现自我定义的生命意义。

　　本书建议修正当前盛行的"目标……目标"式的不断目标化的生存方式，挣脱压力体验为主的人生牢笼；建议早日走出"享乐"式的生存模式，"享乐"表面看是在体验生活，却缺乏"情感独立性"成长和"积极体验"的升华，常常将痛苦转嫁给他人，逃避现

重建幸福力

334

实的困难；本书反对"逃避—颓废"式生存行为，"逃避"是痛苦之源，痛苦会不断地缠绕人生，直到毁灭个体。

最后，感谢编辑林宋瑜女士、林菁女士，把生硬的理工男文字修改成了较好的可读性通读本，感谢我的来访者为本书无私奉献了如此丰富的人生资料，感谢殷宜康为书中内容配上插画，感谢我的家人鼓励我完成此书稿。希望本书为人们的修行之路添上一块有用的砖。